해커스자격증

합격이 시작되는 다이어리, 시험 플래너 받고 합격!

무료로 다운받기 ▶

- 다이어리 속지 **무료 다운로드**
- 합격생&선생님의 **합격 노하우 및 과목별 공부법 확인**
- **직접 필기하며 공부시간/성적관리 등 학습 계획 수립**하고 **최종 합격**하기

자격증 재도전&환승으로, 할인받고 합격!

이벤트 바로가기 ▶

- **시험 응시/ 타사 강의 수강/ 해커스자격증 수강 이력**이 있다면?
- **재도전&환승** 이벤트 참여
- **50% 할인받고 자격증 합격**하기

자격증 합격의 모든 것, 해커스자격증   pass.Hackers.com

자격증 교육 1위 해커스
주간동아 선정 2022 올해의 교육브랜드 파워 온·오프라인 자격증 부문 1위 해커스

누구나 따라올 수 있도록
해커스가 제안하는 합격 플랜

기본
자격증 정보 확인 및 기계 기초 학습

필기
핵심 이론 정리 및 적중&기출 문제 풀이 | CBT모의고사로 시험 전 취약 파트 보완

실기
필기 이론 복습 및 실기 이론 학습 | 필답형&실기 프로그램 적응 및 풀이 연습

마무리
적중 문제 풀이로 시험 전 최종 마무리

커리큘럼 자세히 보기 ▶
pass.Hackers.com

자격증 합격의 모든 것, **해커스자격증**

해커스자격증

자격증 교육 1위 해커스
주간동아 선정 2022 올해의 교육브랜드 파워 온·오프라인 자격증 부문 1위 해커스

일반기계기사의 모든 것,
해커스자격증이 알려드립니다.

Q1. 일반기계기사, 왜 취득해야 할까?

기계설비법 강화에 따라 기계 자격증 수요가 증가하고 있습니다.
일반기계기사는 법적 선임 자격으로 실무까지 활용도가 높은 자격증입니다.
기계 설비 유지관리자 채용이 확대되고 있으며,
취업, 승진, 이직 시 우대하는 사업장 및 공공기관이 늘어나고 있습니다.
산업 전반에 걸쳐 다양한 분야에서 활용되기 때문에 반드시 필요한 자격증입니다.
취업, 스펙 완성을 위해 일반기계기사 취득은 필수입니다.

Q2. 개정 이후 어떻게 준비해야 할까?

개정에 따라 정답이 달라질 수 있기 때문에 변화된 시험에 맞춘 전략적인 학습이 필요합니다.
특히 필기와 실기 과목의 연계가 높아졌기 때문에 기초부터 꼼꼼한 학습이 필요합니다.
기계기술사, 현직 엔지니어 경력의 기계 분야 전문가의
노하우가 담긴 교재와 강의를 통해 학습하시는 것이 중요합니다.

Q3. 취득 후, 진로가 궁금합니다.

기계 제조업체의 설계 및 제조부서, 기술 관리 및 용역 부서, 부품설계 및 공정설계 등
다양한 분야로 취업이 가능합니다.
서울에너지공사, 한국수력원자력, 한국전력공사 등 관련 공공기관 및 공무원 임용도 가능합니다.
소방공무원의 경우, 소방검사자로서의 자격이 부여됩니다.

자격증 합격의 모든 것, **해커스자격증**

자격증 정보 바로가기 ▶
pass.Hackers.com

2025 대비 최신개정판

해커스
일반기계기사
실기
한권완성　기본이론+기출문제
필답형

이선형

약력
경희대학교 공과대학 기계공학과 졸업
현 | 해커스자격증 일반기계기사 강의
현 | 기계기술사
전 | 한국산업인력공단 국가기술자격시험 문제 출제위원·
　　채점위원
전 | 과정평가형 기술자격 교육, 훈련과정 지정평가위원
전 | NCS 확인강사 (고용노동부)
전 | 기계설계 직업능력개발 훈련교사
전 | 기계가공 직업능력개발 훈련교사
전 | 기계품질관리 직업능력개발 훈련교사
전 | 기계조립관리 직업능력개발 훈련교사
전 | 한국ACT공인강사

저서
해커스 일반기계기사 실기 필답형 한권완성 기본이론+기출문제
해커스 일반기계기사 필기 기본서+4개년 기출문제집

서문

'일반기계기사 실기 필답형' 어떻게 공부해야 할까?

일반기계기사 필답형 시험에서 큰 틀을 이루는 주제는 "기계요소부품의 설계"입니다.

실제로 우리 주변에 많은 기계요소부품이 있지만 일반기계기사에서 다루는 주제들은 기본적인 동작원리와 특징이 학문적으로 정리된 내용이므로 기계제작 분야의 설계기술자라면 반드시 알고 있어야 하는 내용이며, 이러한 내용으로 시험이 구성되어 있다고 볼 수 있습니다.

그러나 실제 수험생의 입장에서는 주어진 시간 내에 학습하고 시험에 통과해야 하는 부담감이 존재하기 때문에 차분하게 실력을 쌓아 올리기가 어려운 것이 현실입니다.

이러한 한계를 극복하면서 수험생의 부담을 덜어드리고자 「해커스 일반기계기사 실기 필답형 한권완성 기본이론+기출문제」를 집필하게 되었습니다.

「해커스 일반기계기사 실기 필답형 한권완성 기본이론+기출문제」는 다음과 같은 특징을 가지고 있습니다.

첫 번째, 꼭 알아야 하는 내용으로 채웠습니다.

일반기계기사 시험의 역사는 대한민국 기술자격의 역사와 그 자취를 같이할 만큼 오래된 시험이고 그만큼 다양한 분야에 대해 출제가 되었습니다.

이러한 부분을 모두 반영한다면 그 분량이 너무 방대하므로 시험에 대한 준비를 방해할 수도 있습니다. 따라서 1차 필기시험 이후 필답시험까지의 적은 시간 동안 반드시 학습해야 하는 이론만으로 구성하였으며, 이를 통해 더욱 효율적으로 시험에 대비할 수 있습니다.

두 번째, 많은 도식을 사용했습니다.

수험생 여러분의 이해를 돕고자 가급적 많은 그림과 도면을 사용했으며 일부 오래된 용어들은 최근 시험에 반영된 용어로 수정하여 반영했습니다. 이를 통해 보다 정확하고 시험에 적합한 내용만을 효과적으로 학습할 수 있습니다.

더불어 자격증 시험 전문 사이트 **해커스자격증(pass.Hackers.com)**에서 교재 학습 중 궁금한 점을 나누고 다양한 무료 학습자료를 함께 활용하여 학습 효과를 극대화할 수 있습니다.

일반기계기사 시험에 도전하시는 여러분 모두의 합격을 진심으로 기원합니다.

이선형

CONTENTS

Part 01 | 기계설계의 기초

기계설계의 기초   12

Part 02 | 기본이론

Chapter 01	나사(screw)	20
Chapter 02	키(key), 핀(pin), 코터(cotter)	36
Chapter 03	리벳이음	44
Chapter 04	축(shaft)	52
Chapter 05	축이음	60
Chapter 06	베어링(bearing)	70
Chapter 07	마찰차(friction wheel)	80
Chapter 08	기어(gear)	90
Chapter 09	간접전동장치(indirect power driver)	108
Chapter 10	브레이크(brake)와 플라이휠(fly wheel)	122
Chapter 11	스프링(spring)	136
Chapter 12	용접강도	144

Part 03 | 기출문제

2024년 기출문제	156
2023년 기출문제	176
2022년 기출문제	200
2021년 기출문제	224
2020년 기출문제	244
2019년 기출문제	256
2018년 기출문제	268
2017년 기출문제	288

무료 동영상강의·학습 콘텐츠 제공
pass.Hackers.com

시험 접수부터 자격증 취득까지

원서접수부터 자격증 취득까지는 다음 과정에 따라 진행되며, 필기 합격부터 실기 시험까지는 4~8주 정도의 기간이 있습니다.

필기원서 접수 및 필기시험
- Q-net(www.Q-net.or.kr)을 통해 인터넷으로 원서접수를 합니다.
- 필기접수 기간 내 수험원서를 제출해야 합니다.
- 접수 시 사진(6개월 이내에 촬영한 사진)을 첨부하고, 수수료를 결제합니다(전자결제).
- 시험장소는 본인이 직접 선택합니다(선착순).
- 시험 시 수험표, 신분증, 필기구, 공학용계산기를 지참하도록 합니다.

▼

필기 합격자 발표
- Q-net을 통해 합격을 확인합니다(마이페이지 등).
- 응시자격 제한종목은 공지된 시행계획의 서류제출 기간 내에 반드시 졸업증명서, 경력증명서 등 응시자격 서류를 제출해야 합니다.

▼

실기원서 접수 및 실기시험
- 실기접수 기간 내 수험원서를 인터넷을 통해 제출합니다.
- 접수 시 사진(6개월 이내에 촬영한 사진)을 첨부하고 수수료를 결제합니다(전자결제).
- 시험 일시와 장소는 본인이 직접 선택합니다(선착순).
- 시험 시 수험표, 신분증, 흑색 볼펜류 필기구, 공학용계산기 등을 지참하도록 합니다.

▼

최종 합격자 발표
Q-net을 통해 합격을 확인합니다(마이페이지 등).

▼

자격증 발급
- 인터넷 발급: 공인인증 등을 통한 발급 또는 택배 발급이 가능합니다.
- 방문수령: 사진(6개월 이내에 촬영한 사진) 및 신분확인 서류를 지참하여 방문합니다.

이 책의 구성과 특징

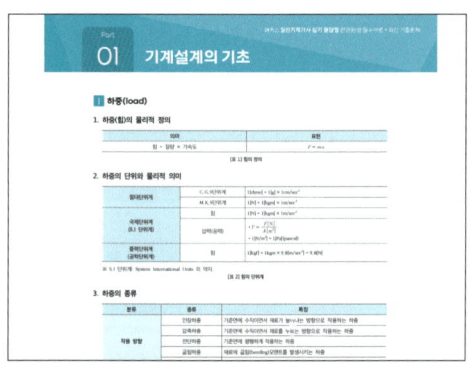

기계설계의 기초

- 일반기계기사 실기 필답형 시험 대비를 위한 학습을 하기 전 기초적인 내용을 이해할 수 있도록 기계설계 이론을 수록하였습니다.
- 이를 통해 기계설계의 기초적인 내용을 학습할 수 있으며, 이후 효과적으로 기본이론을 학습할 수 있습니다.

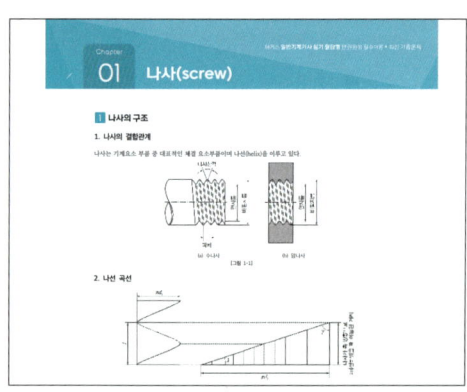

기본이론

- 실전에 필요한 이론을 체계적으로 정리하여 일반기계기사의 내용 중 자격증 시험에 나오는 이론만을 효과적으로 학습할 수 있습니다.
- 한국산업인력공단(Q-net)에 공시된 출제기준을 교재 내에 빠짐없이 반영하여 시험에 필요한 내용을 정확하게 학습할 수 있습니다.
- 내용의 이해를 돕기 위해 다양한 그림 및 사진 자료를 수록하였습니다. 이를 통해 복잡하고 어렵게 느껴질 수 있는 내용을 쉽고 빠르게 이해하고 학습할 수 있습니다.

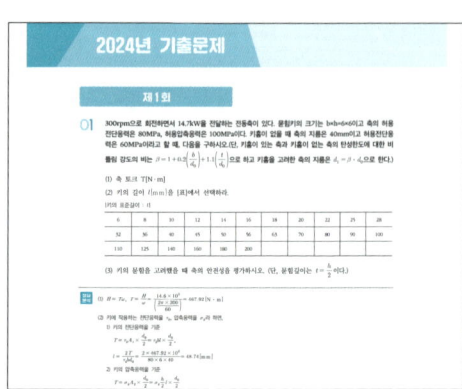

기출문제

- 2024~2017년의 8개년 기출문제를 수록하였습니다.
- 수록된 '모든' 문제에는 상세한 해설을 수록하여 문제풀이 과정에서 실전감각을 높이고 실력을 한층 향상시킬 수 있습니다.

일반기계기사 시험 소개

■ 시험과목에는 무엇이 있나요?

시험은 필기 시험과 실기 시험으로 구분하여 치루어지며, 시험과목은 2024년부터 아래와 같이 변경되었습니다.

구분		변경 후(24.1.1. ~)	변경 전(~ 23.12.31.)
종목		일반기계기사	일반기계기사
시험과목	필기 시험	1. 기계 제도 및 설계 2. 기계 재료 및 제작 3. 구조 해석 4. 열·유체 해석	1. 재료역학 2. 기계열역학 3. 기계유체역학 4. 기계재료 및 유압기기 5. 기계제작법 및 기계동력학
	실기 시험	기계설계 실무	일반기계설계 실무

■ 실기 시험은 어떻게 진행되며, 합격기준은 어떻게 되나요

일반기계기사 실기 시험은 기계기사가 되기 위한 기술이론 지식과 업무수행능력을 종합적으로 검정하며, 다음의 방법 및 기준에 따라 합격 여부를 결정합니다.

	실기	
시험방법	필답형 + 작업형	
시험시간	• 필답형: 2시간	• 작업형: 약 5시간
문제 유형 및 문항 수	• 필답형: 10~12문항	• 작업형: 2D, 3D, CAD작업
합격기준	100점 만점에 60점 이상	

■ 일반기계기사 실기 최근 5년간 검정현황

* 2024년 3회 실기시험 미포함

구분		2020년	2021년	2022년	2023년	2024년
실기	응시자(명)	10,883	10,935	8,059	7,234	2,311
	합격자(명)	5,495	4,902	3,634	2,977	1,403
	합격률(%)	50.5	44.8	45.1	41.2	60.7

더 많은 내용이 알고 싶다면?

• 시험일정 및 자격증에 대한 더 자세한 사항은 해커스자격증(pass.Hackers.com) 또는 Q - net(www.Q - net.or.kr)에서 확인할 수 있습니다.
• 모바일의 경우 QR 코드로 접속이 가능합니다.

모바일 해커스자격증
(pass.Hackers.com)
바로가기

일반기계기사 실기 출제기준

실기 과목명	주요 항목	세부 항목
기계설계 실무	1. 요소부품 재질 선정	(1) 요소부품 재료 파악하기 (2) 최적요소부품 재질 선정하기 (3) 요소부품 공정검토하기 (4) 열처리 방법 결정하기
	2. 요소부품 재질 검토	(1) 열처리 방안 선정하기 (2) 소재 선정하기 (3) 요소부품별 공정 설계하기
	3. 요소공차 검토	(1) 요구기능 파악하기 (2) 치수공차 검토하기 (3) 표면거칠기 검토하기 (4) 기하공차 검토하기
	4. 요소부품 설계 검토	(1) 요소부품 설계 구성하기 (2) 요소부품 형상 설계하기 (3) 시제품 제작하기
	5. 체결요소 설계	(1) 요구기능 파악하기 (2) 체결요소 선정하기 (3) 체결요소 설계하기
	6. 동력전달요소 설계	(1) 설계조건 파악하기 (2) 동력전달요소 설계하기 (3) 동력전달요소 검토하기
	7. 동력전달장치 설계	(1) 요구사항 분석하기 (2) 동력전달장치 특성 파악하기 (3) 동력전달장치 설계하기 (4) 동력전달장치 검증하기

실기 과목명	주요 항목	세부 항목
기계설계 실무	8. 유공압시스템 설계	(1) 요구사항 파악하기 (2) 유공압시스템 구상하기 (3) 유공압시스템 설계하기
	9. 2D 도면 작업	(1) 작업환경 준비하기 (2) 도면 작성하기
	10. 도면 검토	(1) 공차 검토하기 (2) 도면해독 검토하기
	11. 형상모델링 작업	(1) 모델링 작업 준비하기 (2) 모델링 작업하기
	12. 형상모델링 검토	(1) 모델링 분석하기 (2) 모델링 데이터 출력하기

해커스자격증
pass.Hackers.com

Part 01 기계설계의 기초

Part 01 기계설계의 기초

1 하중(load)

1. 하중(힘)의 물리적 정의

의미	표현
힘 = 질량 × 가속도	$F = ma$

[표 1] 힘의 정의

2. 하중의 단위와 물리적 의미

절대단위계	C.G.S단위계	1[dyne] = 1[g] × 1cm/sec²
	M.K.S단위계	1[N] = 1[kgm] × 1m/sec²
국제단위계 (S.I 단위계)	힘	1[N] = 1[kgm] × 1m/sec²
	압력(응력)	• $P = \dfrac{F[N]}{A[m^2]}$ • 1[N/m²] = 1[Pa](pascal)
중력단위계 (공학단위계)	힘	1[kgf] = 1kgm × 9.8[m/sec²] = 9.8[N]

※ S.I 단위계: System International Units 의 약자.

[표 2] 힘의 단위계

3. 하중의 종류

분류	종류	특징
작용 방향	인장하중	기준면에 수직이면서 재료가 늘어나는 방향으로 작용하는 하중
	압축하중	기준면에 수직이면서 재료를 누르는 방향으로 작용하는 하중
	전단하중	기준면에 평행하게 작용하는 하중
	굽힘하중	재료에 굽힘(bending)모멘트를 발생시키는 하중
	비틀림하중	재료에 비틀림(torsion)을 발생시키는 하중
작용 시간	정하중	하중의 크기와 방향이 시간에 따라 변하지 않는 하중
	동하중	하중의 크기와 방향이 시간에 따라 변하는 하중 • 반복하중: 하중의 크기와 방향이 일정하게 반복되는 하중 • 교번하중: 하중의 크기와 방향이 일정하게 변하면서 인장하중과 압축하중이 번갈아 작용하는 하중 • 충격하중: 짧은 시간에 급격하게 작용하는 하중
작용 길이	집중하중	재료의 한 부분에 집중해서 작용하는 하중
	분포하중	재료의 일부 또는 전체 구간에 분포하는 하중

[표 3] 하중의 종류

2 응력

응력의 종류		의미	표현	특징
수직응력	인장응력	응력 = 힘/단면적[Pa]	$\sigma = \dfrac{P}{A}$	기준면에 수직(+)
	압축응력			기준면에 수직(-)
전단응력			$\tau = \dfrac{P}{A}$	기준면에 평행

[표 4] 응력(stress)

3 변형과 변형률

1. 인장, 압축응력에 의한 변형

(1) 세로변형과 세로변형률

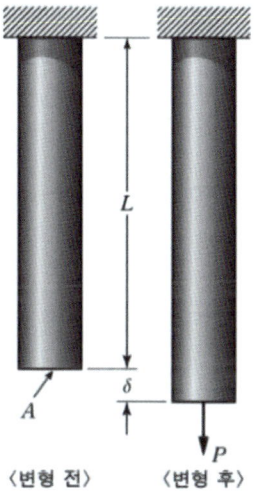

[그림 1] 재료의 변형

의미	표현
(종)변형률 = 변형량/원래의 길이(처음길이) = (나중길이-처음길이)/원래의 길이(처음길이)	$\varepsilon = \dfrac{\delta}{L} = \dfrac{L' - L}{L}$

[표 5] 세로변형률

(2) 가로변형과 가로변형률

의미	표현
(종)변형률 = 지름 변화량/원래의 지름 = (나중지름-처음지름)/원래의 지름	$\varepsilon' = \dfrac{\delta'}{d} = \dfrac{d' - d}{d}$

[표 6] 가로변형률

2. 전단응력에 의한 변형

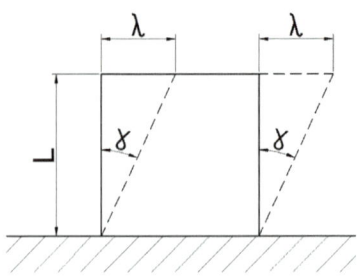

[그림 2] 전단변형

의미	표현
전단변형률 = 전단변형량/원래의 길이	$\tan\gamma = \dfrac{\lambda}{L} = \tan\phi \cong \phi$ ϕ : 전단각

[표 7] 전단변형률

3. 면적 변형률

$$\varepsilon_A = \frac{A' - A}{A} = \frac{\Delta A}{A} = 2\mu\epsilon$$

4. 프와송 비(Poisson's ratio)

의미	표현
프와송 비 = 가로변형률(횡변형률)/세로변형률 (종변형률) = 1/프와송 수	$\mu = \dfrac{\epsilon'}{\epsilon} = \dfrac{1}{m}$

[표 8] 프와송 비의 정의

4 훅(Hook) 법칙의 법칙과 탄성계수

1. 인장시험과 응력-변형률 선도 (Stress-Strain Curve, S-S 선도)

응력-변형률 선도는 부재(재료)의 인장시험에 의해서 나타나는 시험 결과이다.

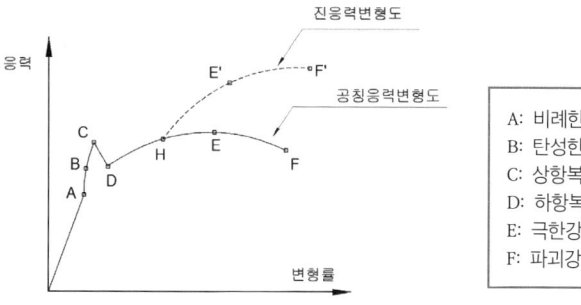

[그림 3] 응력-변형률 선도(S-S 선도)

2. 훅(Hook)의 법칙과 종탄성계수

$$\sigma = E \cdot \varepsilon$$

여기에서 E는 종탄성계수(세로탄성계수)라 하며 단위는 응력과 동일하다.

3. 횡탄성계수

$$\tau = G \cdot \gamma$$

여기서 G는 횡탄성계수(가로탄성계수)이며 γ는 전단변형률이다.

5 허용응력(σ_a)과 안전율(S)

1. 허용응력(σ_a)

사용응력(σ_w) ≦ 허용응력(σ_a) ≦ 극한강도(σ_u)

2. 안전율(S)

안전율은 허용응력에 대한 기준강도의 비로 정의된다. 여기서 기준강도는 항복강도, 피로강도, 파단강도, 인장강도 등 여러 가지 기준응력이 설계자의 의지에 따라 적용될 수 있으며, 이를 수식으로 표현하면 아래와 같다.

$$S = \frac{\sigma_s}{\sigma_a}$$

3. 종변형량(δ)과 횡변형량(δ')의 관계

(1) 종변형량과 응력과의 관계

$$\delta = \frac{PL}{AE} = \sigma \frac{L}{E}$$

(2) 횡변형량과 응력과의 관계

$$\delta' = \frac{d\sigma}{mE}$$

6 단면이 원형인 평면도형의 성질

여기에서 중공축의 경우 내경을 d_1, 외경을 d_2로 한다.

	중실축	중공축
단면 2차 모멘트 (I)	$I = \dfrac{\pi d^4}{64}$	$I = \dfrac{\pi(d_2^4 - d_1^2)}{64}$
극단면 2차 모멘트 (I_p)	$I_p = \dfrac{\pi d^4}{32}$	$I_p = \dfrac{\pi(d_2^4 - d_1^4)}{32}$
단면계수 (Z)	$Z = \dfrac{\pi d^3}{32} \left(Z = \dfrac{I}{\frac{d}{2}}\right)$	$Z = \dfrac{\pi(d_2^4 - d_1^4)}{32 d_2}$
극단면계수 (Z_p)	$Z_p = \dfrac{\pi d^3}{16} \left(Z_p = \dfrac{I_p}{\frac{d}{2}}\right)$	$Z_p = \dfrac{\pi(d_2^4 - d_1^4)}{16 d_2}$

[표 9] 평면도형의 성질

7 단면계수와 모멘트

1. 굽힘모멘트와 단면계수

$$M = \sigma_b \cdot Z$$

원형 단면의 단면계수 $Z = \dfrac{\pi d^3}{32}$

2. 비틀림모멘트와 극단면계수

$$Z = \tau \cdot Z_P$$

원형 단면의 극단면계수 $Z_p = \dfrac{\pi d^3}{16}$

8 동력

1. SI단위

(1) $H_{kW} = F \cdot v(\mathrm{N \cdot m/s}) = \dfrac{F \cdot v}{1000}(\mathrm{kW})$

(2) $H_{ps} = F \cdot v(\mathrm{N \cdot m/s}) = \dfrac{F \cdot v}{735}(\mathrm{PS})$

2. 중력단위(공학단위)

(1) $H_{kW} = F \cdot v(\mathrm{kgf \cdot m/s}) = \dfrac{F \cdot v}{102}(\mathrm{kW})$

(2) $H_{ps} = F \cdot v(\mathrm{kgf \cdot m/s}) = \dfrac{F \cdot v}{75}(\mathrm{PS})$

해커스자격증
pass.Hackers.com

해커스 **일반기계기사 실기 필답형** 한권완성 기본이론 + 기출문제

기본이론

Chapter 01   나사(screw)
Chapter 02   키(key), 핀(pin), 코터(cotter)
Chapter 03   리벳이음
Chapter 04   축(shaft)
Chapter 05   축이음
Chapter 06   베어링(bearing)
Chapter 07   마찰차(friction wheel)
Chapter 08   기어(gear)
Chapter 09   간섭 전동장치(indirect power driver)
Chapter 10   브레이크(brake)와 플라이 휠(fly wheel)
Chapter 11   스프링(spring)
Chapter 12   용접강도

Chapter 01 나사(screw)

1 나사의 구조

1. 나사의 결합관계

나사는 기계요소 부품 중 대표적인 체결 요소부품이며 나선(helix)을 이루고 있다.

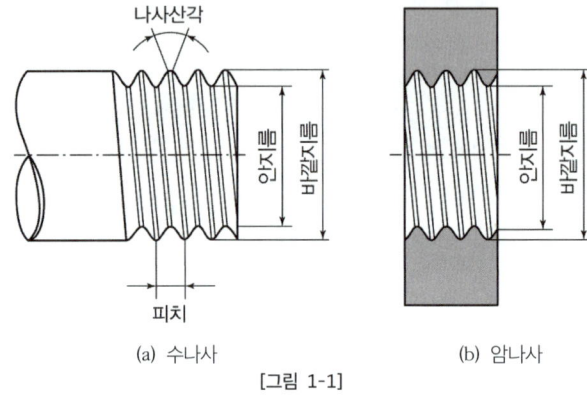

[그림 1-1]

2. 나선 곡선

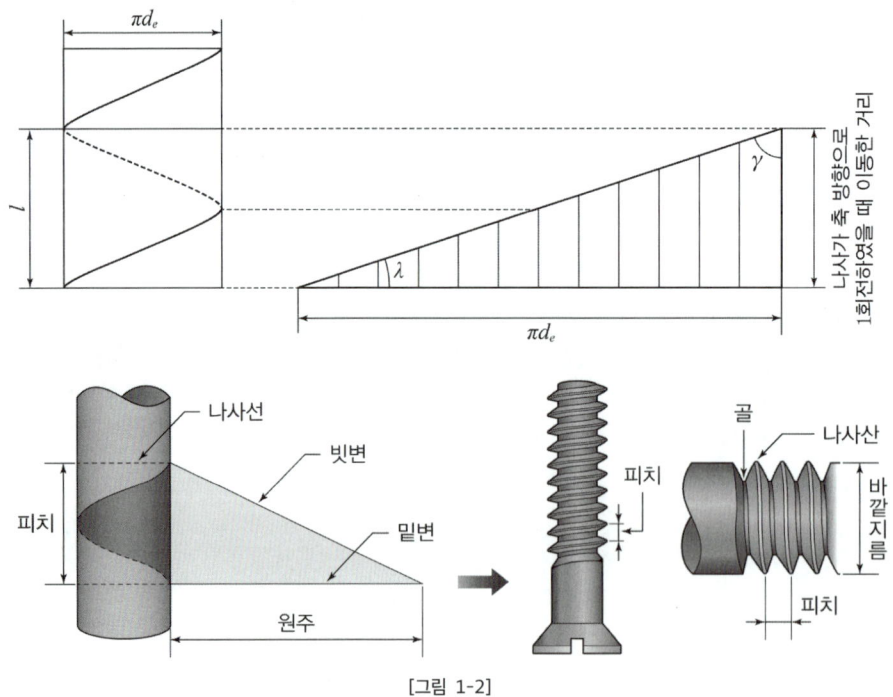

[그림 1-2]

(1) 리드(lead)

그림의 직각삼각형에서 높이를 의미하고 나사가 1회전(360°)했을 때 나사는 리드만큼 전진한다.

(2) 나사의 줄 수

① 보통의 나사는 한 줄 나사로 1개의 나선곡선에 의해서 만들어진 나사를 뜻하지만 2개 이상의 나선 곡선에 의해서 만들어진 나사들도 있는데 이 나사들을 2줄 나사, 3줄 나사로 명칭한다.

② 리드(l)와 줄 수(n), 나사 피치(p)와의 관계는 다음과 같다.

$$l = n \cdot p$$

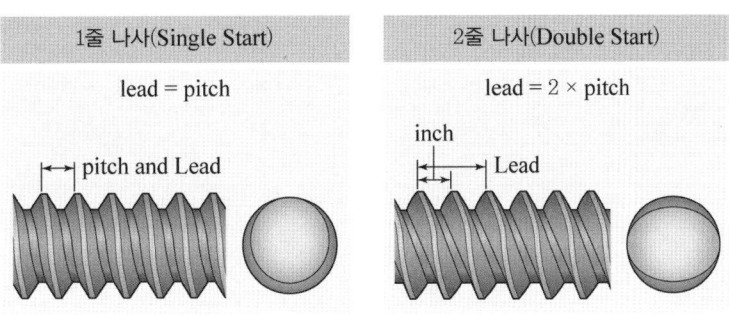

[그림 1-3] 리드(lead)와 피치(pitch)와의 관계

(3) 리드각(λ), 나선각(helical angle): 나사곡선의 경사를 나타낸다.

$$\tan\lambda = \frac{l}{\pi d_e} \quad (* \ d_e: \text{나사의 유효지름})$$

(4) 비틀림각(γ)

나선 곡선이 나선 축에 평행한 직선과 이루는 각을 의미한다.

(5) 리드각과 비틀림각의 관계

$$\lambda + \gamma = 90°$$

3. 나사의 호칭

(1) 오른나사와 왼나사

① **오른나사**: 나사를 시계방향으로 회전을 했을 때 앞으로 전진하는 나사이다.

② **왼나사**: 나사를 시계의 반대방향으로 회전했을 때 앞으로 전진하는 나사이며, 도면에 도시할 때는 [L], 또는 [좌]라고 표기한다.

(2) 나사의 호칭

① 호칭은 나사의 크기(또는 규격)를 나타내며 수나사의 바깥지름을 호칭지름으로 한다.

② 여기에서 나사의 바깥지름(또는 산지름)을 d_2, 안지름(골지름)을 d_1, 나사산의 높이를 h, 나사의 피치를 p라 하면 나사의 유효지름 d_e는 다음과 같다.

$$d_e = \frac{d_2 + d_1}{2}, \ h = \frac{d_2 - d_1}{2} \fallingdotseq \frac{p}{2}$$

2 나사의 규격과 종류

나사는 크게 체결용 나사와 운동용 나사로 구분한다.

1. 나사의 규격

구분			나사의 종류	나사의 종류 표시 기호	나사의 호칭 표시 방법 예시	관련 규격
일반용	ISO 규격 있음		미터 보통 나사	M	M8	KS B 0201
			미터 가는 나사		M8×1	KS B 0204
			미터 추어 나사	S	S0.5	KS B 0228
			유니파이 보통 나사	UNC	3/8-16UNC	KS B 0203
			유니파이 가는 나사	UNF	No.8-36UNF	KS B 0206
			미터 사다리꼴 나사	Tr	Tr10×2	KS B 0229의 본문
			테이퍼 수나사	R	R3/4	KS B 0222의 본문
		관용 데이터 나사	테이퍼 암나사	Rc	Rc3/4	
			평행 암나사	Rp	Rp3/4	
	ISO 규격 없음		관용 평행 나사	G	G1/2	KS B 0222의 본문
			30도 사다리꼴 나사	TM	TM18	KS B 0201의 본문
			20도 사다리꼴 나사	TW	TW20	KS B 0227의 부속서
		관용 테이퍼 나사	테이퍼 나사	PT	PT7	KS B 0226
			평행 암나사	PS	PS7	KS B 0222의 부속서
			관용 평행 나사	PF	PF7	KS B 0221

[표 1-1] 나사의 규격

2. 볼트의 종류

용도	명칭	해설	그림
체결용 볼트	관통볼트	가장 기본적인 형태로서 볼트를 공작물에 관통시켜 반대쪽에 너트를 끼운 다음 결합한다.	
	탭 볼트 (tap bolt)	체결 대상물이 결합하는 부분이 두꺼워 관통 구멍을 뚫을 수 없는 경우 사용한다.	
	스터스 볼트 (stud bolt)	자주 분해·결합하는 경우 사용하며, 양쪽에 나사산이 가공되어 있다.	

	리머 볼트 (reamer bolt)	전단력이 발생하는 부분에 링을 끼워 링으로 하여금 전단력을 받도록 하거나 볼트의 축 부분을 테이퍼지게 하여 움직이지 않도록 고정하는 형태이다.	
특수 볼트	아이 볼트 (eye bolt)	볼트의 머리부에 핀을 끼우거나 훅을 걸 수 있도록 되어 있어 무거운 물체를 들어 올릴 때 사용된다.	
	나비 볼트 (wing bolt)	나사의 머리모양을 나비 모양으로 만들어 스패너 없이 손으로 조일 수 있도록 한다.	
	스테이 볼트 (stay bolt)	간격 유지 볼트라고도 하며, 기계 부품의 간격을 일정하게 유지할 필요가 있을 때 사용한다.	
	기초볼트 (foundation bolt)	기계, 구조물 등을 바닥에 고정시키기 위하여 사용하는 볼트이다.	
	T 볼트	공작기계 테이블에는 다른 물체를 용이하게 고정시킬 수 있도록 T자형 홈이 파져 있다.	

[표 1-2] 볼트의 종류

3. 너트와 워셔의 종류

용도	명칭	해설	그림
너트 (nut)	워셔 붙이 너트	너트의 밑면에 너트를 끼운 모양으로 만든 너트를 의미한다. 접촉하는 재료와의 접촉 면적을 크게 함으로써 접촉 압력을 줄일 수 있다.	
	캡 너트 (cap nut)	볼트의 한쪽 끝 부분이 막혀 있어 외부로부터의 오염을 방지할 수 있다.	
	홈 붙이 둥근 너트	너트의 두께가 얇고 균형이 잘 잡혀 있으며 구름 베어링 등 특수 부속품으로 사용된다.	
	둥근 너트	너트를 외부에 노출시키지 않을 때 사용된다.	
	스프링판 너트	스프링 판을 굽혀서 만든다.	
워셔 (washer)	스프링 워셔	스프링 와셔 또는 접시 와셔는 진동에 의한 풀림을 줄인다.	
	혀붙이 워셔	풀림 방지 용도로서 사용하는 풀림방지 와셔 원형 와셔의 일부 돌출된 부분을 접어 구부려서 나사에 휘감아 풀림을 방지, 회전을 멈추는 기능으로서 사용된다.	[양쪽 혀붙이 워셔]

[표 1-3] 너트와 워셔의 종류

4. 운동용 나사

(1) 사각 나사

나사산의 모양이 사각이며, 삼각 나사에 비해서 풀어지기는 쉽지만 저항이 작은 이점이 있어 동력전달용 잭(Jack), 나사 프레스, 선반의 피드(Feed)에 쓰인다.

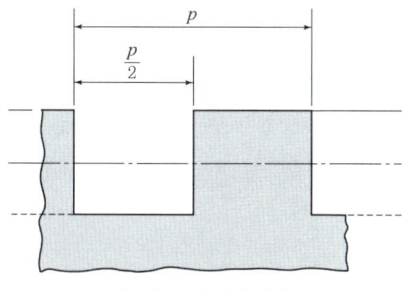

[그림 1-4] 사각 나사

(2) 사다리꼴 나사

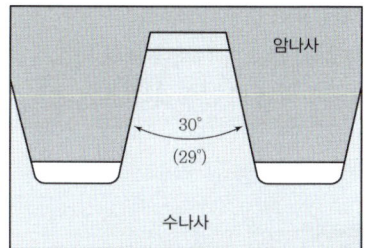

[그림 1-5] 사다리꼴 나사

① 애크미나사(acme thread)라고도 한다. 사각 나사보다 강도가 높고 물림률이 좋아 높은 저항력을 나타낸다.
② 나사의 효율면에서 사각 나사가 이상적이나 가공의 어려움이 있어 사다리꼴 나사로 대체하여 사용한다.

구분	인치계 사다리꼴 나사(TW)	미터계 사다리꼴 나사(Tr)
나사산각	29°	30°
피치크기	1[inch]에 대한 나사산수를 기준으로 나타냄	[mm]로 나타냄

(3) 톱니 나사

① 축방향으로 한쪽에만 힘을 받는 곳에 사용된다(잭, 프레스, 바이스).
② 힘을 받는 면은 축에 직각이고, 받지 않는 면은 30°의 각도로 경사져 있다.

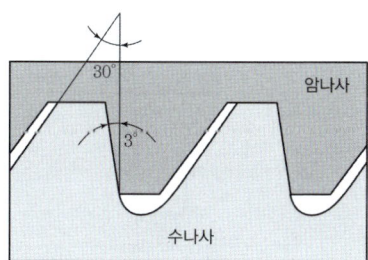

[그림 1-6] 톱니 나사

(4) 둥근 나사(원형 나사, 전구 나사)
  ① 너클 나사라고도 하며 나사산과 골이 같은 반지름의 원호로 이은 모양을 하고 둥글게 되어 있다.
  ② 전구나사로도 불리며 먼지, 모래, 녹가루 등이 나사산을 통하여 들어갈 염려가 있을 때 사용된다.
  ③ 나사의 크기는 1[inch] 내에 있는 나사산의 수를 기준으로 정한다.

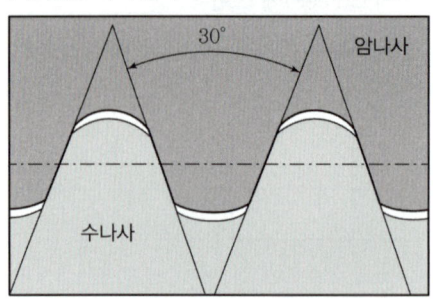

[그림 1-7] 둥근 나사(너클 나사)

(5) 볼 나사(ball screw)
  ① 마찰에 의한 손실이 매우 적다(효율이 90% 이상).
  ② 나사 축을 회전시키기 위해 필요한 힘이 각 나사에 비해 약 1/3 이하로 효율적이다.
  ③ 구름접촉을 하므로 미끄럼접촉에 비해 마모가 적어 로봇, 공작기계 등 정밀한 위치결정이 필요한 경우 사용된다.

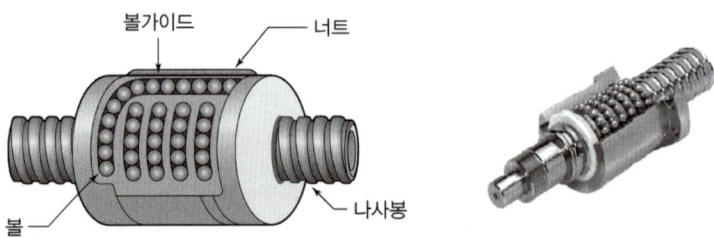

[그림 1-8] 볼 나사(ball screw)

3 나사의 설계

1. 볼트에 축 방향으로만 하중(P)가 작용하는 경우

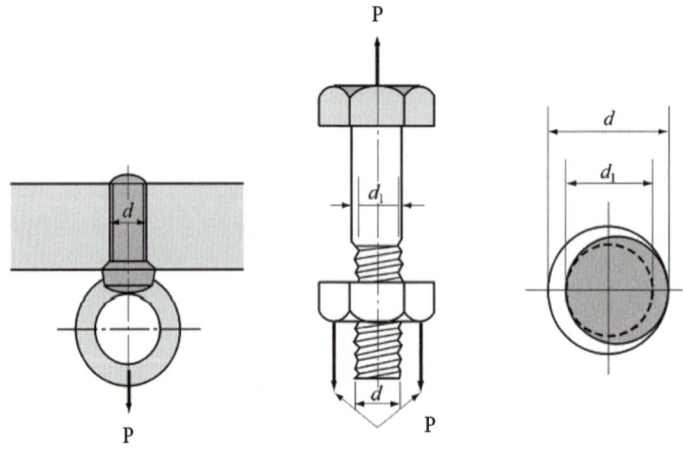

[그림 1-9] 나사에 축하중(P)가 작용하는 경우

볼트에 작용하는 하중을 (P), 나사의 산지름을 (d), 골지름을 (d_1)이라 하면,

(1) 볼트에 작용하는 허용응력과 나사의 골지름

$$\sigma_a = \frac{P}{\frac{\pi d_1^2}{4}}, \quad d_1 = \sqrt{\frac{4P}{\pi \sigma_a}}$$

(2) 일반식

일반적으로 M3 이상의 볼트에서는 $d_1 = 0.8 d_2$ 이므로 이를 적용하면,

$$\sigma_a = \frac{P}{\frac{\pi (0.8d)^2}{4}}, \quad d = \sqrt{\frac{2P}{\sigma_a}}$$

2. 볼트에 축 방향 하중과 비틀림이 동시에 작용하는 경우

(1) 볼트에 축 방향 하중과 비틀림이 동시에 작용하는 경우 작용하는 비틀림은 축 방향 하중(P)의 1/3 정도로 보기 때문에 실제 계산을 할 때에는 축 방향 하중의 4/3배를 한 상당한 값을 적용해서 계산한다.

$$d = \sqrt{\frac{2P'}{\sigma_a}} = \sqrt{\frac{2 \times \frac{4}{3}P}{\sigma_a}} = \sqrt{\frac{8P}{3\sigma_a}}$$

(2) 인장응력과 비틀림응력이 조합응력으로 작용하는 경우에는 최대 주응력과 최대 전단응력을 구하여 그 값을 서로 비교한다.

$$\sigma_t = \frac{P}{\frac{\pi d^2}{4}}, \quad \tau = \frac{T}{\frac{\pi d^3}{16}}$$

① 최대 주응력설(Rankine설): $\sigma_{max} = \frac{1}{2}\sigma t + \frac{1}{2}\sqrt{\sigma t^2 + 4\tau^2}$

② 최대 전단응력설(Tresca-Guest설): $\tau_{max} = \frac{1}{2}\sqrt{\sigma t^2 + 4\tau^2}$

3. 나사의 전단

$$\tau = \frac{P}{A} = \frac{4P}{\pi d^2}, \quad d = \sqrt{\frac{4P}{\pi \tau}}$$

여기에서 P는 전단력(N, kgf)를 의미한다.

4. 사각 나사

(1) 나사를 조일 때 필요한 회전력(P)

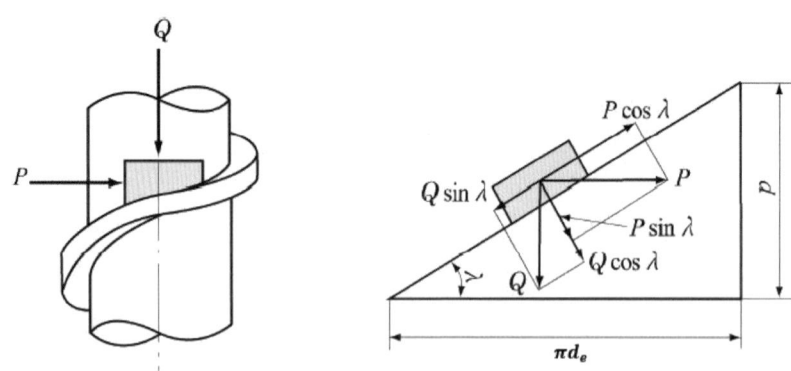

[그림 1-10] 나사를 조일 때의 하중

나사에 작용하는 축방향 하중을 (Q), 나사의 유효지름을 (d_e), 리드각을 (λ), 마찰각을 (ρ), 나사에 발생하는 마찰에 의한 마찰계수를 (μ), 피치를 (p)로 한다.

$$P = Q\tan(\rho+\lambda) = Q\left(\frac{p+\mu \cdot \pi \cdot de}{\pi \cdot de - \mu \cdot p}\right)$$

(2) 나사를 조일 때 필요한 회전 토크(T)

$$T = P \cdot \frac{de}{2} = Q \cdot \tan(\lambda+\rho) \cdot \frac{de}{2} = Q \cdot \left(\frac{pch+\mu \cdot \pi \cdot de}{\pi \cdot de - \mu \cdot pch}\right) \cdot \frac{de}{2}$$

(3) 나사를 풀 때 필요한 회전력(P')

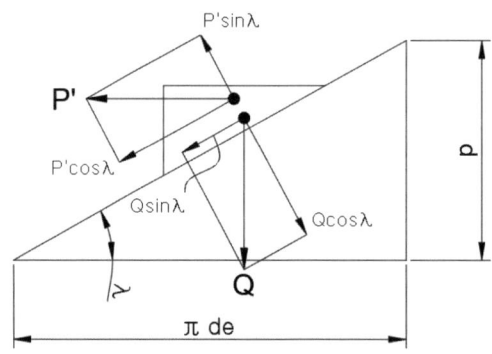

[그림 1-11] 나사를 풀 때의 하중

$$P' = Q\tan(-\lambda+\rho) = Q\left(\frac{\mu \cdot \pi \cdot de - p}{\pi \cdot de + \mu \cdot p}\right)$$

여기서 나사를 풀 때 필요한 회전력을 (P')로 한다.

(4) 나사를 풀 때 필요한 회전 토크(T')

$$T' = P' \cdot \frac{de}{2} = Q \cdot \tan(\rho-\lambda) \cdot \frac{de}{2} = Q \cdot \left(\frac{\mu \cdot \pi \cdot de - p}{\pi \cdot de + \mu \cdot p}\right) \cdot \frac{de}{2}$$

(5) 나사의 자립조건

나사의 자립조건은 나사를 풀 때의 회전력 P'를 기준으로 판단한다.

$P' = Q\tan(\rho - \lambda)$라면,

$\rho > \lambda$	$P' > 0 \ (\rho - \lambda > 0)$	나사를 풀기 위해서는 일정 힘이 필요한다.
$\rho = \lambda$	$P' = 0 \ (\rho - \lambda = 0)$	나사가 자연적으로 풀릴 수 있으며 일정 지점에서 풀림이 멈출 수 있다.
$\rho < \lambda$	$P' < 0 \ (\rho - \lambda < 0)$	나사가 자연스럽게 풀린다.

[표 1-4] 나사의 자립조건

위의 표에 의해서 나사가 자립조건을 유지하기 위한 조건은 $P' \geq 0$이 되어야 하므로 나사의 자립조건은 다음과 같다.

ρ ≧ λ 이므로,

$$\mu \geq \frac{L}{\pi \cdot de} = \frac{n \cdot p}{\pi \cdot de}$$

5. 삼각나사

(1) 사각나사와 삼각나사에 작용하는 하중

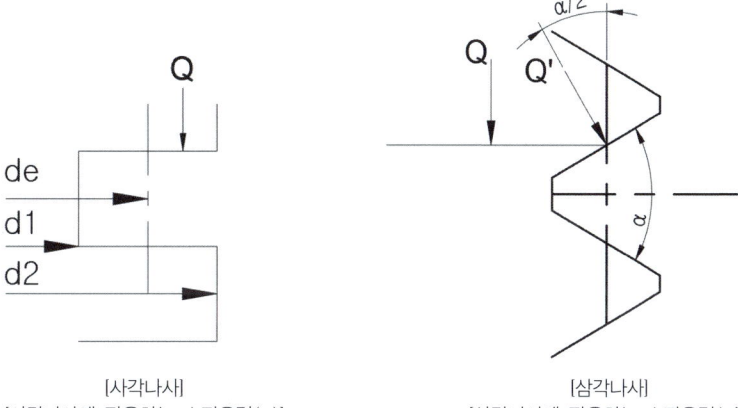

[사각나사] [삼각나사]
[사각나사에 작용하는 수직응력(Q)] [삼각나사에 작용하는 수직응력(Q')]
[그림 1-12] 사각나사와 삼각나사에 작용하는 하중

(2) 삼각나사의 상당마찰계수(μ')

삼각나사의 경사면에 작용하는 하중을 Q', 나사산각을 α라 하면

$$Q' = \frac{Q}{\cos\frac{\alpha}{2}}$$

여기에서 마찰력(f)과 상당마찰계수(μ')는 다음과 같다.

$$f = \frac{\mu Q}{\cos\frac{\alpha}{2}} = \mu Q', \quad \mu' = \frac{\mu}{\cos\frac{\alpha}{2}} = \tan\rho'$$

6. 나사의 효율

(1) 나사의 효율
① 나사의 효율이란 하중 Q를 1p(pitch)만큼 끌어 올리기 위한 일량과 나사를 1회전시키기 위해서 한 일량(P)의 비를 의미한다. 여기에서는 사각나사를 기준으로 설명한다.
② 나사의 효율은 수식으로 다음과 같이 나타낼 수 있다.

$$\eta = \frac{\text{마찰이 없는 경우의 일량}}{\text{마찰이 있는 경우의 일량}} = \frac{\text{마찰이 없는 경우의 회전력}}{\text{마찰이 있는 경우의 회전력}}$$

$$\eta = \frac{p \cdot Q}{\pi \cdot de \cdot P} = \frac{p \cdot Q}{2 \cdot \pi \cdot T} = \frac{\pi \cdot de \cdot P_0}{\pi \cdot de \cdot P} = \frac{P_0}{P} = \frac{\tan\lambda}{\tan(\lambda+\rho)}$$

(2) 나사효율의 최대값과 최소값
나사의 효율은 리드각 λ의 함수로 볼 수 있고 $\lambda = 0$ 또는, $\lambda = \frac{\pi}{2} - \rho$ 일 때 효율은 0이 되므로 나사의 효율이 최대가 되는 값은 이 중간에 존재하는 것으로 볼 수 있다.

$\frac{d\eta}{d\lambda} = 0$ 라면,

$$\eta_{\max} = \frac{\tan\left(45° - \frac{\rho}{2}\right)}{\tan\left(45° + \frac{\rho}{2}\right)} = \tan^2\left(45° - \frac{\rho}{2}\right)$$

단, 여기에서 $\tan\left(45° + \frac{\rho}{2}\right)\tan\left(45° - \frac{\rho}{2}\right) = 1$ 이다.

(3) 자립상태를 유지할 수 있는 나사의 효율
자립상태에서 $\lambda = \rho$ 이므로

$$\eta = \frac{\tan\lambda}{\tan(\lambda+\rho)} = \frac{\tan\rho}{\tan 2\rho} = \frac{\tan\rho(1-\tan^2\rho)}{2\tan\rho} = \frac{1}{2}(1-\tan^2\rho) < 0.5$$

단, 여기에서 $\tan(\alpha \pm \beta) = \frac{\tan\alpha \pm \tan\beta}{1 \mp \tan\alpha \times \tan\beta}$ 이다.

이렇게 되면 결국 사각나사에서 자립조건을 유지할 수 있는 나사의 효율은 0.5보다 작아야 한다.

(4) 삼각나사의 효율
삼각나사의 효율을 구하기 위해서는 사각나사의 효율을 구하는 식에 ρ 대신 ρ'를 대입하면 된다.

$$\eta = \frac{pQ}{2\pi T} = \frac{\tan\lambda}{\tan(\lambda+\rho')}$$

7. 저장토크

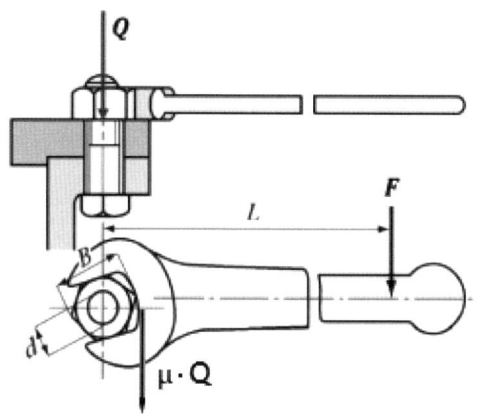

[그림 1-13] 스패너에 작용하는 비틀림모멘트

(1) 너트 자리부분의 저장토크(T_1)

$$T_1 = \mu \cdot Q \cdot r_m$$

여기에서 μ는 너트(nut) 자리 부분의 마찰계수, r_m은 너트 접촉 부분의 평균반경(mm)을 의미한다.

(2) 나사를 조일 때 저장되는 토크(T_2)

$$T_2 = P \cdot \frac{de}{2} = Q \cdot \tan(\lambda + \rho) \cdot \frac{de}{2} = Q \cdot \left(\frac{p + \mu \cdot \pi \cdot de}{\pi \cdot de - \mu \cdot pch}\right) \cdot \frac{de}{2}$$

(3) 저장되는 총 저장토크(T_{total})

$$T_{total} = FL = T_1 + T_2 = \mu \cdot Q \cdot r_m = Q \cdot \left(\frac{p + \mu \cdot \pi \cdot de}{\pi \cdot de - \mu \cdot pch}\right) \cdot \frac{de}{2}$$

4 너트의 설계

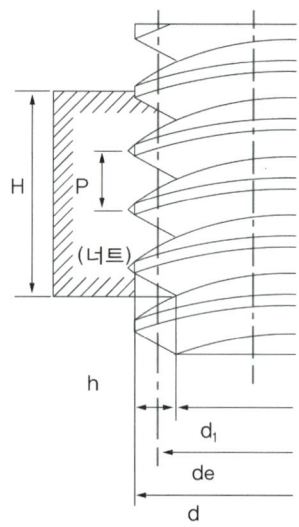

[그림 1-14] 너트의 높이

여기에서 H는 너트의 높이(나사 접촉부의 길이), p는 나사의 피치(pitch), h는 나사산의 높이, q_a는 허용접촉면압력(N/mm^2), Q는 나사에 걸리는 축방향 하중(N), d_e는 나사의 유효지름을 의미한다.

(1) 너트의 전체높이(H)

$$H = p \cdot Z$$

여기에서 Z는 나사산 수이다.

(2) 너트의 허용 접촉면 압력(q_e)

$$q_a = \frac{Q}{AZ} = \frac{Q}{\frac{\pi(d2^2 - d1^2)}{4} \times Z} = \frac{Q}{\pi \cdot de \cdot h \cdot Z} \;,\; Z = \frac{Q}{\pi \cdot de \cdot h \cdot q_a}$$

(3) 허용 접촉면 압력을 기준으로 하는 너트의 높이(H')

$$H' = p \cdot Z = \frac{p \cdot Q}{\pi \cdot de \cdot h \cdot q_a} = \frac{p \cdot Q}{\frac{\pi}{4}(d_2^2 - d_1^2) \cdot q_a}$$

5 나사의 풀림 방지법

(1) 로크 너트(Lock nut)에 의한 방법

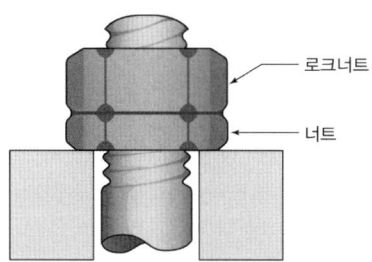

[그림 1-15] 로크 너트

(2) 자동 죔 너트에 의한 방법

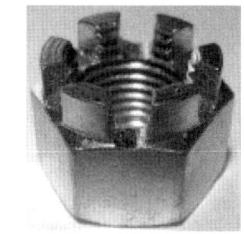

[그림 1-16] 자동 죔 너트(절입 너트)

(3) 분할핀에 의한 방법

(4) 와셔에 의한 방법

(5) 멈춤나사에 의한 방법

(6) 플라스틱 플러그에 의한 방법

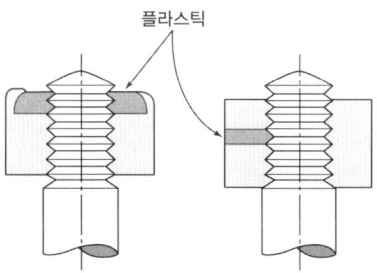

[그림 1-17] 플라스틱 플러그

(7) 철사를 이용하는 방법

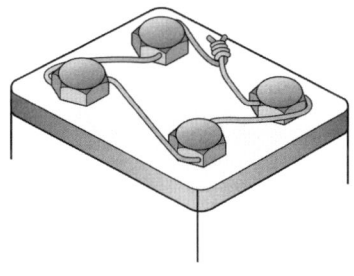

[그림 1-18] 철사를 이용한 풀림방지

연습문제

Chapter 01 나사(screw)

01 바깥지름 36mm, 골지름 32mm, 피치 4mm인 한줄 사각나사의 연강제 나사봉을 갖는 나사잭으로 9800N의 하중을 올리려고 한다. 다음을 구하시오. [6점]

(1) 나사봉을 돌리는 레버의 유효길이가 770mm, 나사산의 마찰계수 0.2일 때 레버 끝에 작용하는 힘 F[N]

(2) 나사산의 허용면압이 4MPa이라면 너트의 최소 높이 H[mm]

(3) 나사잭으로 하중을 들어 올리는 동력이 12kW일 때 들어 올리는 속도 v[m/s]

정답분석

(1) $d_m = \dfrac{d_1 + d_2}{2} = \dfrac{32 + 36}{2} = 34\text{mm}$

$T = F \cdot L = Q\dfrac{\mu \pi d_2 + p}{\pi d_2 - \mu p} \cdot \dfrac{d_m}{2}$

$F \times 770 = 9800 \times \dfrac{0.2 \times \pi \times 34 + 4}{\pi \times 34 - 0.2 \times 4} \times \dfrac{34}{2}$

$F \cong 51.8\text{N}$

(2) $h = \dfrac{d_2 - d_1}{2} = \dfrac{36 - 32}{2} = 2\text{mm}$

$Z = \dfrac{Q}{\pi d_m h q} = \dfrac{9800}{\pi \times 34 \times 2 \times 4} = 11.47 \cong 12$

$H = Zp = 12 \times 4 = 48\text{mm}$

(3) $H_{(kW)} = Qv,\ 12 \times 10^3 = 9800 \times v$

$v = 1.22\text{m/sec}$

02

축하중 3000kg을 들어 올리는 사다리꼴 나사잭이 있다. 나사의 호칭지름 50mm, 유효지름이 46mm, 골지름 42mm, 피치가 8mm이고 이 사다리꼴 나사의 상당마찰계수는 0.12이다. 다음을 구하시오. (단, 자리면의 평균지름과 마찰계수는 60mm, 0.15이다.) [6점]

(1) 비틀림모멘트 $T[\text{N} \cdot \text{m}]$

(2) 나사잭의 효율 $\eta[\%]$

(3) 너트의 높이 $H[\text{mm}]$ (단, 너트의 허용접촉면압력은 10MPa이다.)

(4) 1min당 3m 올라갈 때 소요동력 $L[\text{kW}]$

정답 분석

(1) $T = T_B + T_f$

$$T = Q\left(\frac{\mu' \pi d_2 + p}{\pi d_2 - \mu' p} \frac{d_2}{2} + \mu_f \frac{d_f}{2}\right)$$

$$= 3000 \times 9.8 \times \left(\frac{0.12 \times \pi \times 46 + 8}{\pi \times 46 - 0.12 \times 8} \times \frac{46}{2} + 0.15 \times \frac{60}{2}\right) = 251,670.22 \text{N} \cdot \text{m}$$

∴ $T = 252 \text{N} \cdot \text{m}$

(2) $\eta = \dfrac{Qp}{2\pi t} = \dfrac{3000 \times 9.8 \times 8}{2 \times \pi \times 252 \times 10^3} \times 100 = 14.85\%$

(3) $H = \dfrac{Qp}{\dfrac{\pi}{4}(d^2 - d_1^2) q_a} = \dfrac{3000 \times 9.8 \times 8}{\dfrac{\pi}{4}(50^2 - 42^2) \times 10} = 40.69 \text{mm}$

(4) $H_{(kW)} = \dfrac{QV}{\eta} = \dfrac{3000 \times 9.8 \times 3}{60 \times 0.1485} \times 10^{-3} = 9.90 \text{kW}$

Chapter 02 키(key), 핀(pin), 코터(cotter)

1 키(key)

1. 키의 종류와 특징

키의 명칭	특징	그림
성크키 (sunk key)	① 묻힘키라고도 하며 축과 보스 양쪽에 키 홈을 가공한다. ② 가장 보편적으로 사용하는 형태다.	
안장키 (saddle key)	① 마찰력만을 이용하기 때문에 큰 힘의 동력전달에는 적합하지 않다. ② 축에 홈을 파지 않고 보스 쪽에만 키 홈을 파서 회전축 마찰면을 맞추어 마찰력에 의하여 동력을 전달한다. ③ 보스의 기울기는 1/100이다.	
평키 (flat key)	① 납작키라고도 하며 키가 닿는 면만을 평평하게 가공한 키다. ② 보스의 기울기는 1/100이다.	
접선키 (tangential key)	① 축의 접선방향에 키 홈을 파서 1/100의 기울기가 있는 키 2개를 반대로 합쳐서 조합한 키다. ② 역회전하는 경우 2쌍을 120°각도로 배치하여 사용하며, 고정력이 강하고 중하중용에 사용된다.	
반달키 (woodruff key)	① 키 홈을 축에 반달 모양으로 판 것으로 키를 끼운 후에 보스를 끼운 키의 형태다. ② 축이 약해지는 결점이 있으며 공작기계 핸들 축과 같은 테이퍼축에 주로 적용된다.	
미끄럼키 (sliding key)	① 페더키(Feather Key)라고도 하며 키에는 기울기가 없다. ② 기어나 풀리를 축 방향으로 이동할 경우에 사용하며 축 방향으로 보스의 이동이 가능하다.	
둥근키 (pin key)	① 회전력이 극히 작은 곳에 사용하며 핀을 구멍에 끼워서 사용한다. ② 핀키(Pin Key)라고도 하며 핸들과 같이 토크가 작은 것의 고정 및 동력전달에 사용한다.	

원뿔키 (cone key)	축과 보스에 홈을 내지 않고 원뿔슬롯을 끼워 박아 축의 임의의 곳에 마찰력으로 고정한다.	
스플라인 (spline shaft)	① 축 주위에 피치가 같은 평행한 키홈을 4~20개 만든 형태를 말한다. ② 보스를 축 방향으로 움직일 수 있으며, 큰 회전력 전달이 가능하다.	
세레이션 (serration)	① 축에 작은 삼각형 키 홈을 만들어 축과 보스를 고정시킨 것이다. ② 같은 지름의 스플라인에 이보다 많은 돌기가 있어 동력전달이 크며 자동차의 핸들이나 전동기, 발전기의 축 등에 사용된다.	

[표 2-1]

● 참고 ●

키의 전달력, 회전력, 토크의 크기 비교

세레이션 > 스플라인 > 접선키 > 성크키 > 반달키 > 평키 > 안장키 > 핀키

2. 키에 작용하는 응력

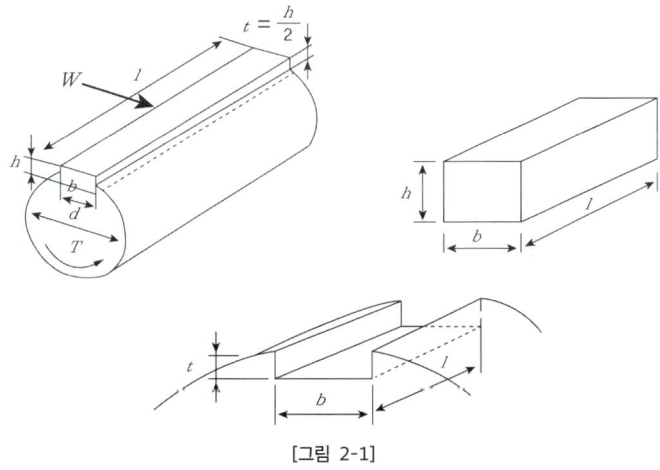

[그림 2-1]

여기에서 b를 키의 폭(너비), h를 키의 높이, l을 키의 길이, t를 축의 키홈 깊이로 한다.

(1) 키에 작용하는 전단응력

$$\tau = \frac{W}{A} = \frac{\frac{2T}{d}}{bl} = \frac{2T}{bdl}$$

(2) 키에 작용하는 압축응력

$$\sigma = \frac{W}{A} = \frac{\frac{2T}{d}}{tl} = \frac{2T}{tdl}$$

만일 $t = \frac{h}{2}$ 이면 $\sigma = \frac{4T}{hdl}$ 이다.

3. 스플라인의 설계

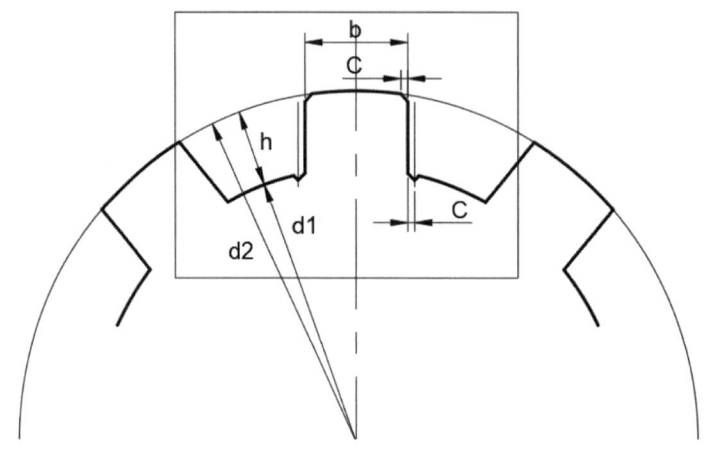

[그림 2-2] 스플라인의 구조

여기에서 b를 이의 폭, h를 이의 높이, l을 보스의 길이, d_1, d_2은 스플라인의 내경과 외경, c를 모따기, q_a는 허용접촉면압력, η를 접촉효율, d_m은 평균지름로 한다.

(1) 스플라인에 작용하는 회전력(접선력, P)과 허용 면압력(q_a)과의 관계

$$q_a = \frac{P}{A} = \frac{P}{(h-2c)l}$$
$$P = (h-2c)lq_a$$

여기에서 l은 축에 끼는 보스의 길이이다.

(2) 스플라인이 전달할 수 있는 토크(T)

$$T = P\frac{d_m}{2}Z\eta = (h-2c)lq_a\frac{d_m}{2}Z\eta$$

여기에서 모따기(c)는 거의 무시하므로 이를 나타내면 다음과 같다.

$$T = hlq_a\frac{d_m}{2}Z\eta$$

단, 여기서 η은 접촉 효율로 이론상으로는 100%라고 하지만 실제로는 75% 정도로 볼 수 있다.

2 핀(pin)

1. 핀의 종류와 특징

명칭	특징	그림
평행핀 (dowel pin)	너클핀이라고도 하며 부품의 관계 위치를 항상 일정하게 유지할 때 사용한다.	
테이퍼핀 (taper pin)	축에 보스를 고정시킬 때 사용하며 호칭지름은 작은 쪽 지름으로 한다.	
분할핀 (split pin)	핀 전체가 갈라진 형태이며 너트의 풀림 방지에 사용한다. 크기는 분할 핀이 들어가는 구멍의 지름으로 한다.	
스프링핀 (spring pin)	세로 방향으로 쪼개져 있어서 크기가 정확하지 않을 때 해머로 박아 고정 또는 이완을 방지할 수 있는 핀이며 탄성을 이용하여 물체를 고정시키는 데 사용한다.	

[표 2-2] 핀의 종류와 특징

2. 너클핀(knuckle pin)의 설계

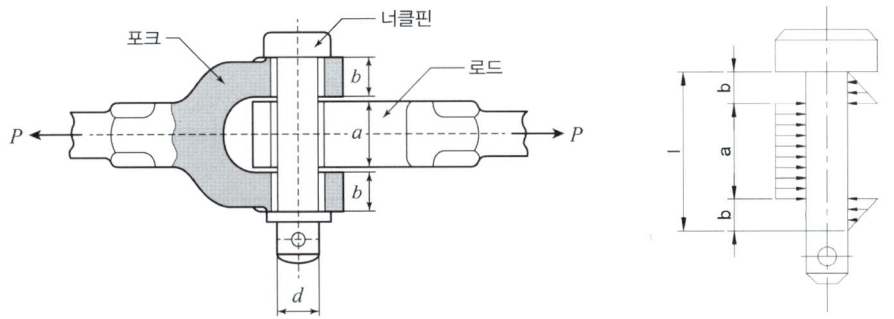

[그림 2-3] 너클핀에 작용하는 압력(면압)

여기에서 핀과 구멍의 접촉길이를 a, 핀의 지름을 d, 축하중을 P, 구멍과 접촉하고 있는 핀의 면압을 p라 한다.

(1) 핀(pin)에 작용하는 면압(p)과 핀의 직경(d)

$$p = \frac{P}{A} = \frac{P}{d \cdot a}$$

여기에서 m을 프와송 수(1~1.5 정도)라 하면, $a = md$, $P = pda = pmd^2$이므로

$$d^2 = \frac{P}{mp}$$

(2) 핀에 작용하는 전단응력(τ)

$$\tau = \frac{P}{2A} = \frac{P}{2\frac{\pi d^2}{4}} = \frac{2P}{\pi d^2}$$

(3) 핀에 발생하는 굽힘응력(σ_b)

$M = \sigma_b Z$ 이므로

$$\frac{Pl}{8} = \sigma_b \times \frac{\pi d^3}{32} \quad \sigma_b = \frac{4Pl}{\pi d^3}$$

● 참고 ●

일반적으로 핀 전체길이는 $l = md$로 한다. (m=프와송 수)

3 코터(cotter)

1. 코터의 구조와 특징

(1) 코터는 로드(Rod), 소켓(Socket), 코터(Cotter)로 구성이 되고 코터의 기울기는 일반적으로 1/20 정도를 사용한다.

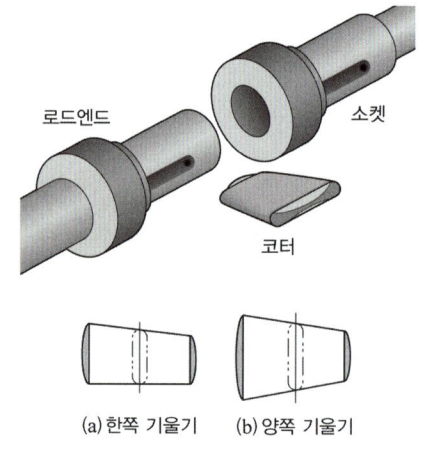

(a) 한쪽 기울기   (b) 양쪽 기울기

[그림 2-4] 코터의 구조

(2) 코터는 인장과 압축이 작용하는 축을 분해해야 할 때 사용한다.

2. 코터의 설계

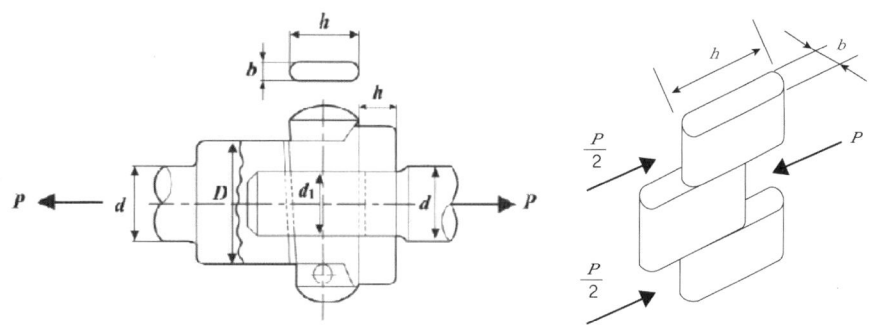

[그림 2-5] 코터의 설계

(1) 코터에 작용하는 인장응력(σ)

$$\sigma = \frac{P}{\dfrac{\pi d_1^2}{4} - b \cdot d_1}$$

(2) 코터에 작용하는 전단응력(τ)

$$\tau = \frac{P}{2bh}$$

(3) 코터에 작용하는 굽힘응력(σ_b)

$$M = \sigma_b Z, \quad \sigma_b = \frac{M}{Z} = \frac{\dfrac{PD}{8}}{\dfrac{bh^2}{6}} = \frac{6PD}{8bh^2} = \frac{3PD}{4bh^2}$$

여기에서 D는 소켓의 바깥지름을 의미한다.

3. 코터의 자립조건

(1) 코터가 소켓이나 로드엔드에서 스스로 분리되지 않을 조건을 코터의 자립조건이라 한다. 하지만 이는 이론적인 계산을 적용한 것으로 실제 코터의 경우에는 축방향 하중을 작용하고 이로 인해 코터의 자립을 계산으로 정하지는 않는다.

(2) 여기에서 α를 코터의 기울기(구배), ρ를 마찰각이라 하면,

① 코터가 한쪽 기울기인 경우

$$\alpha \leq 2\rho$$

② 코터가 양쪽 기울기인 경우

$$\alpha \leq \rho$$

연습문제

Chapter 02 키(key), 핀(pin), 코터(cotter)

18kW의 동력을 550rpm으로 전달하는 축에 묻힘키를 사용하고자 한다. 축 지름은 60mm, 묻힘 키의 $b \times h$는 $18\text{mm} \times 11\text{mm}$, 키의 허용압축응력은 45MPa, 허용전단응력은 20MPa, 키 홈의 깊이는 키 높이의 $\frac{1}{2}$일 때 다음을 구하시오. [4점]

(1) 축의 전달토크 $T[\text{N} \cdot \text{m}]$

(2) 안전한 키의 최소길이 $l[\text{mm}]$

정답분석

(1) $T = 974 \times 9.8 \times \dfrac{H_{kW}}{N} = 312.39[\text{N} \cdot \text{m}]$

(2) $\tau = \dfrac{2T}{bld}$

$20 = \dfrac{2 \times 312.39 \times 10^3}{18 \times l \times 60}$ $l = 28.93\text{mm}$

$\sigma = \dfrac{4T}{hld}$

$45 = \dfrac{4 \times 312.39 \times 10^3}{11 \times l \times 60}$

$l = 42.07\text{mm}$

키의 최소 안전길이 $l = 42.07\text{mm}$

pass.Hackers.com

Chapter 03 리벳이음

1 리벳이음의 특징

리벳이음(rivet joint)은 철판, 형강 등을 반영구적으로 결합하기 위해서 사용하는 체결방법이다. 리벳이음을 하면 대상물의 구조가 간단해지고 공작물에 잔류 변형이 발생하지 않으며 체결이 용이하고 조이는 힘이 크다는 장점 때문에 기밀을 유지해야 하는 압력용기나 보일러의 탱크, 힘을 전달하는 교량, 철골구조, 항공기 기체 등의 접합에 넓게 사용된다.

[그림 3-1] 구조물의 리벳이음

1. 리벳이음의 장점

(1) 열응력이 발생하지 않으며 취성파괴가 발생하지 않는다.

(2) 용접이음과 비교해서 현장작업이 용이하다.

(3) 금속의 재질에 대한 영향에서 비교적 자유롭다.

2. 리벳이음의 단점

(1) 리벳의 길이(축) 방향 하중에는 취약하다.

(2) 영구이음이며 수정, 보수 시에는 파괴해야 한다.

(3) 수밀, 기밀의 유지가 어렵다.

2 리벳이음의 종류

1. 사용목적에 따른 분류

(1) 보일러용 리벳

(2) 저압용 리벳

(3) 구조용 리벳

　수밀, 기밀은 중요하지 않으며 강도만 고려해도 되는 공작물, 철골구조물, 선박 등에 적용된다.

2. 이음 구조에 따른 분류

(1) 겹치기 이음(lap joint)

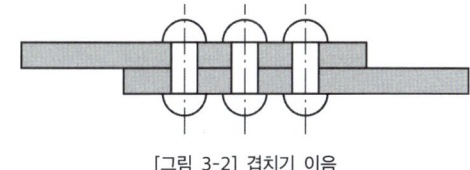

[그림 3-2] 겹치기 이음

(2) 맞대기 이음(butt joint, 덮개판 이음)

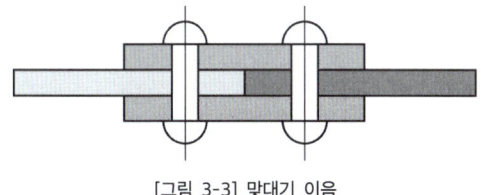

[그림 3-3] 맞대기 이음

> **참고**
> 리벳의 줄 수는 힘이 작용하는 방향에 대해서 직각방향이 기준이 된다. 단, 겹치기 이음에서는 모든 리벳의 줄 수가 해당이 되지만 맞대기 이음에서는 한쪽 강판의 리벳 줄 수만 고려한다.

3 리벳의 기밀유지

1. 코킹(caulking)

압력탱크와 같이 리벳팅 작업이 된 부분에 기밀유지가 필요할 경우 리벳머리나 강판의 가장자리를 정(chisel)으로 때려 밀착시키고 틈을 없애는 방법이다.

2. 플러링(fullering)

리벳팅된 부분의 기밀성을 향상시키기 위해 강판과 동일한 넓이를 가진 공구로 판재를 더욱 밀착시키는 작업이다.

4 리벳이음의 설계

1. 리벳의 전단강도

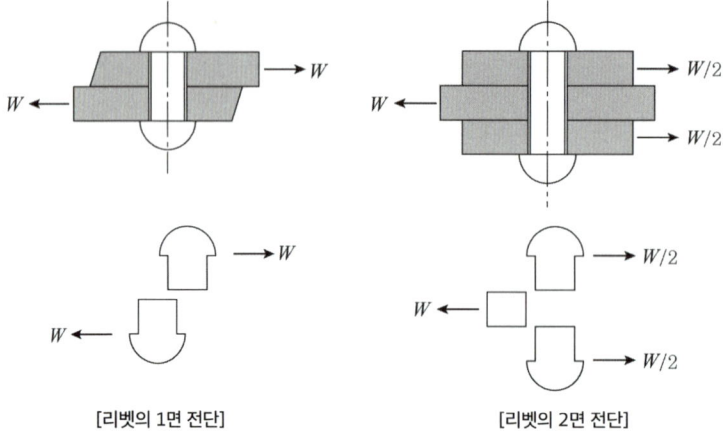

[리벳의 1면 전단]　　　　　[리벳의 2면 전단]

[그림 3-4] 리벳의 전단

(1) 리벳의 전단면이 1면일 때

$$W = \tau \times \frac{\pi d^2}{4}$$

(2) 리벳의 전단면이 n면일 때

$$W = \tau \times \frac{\pi d^2}{4} \times n$$

> ● 참고 ●
>
> 양쪽 덮개판 맞대기 이음에서는 전단면이 2개일 때 안전을 고려해서 n=2가 아니라 n=1.8로 한다.

2. 강판의 인장강도

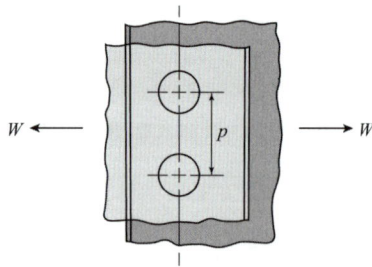

[그림 3-5] 강판의 절단

(1) 강판의 인장강도(강판에 작용하는 인장응력)

$$\sigma_t = \frac{W}{A} = \frac{W}{(p-d)t}, \ W = \sigma_t(p-d)t$$

(2) 일정한 폭(b) 내에서 n개의 리벳이음을 했을 때

$$\sigma_t = \frac{W}{A} = \frac{W}{(b-nd)t}$$

3. 리벳구멍의 압축강도

리벳 구멍에 압축하중이 작용하고 있고 이를 W라 하고 이로 인한 압축응력을 σ_c라 하면,

$$W = \sigma_c dtn$$

여기에서 W를 리벳구멍의 압괴하중이라 한다.

4. 리벳의 지름과 피치(pitch)

(1) 리벳의 지름

리벳에 전단과 압축을 발생시키는 힘(W)은 같으므로,

$$\tau \frac{\pi d^2}{4} n = \sigma_c \times dtn, \ d = \frac{4\sigma_c t}{\pi \tau}$$

(2) 리벳의 피치

리벳에 전단을 발생시키는 힘(W)과 강판에 압축응력을 발생시키는 힘(W)은 같으므로,

$$\tau \frac{\pi d^2}{4} = \sigma_t \times (p-d)t, \ p = d + \frac{\pi d^2 \tau}{4 t \sigma_t}$$

만일, 전단면의 수가 n개라면,

$$p = d + \frac{n \pi d^2 \tau}{4 t \sigma_t}$$

5. 리벳이음의 효율

(1) 강판효율(η_t)

강판은 인장에 의해서 파괴되므로 강판의 인장강도만 고려한다.

$$\eta_t = \frac{(1피치\ 내)\ 구멍이\ 있을\ 때의\ 강판\ 인장강도}{(1피치\ 내)\ 구멍이\ 없을\ 때의\ 강판\ 인장강도}$$

$$\eta_t = \frac{\sigma_t(p-d)t}{\sigma_t \times p \times t} = \frac{p-d}{p} = 1 - \frac{d}{p}$$

(2) 리벳효율(η_s)

리벳은 전단에 의해서 파괴되므로 리벳의 전단강도만 고려한다.

$$\eta_s = \frac{1피치\ 내에\ 있는\ 리벳의\ 전단강도}{(1피치\ 내)\ 구멍이\ 없을\ 때의\ 강판\ 인장강도}$$

$$\eta_s = \frac{\tau \frac{\pi d^2}{4} n}{\sigma_t \times p \times t} = \frac{\tau \times \pi \times d^2 \times n}{4 \times \sigma_t \times p \times t}$$

> **참고**
>
> 여기서 n은 1피치 내에 있는 리벳의 전단면수를 의미하고 양쪽 덮개판 맞대기 이음이라면 n=1.8을 한다.

5 보일러용 리벳이음

1. 강판에 작용하는 응력

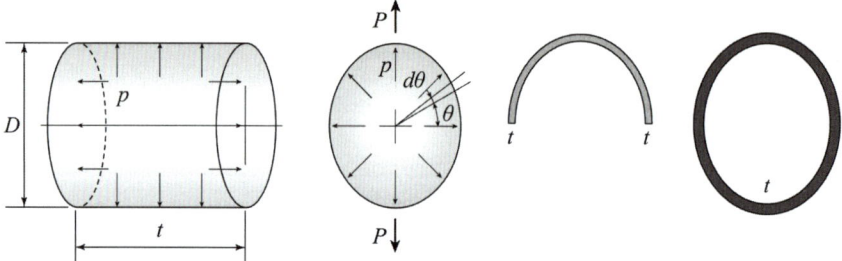

[그림 3-6] 보일러의 리벳이음

여기에서 P를 보일러 내부에서 작용하는 압력, D를 보일러 내부 지름, 강판의 두께를 t로 한다.

(1) 원주방향응력(σ_c)

$$\sigma_c = \frac{PD}{2t}$$

(2) 축방향응력(σ_s)

$$\sigma_s = \frac{PD}{4t}$$

(3) 강판의 두께

강판의 허용인장응력을 σ_a라 하면,

$$\sigma_a \geq \sigma_c = \frac{PD}{2t}$$

이러한 관계에서 강판의 두께(t)는 다음과 같다.

$$t \geq \frac{PD}{2\sigma_a}$$

2. 이음효율을 고려한 강판의 두께

여기에서 만일 이음효율(η)과 안전률(S), 부식여유(C)를 고려한다면 이 식은 다음과 같이 나타낼 수 있다.

$$t \geq \frac{PD}{2\sigma_a \eta} + C$$

단, 여기에서 허용응력 σ_a는 $\sigma_a = \frac{\sigma_u}{S}$와 같다.

6 편심을 받는 리벳이음

편심하중을 받는 리벳이음을 해석하기 위해서는 실제 예제를 통해서 이론과 개념을 학습하는 것이 효율적이다.

● 예제 ●

아래 그림과 같은 리벳이음에서 6000(N)의 하중(F)이 작용할 때, A리벳에 작용하는 전단력의 크기(N)와 방향은?

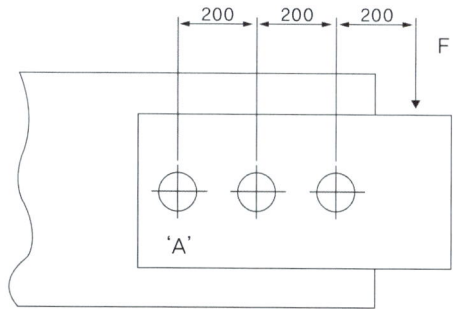

㉠ 리벳에 작용하는 직접전단하중(Q)

$$Q = \frac{W}{n} = \frac{6000}{3} = 2000(N)$$

여기에서 W는 리벳에 작용하는 편심하중, n은 리벳의 수다.

㉡ 비례상수 K

$$Fe = K \cdot N \cdot r^2$$

$$K = \frac{Fe}{Nr^2} = \frac{6000 \times 400}{2 \times 200^2} = 30\left(\frac{N}{mm}\right)$$

여기에서 모멘트에 의해서 리벳에 작용하는 전단하중(F_1)은 다음과 같다.

$$F_1 = Kr_1 = 30(N/mm) \times 200(mm) = 6000$$

㉢ 각 리벳에 작용하는 전단하중(F)

리벳 A를 기준으로 오른쪽 리벳을 각각 B, C 리벳이라 하면,

$$P_A = Q - F_1 = 2000 - 6000 = -4000(N)$$

$$P_B = Q = 2000$$

$$P_c = Q + F_1 = 2000 + 6000 = 8000(N)$$

따라서 A점에 작용하는 전단하중은 -4000(N)이다.

연습문제

Chapter 03 리벳이음

그림과 같은 1줄 겹치기 리벳이음에서 리벳의 허용전단응력은 25MPa, 강판의 허용인장응력 70MPa이고 리벳의 지름은 14mm, 강판의 두께 7mm일 때 다음을 구하시오.

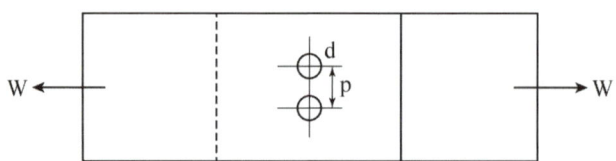

(1) 리벳의 전단저항 W(kN)

(2) 강판의 피치 p [mm]

(3) 강판의 효율 η_p [%]

정답분석

(1) $W = \tau_r \cdot \dfrac{\pi d^2}{4} = 25 \times \dfrac{\pi \times 14^2}{4} = 7700\text{N} = 7.7\text{kN}$

(2) $W = \sigma_t \cdot (p-d) \cdot t$

$7.7 \times 10^3 = 70 \times (p-14) \times 7$

$p = 29.68\text{mm}$

(3) $\eta_p = 1 - \dfrac{d}{p} = \left(1 - \dfrac{14}{29.68}\right) \times 100 = 52.9\%$

pass.Hackers.com

Chapter 04 축(shaft)

1 축(shaft)설계의 기준

강도 기준 설계	정하중만 작용하는 경우	굽힘모멘트만 작용하는 경우	
		비틀림모멘트만 작용하는 경우	
		굽힘, 비틀림모멘트가 동시에 작용하는 경우	• 취성재료: 최대주응력설 • 연성재료: 최대전단응력설
	동하중이 작용하는 경우	동적효과계수 (k_m, k_t)	
강성도 기준 설계	비틀림강성	바하의 축공식	
	굽힘강성	축의 처짐과 처짐각	

[표 4-1] 축의 설계 기준

2 강도 기준의 축 설계

1. 정하중이 작용하는 경우

   (1) 굽힘모멘트(M)만 작용하는 경우

   ① 중실축

   $$M = \sigma_b Z = \sigma_b \times \frac{\pi d^3}{32}, \quad d = \sqrt[3]{\frac{32M}{\pi \sigma_b}}$$

   ② 중공축

   내경을 d_1, 외경을 d_2 라고 했을 때 단면계수(Z)

   $$Z = \frac{I_y}{y} = \frac{2\pi(d_2^4 - d_1^4)}{64 d_2} = \frac{\pi(d_2^4 - d_1^4)}{32 d_2} = \frac{\pi d_2^3 (1 - x^4)}{32}$$

   중공축에 대한 굽힘모멘트(M)와 외경(d_2)

   $$M = \sigma_b \times \frac{\pi d_2^3 (1 - x^4)}{32}, \quad d_2 = \sqrt[3]{\frac{32M}{\pi \sigma_b (1 - x^4)}}$$

   여기에서 x는 중공축의 내, 외경비를 의미하고 다음과 같이 정의한다.

   $$x = \frac{d_1}{d_2}$$

(2) 비틀림모멘트(T)만 작용하는 경우
   ① 중실축

$$T = \tau \times Z_p = \tau \times \frac{\pi d^3}{16}, \quad d = \sqrt[3]{\frac{16T}{\pi \tau}}$$

   ② 중공축
   중공축의 단면계수는 다음과 같다.

$$Z_p = \frac{I_p}{y} = \frac{2\pi(d_2^4 - d_1^4)}{32d_2} = \frac{\pi(d_2^4 - d_1^4)}{16d_2} = \frac{\pi d_2^3(1-x^4)}{16}$$

   중공축의 외경은 다음과 같이 정리된다.

$$T = \tau \times \frac{\pi d_2^3(1-x^4)}{16}, \quad d_2 = \sqrt[3]{\frac{16T}{\pi \tau (1-x^4)}}$$

(3) 비틀림모멘트와 굽힘모멘트가 동시에 작용하는 경우
   실제로 대부분의 축(shaft)에는 비틀림과 굽힘이 동시에 작용한다. 이러한 경우에는 이 둘을 조합응력으로 해석하고 여러 파괴이론 중 최대 주응력설과 최대 전단응력설을 기반으로 해석한 다음 이 둘 중 적절한 값을 적용한다.

   ① 최대 주응력설
   랭킨(Rankine)의 최대 주응력설에 의한 최대 주응력($\sigma_{\max}$)과 최소 주응력($\sigma_{\min}$)은 다음과 같다.

$$\sigma_{\max, \min} = \frac{1}{2}(\sigma x + \sigma y) \pm \frac{1}{2}\sqrt{(\sigma x - \sigma y)^2 + 4\tau xy^2}$$

   이때, 축에 작용하는 최대 주응력을 굽힘응력(σ_b)과 비틀림응력(τ)으로 나타내면,

$$\sigma_{\max} = \frac{1}{2}\sigma_b + \frac{1}{2}\sqrt{\sigma_b^2 + 4\tau^2}$$

   다시 굽힘 모멘트와 비틀림 모멘트로 나타내면,

$$\sigma_{\max} = \frac{1}{2} \times \frac{32M}{\pi d^3} + \frac{1}{2}\sqrt{\left(\frac{32M}{\pi d^3}\right)^2 + 4\left(\frac{16T}{\pi d^3}\right)^2}$$

$$= \frac{1}{2} \times \frac{32}{\pi d^3}(M + \sqrt{M^2 + T^2}) = \frac{1}{2Z}(M + \sqrt{M^2 + T^2})$$

   이 식에서

$$M_e = \frac{1}{2}(M + \sqrt{M^2 + T^2}) \text{ 로 하면}, \sigma_{\max} = \frac{M_e}{Z}$$

   여기에서 M_e를 상당굽힘모멘트(등가굽힘모멘트)라 한다.

② 최대 전단응력설

트레스카-게스트(Tresca-Guest)의 최대 전단응력설에 의한 최대 전단응력은 다음과 같다.

$$\tau_{\max} = \frac{1}{2}\sqrt{\sigma^{2b}+4\tau^2}$$

최대 전단응력을 굽힘모멘트와 비틀림모멘트로 나타내면,

$$\tau_{\max} = \frac{1}{2}\sqrt{\left(\frac{32M}{\pi d^3}\right)^2 + 4\left(\frac{16T}{\pi d^3}\right)^2} = \frac{1}{2}\times\frac{32}{\pi d^3}\left(\sqrt{M^2+T^2}\right) = \frac{1}{Z_P}\left(\sqrt{M^2+T^2}\right)$$

여기에서

$$Te = \sqrt{M^2+T^2} \text{ 이라 하면,} \quad \tau_{\max} = \frac{T_e}{Z_p}$$

여기에서 T_e를 상당비틀림모멘트(등가비틀림모멘트)라 한다.

③ 최대 주응력설에 의한 축지름

최대 주응력설은 주로 취성재료의 파괴이론과 잘 일치한다.

㉠ 중실축의 축지름

$$d = \sqrt[3]{\frac{32M_e}{\pi\sigma_b}}$$

㉡ 중공축의 축지름

$$d_2 = \sqrt[3]{\frac{32M_e}{\pi\sigma_b(1-x^4)}}$$

④ 최대 전단응력설에 의한 축지름

최대 전단응력설은 주로 연성재료의 파괴이론과 잘 일치한다.

㉠ 중실축의 축지름

$$d = \sqrt[3]{\frac{16T_e}{\pi\tau}}$$

㉡ 중공축의 축지름

$$d_2 = \sqrt[3]{\frac{16T_e}{\pi\tau(1-x^4)}}$$

● 참고 ●

재료의 재질이 연성인지, 취성인지 알 수 없는 경우 위의 두 값을 모두 구해서 큰 값을 지름으로 결정한다.

2. 동하중이 작용하는 경우

굽힘모멘트(M)에 대한 동적효과계수를 k_m, 비틀림모멘트(T)에 대한 동적효과계수를 k_t로 하고 이를 적용해서 동적 하중이 적용된 축의 지름을 구할 수 있다.

(1) 상당굽힘모멘트

$$M_e = \frac{1}{2}\left\{k_m M + \sqrt{(k_m M)^2 + (k_t T)^2}\right\}$$

(2) 상당비틀림모멘트

$$T_e = \sqrt{(k_m M)^2 + (k_t T)^2}$$

3 강성도 기준의 축 설계

1. 비틀림강성에 의한 축 설계

회전하는 축에는 토크에 의한 비틀림이 발생한다. 이러한 비틀림은 축 강도 전반에 영향을 미칠 뿐 아니라 축 진동을 발생시켜 예상할 수 없는 여러 가지 문제를 발생시킬 수 있다. 강성도를 기준으로 하는 축의 설계에서는 이러한 축의 비틀림 변형에 제한을 두어 축의 강도를 보장하는 방법을 취하고 있다.

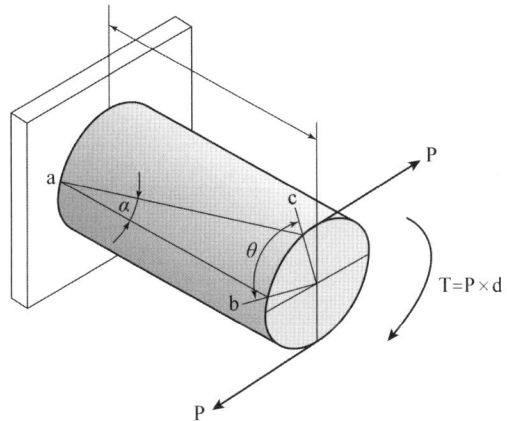

[그림 4-1] 원형 단면봉에 작용하는 비틀림과 비틀림 각

(1) 비틀림모멘트에 의한 비틀림각

$$\theta = \frac{TL}{GI_p}\ (rad) = \frac{180}{\pi} \times \frac{TL}{GI_p}(°)$$

(2) 바하(Bach)의 축공식

바하의 축공식에서는 길이 1m인 축에 대해서 비틀림각을 1/4(0.25°) 이내에 있도록 설계한다.

① 중실축

$$I_p = \frac{\pi d^4}{32} \text{이므로}$$

$$T = 974000 \times \frac{H_{(kW)}}{N}, \quad d \cong 130 \times \sqrt[4]{\frac{H_{(kW)}}{N}} \quad \text{또는}$$

$$T = 716200 \times \frac{H_{(ps)}}{N}, \quad d \cong 120 \times \sqrt[4]{\frac{H_{(ps)}}{N}}$$

② 중공축

$$I_p = \frac{\pi d_2^4 (1 - x^4)}{32} \text{이므로}$$

$$T = 974000 \times \frac{H_{(kW)}}{N}, \quad d \cong 130 \times \sqrt[4]{\frac{H_{(kW)}}{(1-x^4)}} \quad \text{또는}$$

$$T = 716200 \times \frac{H_{(ps)}}{N}, \quad d \cong 120 \times \sqrt[4]{\frac{H_{(ps)}}{(1-x^4)}}$$

2. 굽힘강성에 의한 축 설계

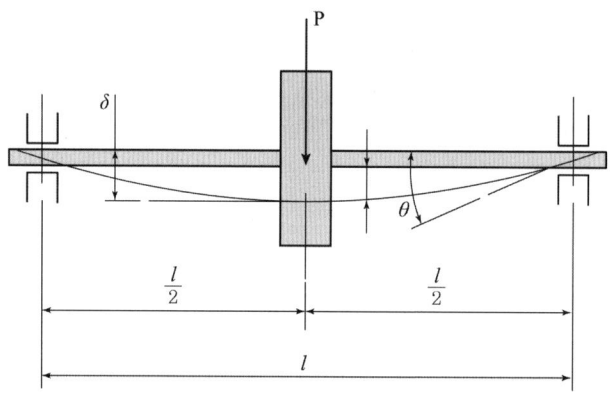

[그림 4-2] 축의 처짐과 처짐량

축 중앙에 하중 P가 작용할 때 축을 단순보로 해석하면 처짐량과 처짐각은 다음과 같이 해석할 수 있다.

$$\delta = \frac{PL^3}{48EI}, \quad \theta = \frac{PL^2}{16EI}$$

$$\frac{\delta}{\theta} = \frac{L}{3}, \quad \delta = \theta \frac{L}{3} \leq \frac{L}{3000}$$

축 길이 1m에 대해서 처짐 길이를 0.33mm 이하로 제한한다.

4 축의 위험속도

1. 1개의 회전체를 가진 축

$$N_C = \frac{30}{\pi}\sqrt{\frac{g}{\delta}}$$

여기에서 N_C는 축의 위험 회전수(rpm)를 의미하고 g는 중력가속도, δ는 축의 처짐량을 의미한다.

2. 여러 개의 회전체를 가진 축

축에 여러 개의 회전체가 있는 경우 던커레이(dunkerley)의 실험식을 따른다.

$$\frac{1}{N_c^2} = \frac{1}{N_0^2} + \frac{1}{N_1^2} + \frac{1}{N_2^2} + \ldots + \frac{1}{N_n^2}$$

연습문제 — Chapter 04 축(shaft)

01 직경 60mm, 길이 1m의 축에 600N의 회전체가 0.3m와 0.7m 사이에 매달려 있다. 축의 자중을 무시할 때 다음을 구하시오. (단, 축의 종탄성계수 $E = 210\text{GPa}$이다) [4점]

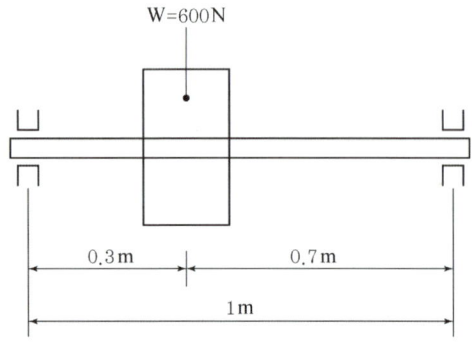

(1) 축의 처짐 $\delta [\mu\text{m}]$

(2) 축의 위험속도 $N_{cr} [\text{rpm}]$

정답분석

(1) $\delta = \dfrac{Wa^2b^2}{3EIl} = \dfrac{600 \times 0.3^2 \times 0.7^2 \times 64}{3 \times 210 \times 10^9 \times \pi \times 0.06^4 \times 1} = 0.000066\text{m} = 66\mu\text{m}$

(2) $N_{cr} = 300\sqrt{\dfrac{1}{\delta}} = 300\sqrt{\dfrac{1}{0.0066}} = 3692.19\text{rpm}$

---

02 그림과 같이 2.3kW, 1800rpm의 전동기에 직결된 기어 감속장치에 640N의 하중이 중앙에 걸려있다. 축의 재료는 기계구조용 탄소강으로 허용전단응력 34.3MPa, 허용굽힘응력 68.6MPa, 굽힘모멘트의 동적효과계수 $K_m = 1.7$, 비틀림모멘트의 동적효과계수 $K_t = 1.3$으로 다음을 구하시오. (단, 축은 중공축으로 바깥지름은 20mm이다.) [5점]

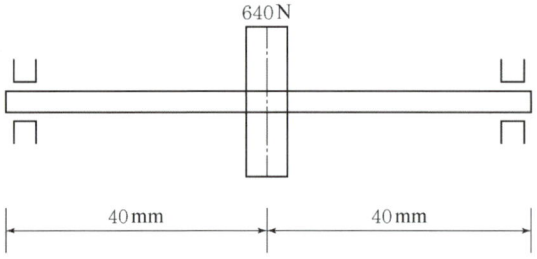

(1) 상당 굽힘모멘트 M_e [J]

(2) 상당 비틀림모멘트 T_e [J]

(3) 중공축의 안지름 d_1 [mm]

정답분석

(1) $M = \dfrac{P_2}{4} = \dfrac{640 \times 0.08}{4} = 12.8(\text{J})$

$T = 974 \times 9.8 \times \dfrac{H_{kW}}{N} = 974 \times 9.8 \times \dfrac{2.3}{1800} = 12.2(\text{J})$

따라서 동적효과계수(K_m, K_t)를 반영한 상당굽힘모멘트는 다음과 같다.

$M_e = \dfrac{1}{2}[(K_m M) + \sqrt{(K_m M)^2 + (K_t T)^2}]$

$\dfrac{1}{2} \times [(1.7 \times 12.8) + \sqrt{(1.7 \times 12.8)^2 + (1.3 \times 12.2)^2}] = 24.34(\text{J})$

(2) 상당굽힘모멘트와 같이 동적효과계수(K_m)를 반영해서 상당비틀림 모멘트를 구한다.

$T_e = \sqrt{(K_m M)^2 + (K_t T)^2} = \sqrt{(1.7 \times 12.8)^2 + (1.3 \times 12.2)^2} = 26.93(\text{J})$

(3) $M_e = \sigma_a \dfrac{\pi d_2^3}{32}(1 - x^4)$

$24.34 \times 10^3 = 68.6 \times \dfrac{\pi \times 20^3}{32} \times (1 - x^4)$

여기에서 $x = 0.86048$이며

$d_2 = d_2 x = 0.86048 \times 20 = 17.21 \text{mm}$

또한 상당비틀림모멘트에서

$T_e = \tau_a \dfrac{\pi d_2^3}{16}(1 - x^4)$

$26.93 \times 10^3 = 34.3 \times \dfrac{\pi \times 20^3}{16} \times (1 - x^4)$

$x = 0.84097$이다.

$d_1 = d_2 x = 0.84097 \times 20 = 16.82 \text{mm}$

여기에서 허용전단응력과 허용굽힘응력 모두를 만족하는 지름은 $d_1 = 16.82 \text{mm}$ 이다.

Chapter 05 축이음

1 커플링(coupling)

커플링(coupling)은 원동축(driving shaft)과 종동축(driven shaft)을 연결하여 동력을 전달시키는 기계요소를 의미한다.

1. 커플링의 종류와 특징

고정형 커플링	원통형 커플링	머프 커플링(muff coupling)	
		반중첩 커플링	
		마찰원통 커플링	
		분할원통 커플링	
		셀러 커플링(seller coupling)	
	플랜지 커플링(flange coupling)		
유연 커플링 (flexible coupling)	기어형		
	체인형		
	탄성체		
올덤 커플링 (oldham coupling)			
유니버셜 조인트 (universal joint)			

[표 5-1] 커플링의 종류

2. 커플링의 설계

(1) 원통형 커플링(cylindrical coupling)

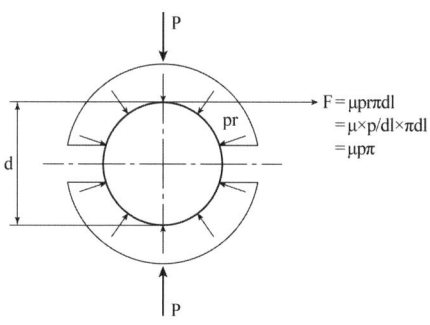

[그림 5-1] 원통형 커플링에 작용하는 힘

① 커플링이 축을 조이는 힘(P)

커플링에 의해서 축에 수직으로 작용하는 힘(조이는 힘)을 P라 하고 커플링과 축 사이에 작용하는 압력을 P_r, 축의 지름을 d 그리고 커플링의 길이를 l 라 하면 커플링이 축을 조이는 힘(P)은 다음과 같이 나타낼 수 있다.

$$2P = P_r \cdot d \cdot l, \qquad P = \frac{P_r \cdot d \cdot l}{2}$$

② 커플링이 전달할 수 있는 토크(T)

$$T = \mu P \pi \times \frac{d}{2}$$

(2) 분할원통형 커플링

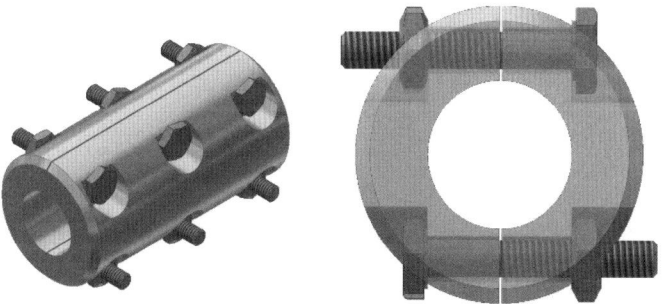

[그림 5-2] 분할원통 커플링

① 커플링이 축을 조이는 힘(Q)

전체 볼트의 결합력이 축의 절반을 조이고 있다고 가정하면 힘의 평형방정식은 다음과 같다.

$$Q = \frac{P_r \cdot d \cdot l}{2} = \frac{\pi \delta^2}{4} \sigma_t \frac{Z}{2}$$

여기에서 Q는 볼트가 커플링의 반 쪽을 조이는 힘(N), δ는 볼트의 골지름(mm), σ_t는 볼트에 발생하는 인장응력 (N/mm²)이고 Z는 전체 볼트 수를 의미한다.

② 커플링이 전달할 수 있는 토크(T)

$$T = \mu\pi \times Q \times \frac{d}{2} = \mu\pi \times \frac{\pi}{4}\delta^2\sigma_t\frac{Z}{2} \times \frac{d}{2}$$

③ 분할 원통 커플링에 필요한 볼트의 수(Z)

커플링 전달할 수 있는 토크(T)와 축이 전달할 수 있는 토크(T_s)는 같으므로,

$$T = T_s, \quad \mu\pi \times \frac{\pi}{4}\delta^2\sigma_t\frac{Z}{2} \times \frac{d}{2} = \tau \times \frac{\pi d^2}{16}$$

이 식을 볼트의 수(Z)에 대해서 정리하면,

$$Z = \frac{\tau d^2}{\mu\pi\sigma_t\delta^2}$$

(3) 플랜지 커플링(flange coupling)

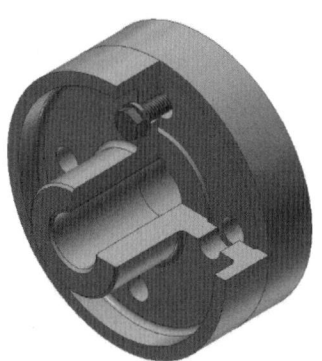

[그림 5-3] 플랜지 커플링

① 플랜지 마찰에 의한 전달 토크(T_1)

볼트에 작용하는 인장응력을 σ_t라 하고, 한 개의 볼트가 조이는 힘을 Q라고 하면,

$$Q = \sigma_t \times \frac{\pi\delta_B^2}{4}$$

그리고 마찰에 의해서만 전달할 수 있는 토크(T_1)는 다음과 같다.

$$T_1 = \mu Q\frac{D_f}{2}Z = \mu \times \sigma_t\frac{\pi\delta_B^2}{4} \times \frac{D_f}{2}Z$$

여기에서 μ는 마찰계수, D_f는 마찰면의 평균지름, Z는 체결 볼트의 수, δ_B는 볼트의 골지름을 의미한다.

② 볼트의 전단저항에 의한 전달 토크(T_2)

볼트 하나에 걸리는 전단응력을 τ_B라 하고 이 볼트들의 중심간 거리를 D_B라 하면 볼트의 전단저항에 의해 전달할 수 있는 토크는 다음과 같다.

$$T_2 = \tau_B\frac{\pi\delta_B^2}{4}\frac{D_B}{2}Z$$

③ 최대 전달토크(T)

$$T = T_1 + T_2, \quad T = \mu Q \frac{D_f}{2} Z + \tau_B \frac{\pi \delta_B^2}{4} \frac{D_B}{2} Z$$

④ 축의 허용비틀림 모멘트와 전달 토크와의 관계

T를 축의 허용비틀림 모멘트라고 하면,

$$T = \tau_s Z_p = \tau_S \times \frac{\pi d^3}{16}$$

일반적으로 상급 플랜지 커플링에서는 볼트의 전단강도에 의한 전달토크(T_s)만 고려한다.

$$T = \tau_S \times \frac{\pi d^3}{16} = \mu Q \frac{D_f}{2} Z + \tau_B \frac{\pi \delta_B^2}{4} \frac{D_B}{2} Z$$

2 클러치(clutch)

1. 클러치의 종류와 특징

축(shaft)과 축을 연결할 때 두 축의 동력을 단속할 필요가 있을 때 사용하는 축 이음을 클러치(clutch)라 한다.

(1) 맞물림 클러치
대표적인 확동 클러치로 확실하게 동력을 전달할 수 있다는 장점이 있는 반면 클러치의 결합시 충격을 수반하는 단점이 있다.

(2) 마찰 클러치
① 마찰면을 접속시켜 마찰에 의해서 동력을 전달하는 클러치이다.
② 접촉면이 미끄러지면서 연결이 되므로 접속 시에 발생하는 충격이 작고 축을 정지시키지 않아도 된다는 장점이 있지만 마찰면에서 미끄럼이 발생한다는 단점이 있다. 하지만 이 미끄럼이 엔진이나 모터, 축을 보호하기도 한다.
③ 마찰 클러치의 종류로는 원판형과 원추형이 있다.

(3) 유체 클러치
유체클러치는 동력을 전달하는 수단이 마찰이나 물리적 접속이 아닌 유체의 운동이다. 유체 커플링이라고도 한다.

(4) 일방향 클러치(비역전 클러치)
축의 한쪽 방향으로만 토크를 전달하는 클러치를 의미한다.

2. 클러치의 설계

(1) 원판클러치

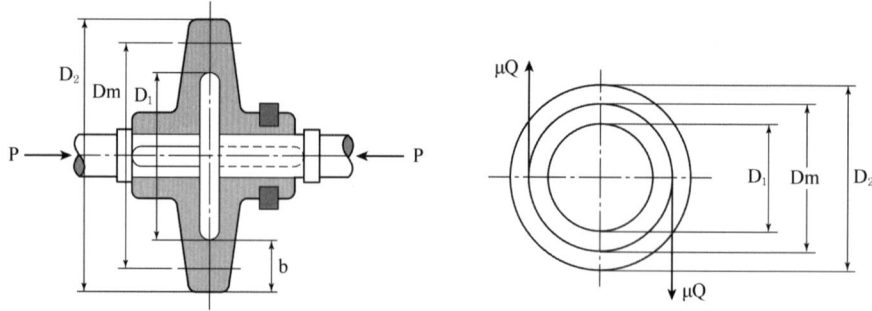

[그림 5-4] 원판클러치

① 원판클러치가 전달할 수 있는 토크(T)

$$T = \mu P \frac{D_m}{2}$$

여기에서 D_m은 접촉면의 평균지름(mm), P는 축을 미는 힘(N), μ는 마찰계수를 의미한다.
그리고 만일, 이 클러치가 다판클러치라고 하면 축을 미는 힘(P)는 다음과 같다.

$$P = P_1 Z$$

P_1은 하나의 판에 작용하는 힘이고 Z는 접촉면의 수(판의 수)를 의미한다.

② 접촉면에 작용하는 평균압력(q)

$$q = \frac{P}{A} = \frac{P}{\frac{\pi}{4}(D_2^2 - D_1^2)} = \frac{P}{\pi \times \frac{D_2 + D_1}{2} \times \frac{D_2 - D_1}{2}} = \frac{P}{\pi D_m b}$$

$b(= \frac{D_2 - D_1}{2})$는 접촉면의 폭(mm)이다.

또한 $T = \mu P \frac{D_m}{2}$, $P = \frac{2T}{\mu D_m}$ 이므로,

$$q = \frac{P}{\pi D_m b} = \frac{2T}{\mu \pi D_m^2 b}$$

만일 다판클러치라면 축방향으로 미는 힘 P에 의해서 평균압력 q는

$$q = \frac{P}{\pi D_m b Z} = \frac{2T}{\mu \pi D_m^2 \cdot b \cdot Z}$$

(2) 원추클러치

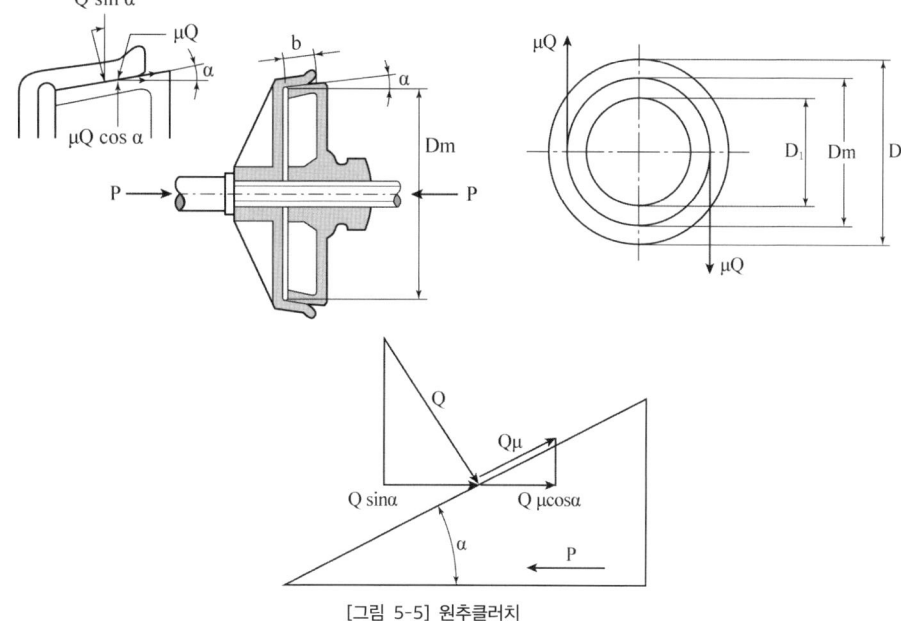

[그림 5-5] 원추클러치

① 접촉면에 수직으로 작용하는 힘(Q)

축방향으로 작용하는 힘(축을 미는 힘)을 P라 하고 α를 원추각이라 하면,

$$P = Q\sin\alpha + \mu Q\cos\alpha = Q(\sin\alpha + \mu\cos\alpha)$$

$$Q = \frac{P}{\sin\alpha + \mu\cos\alpha}$$

일반적으로 경사각(α)은 원추각의 1/2로 한다.

② 전달토크(T)

$$T = \mu Q \frac{D_m}{2} = \mu \frac{D_m}{2} \times \frac{P}{\sin\alpha + \mu\cos\alpha}$$

③ 축을 미는 힘(추력, P)

$$P = \frac{2T}{\mu D_m}(\sin\alpha + \mu\cos\alpha)$$

(3) 맞물림 클러치(claw clutch)

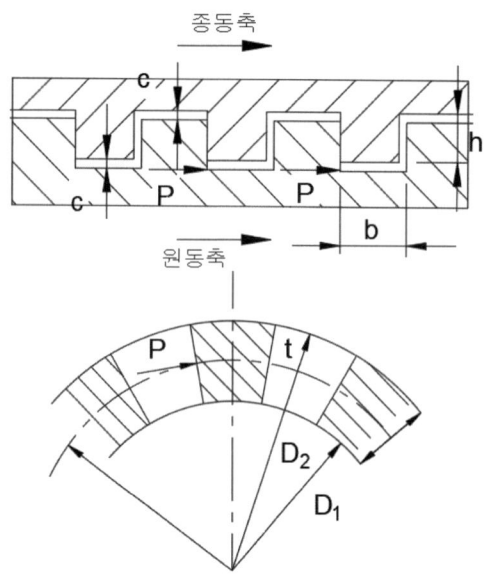

[그림 5-6] 맞물림 클러치

① 턱 뿌리에 작용하는 굽힘응력(σ_b)

$$\sigma_b = \frac{M}{Z} = \frac{Ph}{\frac{tb^2}{6}} = \frac{6Ph}{tb^2}$$

② 클러치가 전달할 수 있는 토크(T)

맞물림 클러치에서 턱 Z개에 하중 P가 균일하게 작용을 한다면 전달토크(T)는 다음과 같다.

$$T = PRZ = P\frac{D_1 + D_2}{4}Z, \quad R = \frac{D_1 + D_2}{4}$$

여기에서 D_1은 클러치의 안지름(mm), D_2는 클러치의 바깥지름(mm), R은 클러치의 평균반지름을 의미한다. 또한 이 식에 의해서 축을 미는 힘(P)는 다음과 같이 나타낼 수 있다.

$$P = \frac{T}{RZ} = \frac{4T}{(D_1 + D_2)Z}$$

③ 전달토크(T)와 턱에 걸리는 굽힘응력과의 관계

턱(claw)의 높이를 h, 너비를 b, 두께를 t, 턱과 턱 사이의 틈새를 c라고 하면 턱 뿌리에 작용하는 굽힘응력은 다음과 같다.

$$\sigma_b = \frac{M}{Z} = \frac{Ph}{\frac{tb^2}{6}} = \frac{6Ph}{tb^2} = \frac{6 \times \frac{4T}{(D_1 + D_2)Z} \times h}{tb^2} = \frac{24Th}{(D_1 + D_2)tb^2 Z}$$

pass.Hackers.com

연습문제

Chapter 05 축이음

01

직경 90mm 축의 체결에 볼트 8개의 클램프 커플링을 사용한다. 36kW, 250rpm의 동력을 마찰력만으로 전달할 때, 다음을 구하시오. (단, 마찰계수는 0.25, 볼트의 인장응력은 33.4MPa이다.) [4점]

(1) 커플링을 조이는 힘 P[kN]

(2) 볼트 골지름 d_1[mm]

정답분석

(1) $T = 974000 \times 9.8 \times \dfrac{H_{kW}}{N} = \pi \mu P \dfrac{d}{2}$

$974000 \times 9.8 \times \dfrac{3.6}{250} = \pi \times 0.25 \times P \times \dfrac{90}{2}$

$P = 38.9 \text{kN}$

(2) $W = Q\dfrac{Z}{2}$, $\sigma_t = \dfrac{Q}{\dfrac{\pi d_1^2}{4}} = \dfrac{8P}{Z\pi d_1^2}$

$33.4 = \dfrac{8 \times 38.9 \times 1000}{8 \times \pi \times d_1^2}$

$d_1 = 19.3 \text{mm}$

02 200rpm으로 13kW를 전달하는 원추클러치가 있다. 접촉면의 평균지름이 300mm, 원추면의 경사각이 11°, 마찰계수 0.2, 접촉면의 허용압력 0.3MPa일 때, 다음을 구하시오. [4점]

(1) 접촉폭 b [mm]

(2) 추력 W [N]

정답분석

(1) $T = 974000 \times 9.8 \times \dfrac{H_{kW}}{N} = \mu Q \dfrac{D}{2}$

$974000 \times 9.8 \times \dfrac{13}{200} = 0.2 \times Q \times \dfrac{300}{2}$

$Q = 20681\text{N}$

$q_a = \dfrac{Q}{\pi D b}$

$0.3 = \dfrac{20681}{\pi \times 300 \times b}$

$b = 73.15\text{mm}$

(2) $W = Q(\sin\alpha + \mu\cos\alpha) = 20681 \times (\sin 11 + 0.2 \times \cos 11) = 8006.43\text{N}$

Chapter 06 베어링(bearing)

1 베어링의 분류

구분	종류	특징	그림
하중의 방향에 따른 분류	레이디얼 베어링(radial bearing)	축의 지름방향 하중	
	스러스트 베어링(thrust bearing)	축방향 하중	
	테이퍼 베어링(taper bearing)	축방향 하중과 지름방향 하중이 동시에 발생할 때	
	복합 베어링(complex bearing)	복합하중	
접촉방법에 따른 분류	미끄럼 베어링(sliding bearing)	유체 윤활에 의해 마찰 감소	
	구름 베어링(rolling bearing)	구름접촉, 구름압력을 지지	

[표 6-1] 베어링의 분류

2 저널(jounal)의 종류

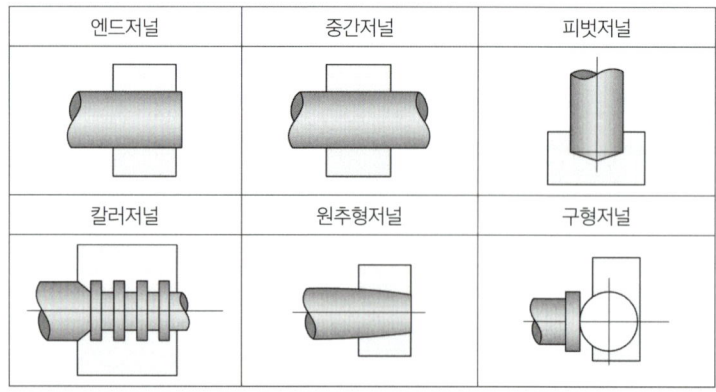

[표 6-2] 저널(jounal)의 종류

3 미끄럼 베어링과 구름 베어링의 비교

항목	미끄럼 베어링	구름 베어링
규격	• 비규격품이며 간단한 구조 • 축과는 끼워맞춤 관계가 중요하다	대부분 규격품이다
윤활	윤활장치가 필요하다	윤활장치가 필요 없다
마찰	• 유체마찰 • 기동마찰과 마찰계수가 크다	• 구름마찰 • 기동마찰과 마찰계수가 작다
회전속도	고속 회전에 적합하다	저속 회전한다
내충격성	충격에 강하다	조립관계에 있으므로 충격에 약하다
진동, 소음	거의 발생하지 않는다	발생하기 쉽다
기동토크	유막형성이 늦어지면 커진다	작다
구조	간단하다	조립품으로 복잡하다

[표 6-3] 미끄럼 베어링과 구름 베어링의 비교

4 미끄럼 베어링의 설계

1. 미끄럼 베어링의 구조

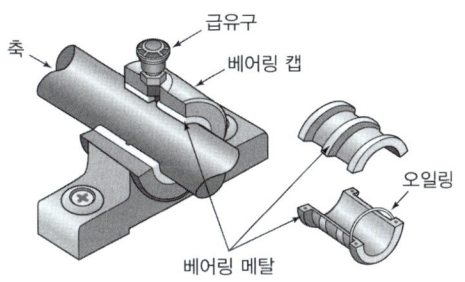

[그림 6-1] 미끄럼 베어링의 구조

일반적으로 미끄럼 베어링은 베어링 메탈, 급유부(윤활부), 베어링 캡(베어링 하우징)으로 구성된다.

2. 베어링 압력(p)

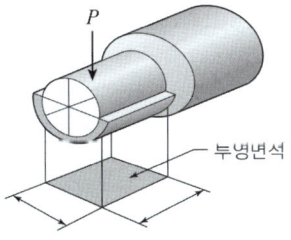

[그림 6-2] 베어링 압력

$$p = \frac{P}{A} = \frac{P}{dl}(N/mm^2)$$

여기에서 d는 저널의 지름, l은 저널 길이, P는 베어링에 작용하는 하중(N)을 의미한다.

3. 끝 저널(end journal)의 설계

끝 저널은 축을 외팔보로 해석하고 여기에 균일 분포하중이 작용하는 것으로 가정한다.

(1) 저널의 직경(d)

$$M_{max} = \sigma \times Z, \quad \frac{Pl}{2} = \sigma \times \frac{\pi d^3}{32}$$

$$d = \sqrt[3]{\frac{16 \times P \times l}{\pi \sigma}} \cong \sqrt[3]{\frac{5.1 \times P \times l}{\sigma}} \ (mm)$$

(2) 폭경비($\frac{l}{d}$)

$$M_{max} = \sigma \cdot Z, \quad \frac{Pl}{2} = \sigma \times \frac{\pi d^3}{32}, \quad \frac{pdll}{2} = \sigma \times \frac{\pi d^3}{32}$$

$$\frac{l}{d} = \sqrt{\frac{\pi \times \sigma}{16 Pr}} \cong \sqrt{\frac{\sigma}{5.1 Pr}}$$

4. 중간저널(intermediate journal)의 설계

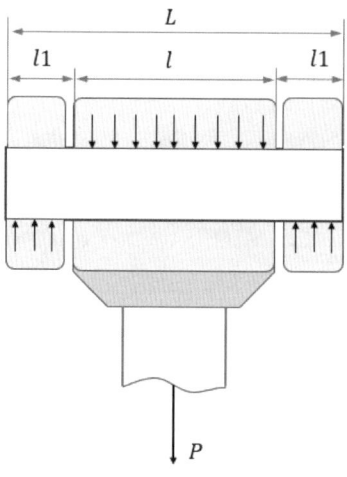

[그림 6-3] 중간저널

최대굽힘모멘트(M_{max})는 저널 중앙 단면에 발생을 하고 이때 이 저널을 중앙에 집중하중이 작용하는 보(beam)로 치환을 하고 그 한쪽의 절반을 외팔보로 간주한다.

(1) 저널의 직경(d)

$$M_{max} = \frac{P}{2} \times \frac{1}{4}(l + 2l_1) = \frac{PL}{8}$$

여기에서 $L = (l + 2l_2)$이다.

$$M_{max} = \sigma \cdot Z, \quad \frac{PL}{8} = \sigma \times \frac{\pi d^3}{32}$$

$$d = \sqrt[3]{\frac{4 \times P \times L}{\pi \sigma}} \cong \sqrt[3]{\frac{1.25 \times P \times L}{\sigma}}$$

(2) 폭경비($\frac{l}{d}$)

저널의 전체길이를 L, 저널의 접촉부 길이를 ;이라 하면 일반적으로 이들의 비는 $e = 1.5$ 정도로 한다.

$$l/L = e, \quad L = el = 1.5l$$

여기에서 하중과 베어링 압력과의 관계는 다음과 같으므로 이를 앞의 최대굽힘모멘트식에 대입한다.

$$p = \frac{P}{dl}, \quad P = pdl$$

$$M_{max} = \sigma Z, \quad \frac{PL}{8} = \sigma \times \frac{\pi d^3}{32}, \quad \frac{pdl 1.5l}{8} = \sigma \times \frac{\pi d^3}{32}$$

결국 폭경비($\frac{l}{d}$)는 다음과 같다.

$$\frac{l}{d} = \sqrt{\frac{\pi \times \sigma}{6p}} \cong \sqrt{\frac{\sigma}{1.9p}}$$

5. 피봇저널(pivot journal)의 설계

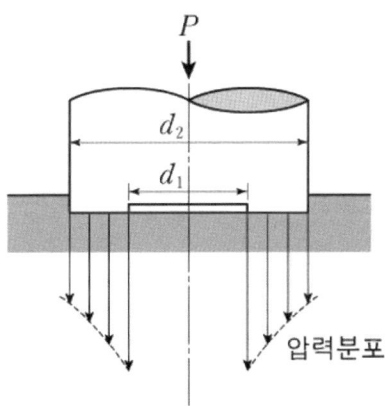

[그림 6-4] 피봇저널

(1) 중실축

$$p = \frac{4 \times P}{\pi d^2} (\text{N/mm}^2)$$

(2) 중공축

$$p = \frac{4 \times P}{\pi(d_2^2 - d_1^2)} (\text{N/mm}^2)$$

여기에서 만일 저널이 칼라저널(collar journal)이면,

$$p = \frac{4 \times P}{\pi(d2^2 - d1^2)Z}$$

여기에서 Z는 칼라(collar)의 수를 의미한다.

6. 압력속도계수(발열계수, $pv(N/mm^2, m/s)$)

미끄럼 베어링 설계에서 과열을 방지하기 위해서 압력속도계수를 허용한도 내에 있도록 설계한다.

(1) 엔드저널의 압력속도계수

$$pv = \frac{P}{dl} \times \frac{\pi dN}{60 \times 1000} = \frac{\pi PN}{60000 l}, \quad l = \frac{\pi PN}{60000 pv}$$

여기에서 $v(m/s)$는 평균원주속도다.

(2) 피봇저널의 압력속도계수

$$pv = \frac{4P}{\pi(d_2^2 - d_1^2)} \times \frac{\pi \times \frac{d_2 - d_1}{2} \times N}{60 \times 1000}, \quad d_2 - d_1 = \frac{PN}{30000 pv}$$

(3) 칼라저널의 압력속도계수

$$pv = \frac{4P}{\pi(d_2^2 - d_1^2)Z} \times \frac{\pi \times \frac{d_2 - d_1}{2} \times N}{60 \times 1000}, \quad (d_2 - d_1)Z = \frac{PN}{30000 pv}$$

5 구름 베어링의 설계

1. 구름 베어링의 구조

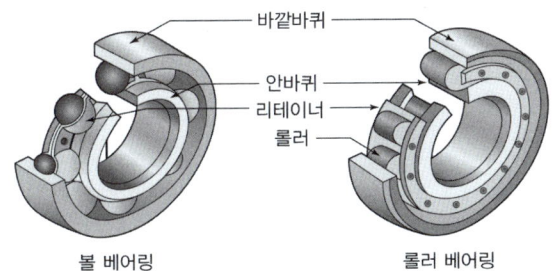

[그림 6-5] 구름 베어링의 구조

(1) 구름 베어링의 4요소

구름 베어링은 내륜과 외륜, 구름체(전동체), 리테이너로 구성이 되고 이를 베어링의 4요소라고 한다.

(2) 볼 베어링과 롤러 베어링의 비교

종류	볼 베어링	롤러 베어링
전동체	볼	원통
접촉 상태	점 접촉	선 접촉
하중 지지력	상대적으로 작은 하중	상대적으로 큰 하중, 충격흡수
회전 속도	고속 회전	상대적으로 저속 회전
마찰	상대적으로 적음	상대적으로 큼

[표 6-4] 볼 베어링과 롤러 베어링의 비교

2. 베어링의 호칭(규격)

형식번호	• 1: 복열 자동조심형 • 2, 3 : 넓은 폭 복열 자동조심형 • 6 : 단열홈형 • 7 : 단열 앵귤러 접촉형 • N : 원통롤러형
치수기호	• 0, 1 : 특별 경하중 • 2 : 경하중 • 3 : 중하중
안지름 번호	• 1~9 : 1~9mm • 00 : 10mm • 01 : 12mm • 02 : 15mm • 03 : 17mm • 04 : 20mm **04 부터는 X5**
접촉각 기호	C
실드 기호	• Z : 한쪽 실드 • ZZ : 양쪽 실드

[표 6-5] 베어링의 호칭(규격)

3. 구름 베어링의 수명 계산식

(1) 정격수명(계산수명, 수명회전수)

$$L_n = \left(\frac{C}{P}\right)^r \times 10^6, \quad P < C$$

여기에서 C는 기본 동적부하용량 P는 베어링에 작용하는 하중, r은 베어링 지수를 의미한다.

① 기본 동적부하용량(C)

베어링이 회전할 수 있을 때 견딜 수 있는 최대하중으로서 베어링의 정격회전수명이 회전, 즉 33.3rpm으로 500hr의 수명을 부여할 수 있는 일정하중을 의미한다.

$$\text{기본회전수} = 33.3\text{rpm} \times 500\text{hr} = \frac{33.3\text{회전}}{\min} \times 500\text{hr} \times 60\min \fallingdotseq 10^6 \text{회전(rev)}$$

② 베어링 지수(r)

$$\text{볼 베어링} : r = 3, \quad \text{롤러 베어링} : r = \frac{10}{3}$$

③ 베어링 하중(P)

$$P = f_w P_{th}$$

여기에서 P_{th}는 이론 베어링하중, f_w는 하중계수다.

(2) 수명시간(L_h)

$$L_h = \frac{L_n}{60 \times N}$$

$$L_h = \frac{L_n}{60 \times N} = \frac{1}{60 \times N} \times \left(\frac{C}{P}\right)^r \times 10^6 = \frac{1}{60 \times N} \times \left(\frac{C}{P}\right)^r \times 33.3 \times 60 \times 500(hr)$$

$$L_h = \frac{1}{60 \times N} \times \left(\frac{C}{P}\right)^r \times 33.3 \times 60 \times 500(hr)$$

$$L_h = 500 \times \frac{33.3}{N} \times \left(\frac{C}{P}\right)^r$$

$$L_h = 500 f_n^r \left(\frac{C}{P}\right)^r = 500 f_h^r (hr)$$

여기에서 f_h는 수명계수이며 f_n는 속도계수를 의미한다.

$$f_h = \sqrt[r]{\frac{33.3}{N}} \times \left(\frac{C}{P}\right) = f_n \left(\frac{C}{P}\right)$$

$$f_n = \sqrt[r]{\frac{33.3}{N}}$$

(3) 동등가하중(= 상당하중)

레이디얼 하중과 스러스트 하중이 동시에 작용할 경우 동등가하중을 구해서 적용한다.

① 레이디얼 베어링의 동등가하중

$$P = XVP_r + YP_t$$

여기에서 X는 레이디얼 계수, Y는 스러스트 계수, V는 속도(회전)계수, P_r는 레이디얼 하중, P_t는 스러스트 하중을 의미한다.

② 스러스트 베어링의 동등가하중

$$P = XP_r + YP_t$$

③ 변동하중에 대한 동등가하중

변동하중에 대한 등가하중은 평균등가하중(P_m)을 구해서 적용한다.

$$P_m = \sqrt[r]{\frac{P_1^r N_1 + P_2^r N_2 + P_3^r N_3 + \cdots}{N(N_1 + N_2 + N_3 + \cdots)}}$$

여기에서 $N(= N_1 + N_2 + N_3 + \cdots)$는 총 회전수($rpm$)를 의미한다.

(4) 한계 속도지수(dN)

구름 베어링은 외륜과 내륜 그리고 구름체(전동체)의 조립품으로 고속으로 회전을 하게 되면 이 조립관계에 문제가 발생할 확률이 높다. 그렇기 때문에 구름 베어링의 경우에는 종류에 따라 회전속도에 제한을 두어야 할 필요가 있으며 이때 지표로 사용하는 것이 한계 속도지수(dN)다.

$$\text{속도 한계지수} = dN$$

일반적으로 단열 볼 베어링이라면 그리스 윤활일 경우에는 160,000, 분무식 오일 윤활일 경우에는 600,000 정도로 본다.

연습문제

Chapter 06 베어링(bearing)

01 NO.6210 단열 깊은 홈 볼 베어링에 레이디얼 하중 2940N, 스러스트 하중 980N이 작용하고 150rpm으로 회전한다. 다음을 구하시오. (단, 내륜 회전 베어링이고 $C_0 = 20678N$, $C = 26950N$이다.) [4점]

(1) 등가레이디얼 베어링 하중 P_r [N]

(2) 베어링 수명시간 L_h [h]

베어링 형식		내륜회전하중	외륜회중하중	단열		복열				e
				Fa / VFr > e		Fa / VFr ≤ e		Fa / VFr > e		
		V	V	X	Y	X	Y	X	Y	
깊은 홈 볼 베어링	Fa / C0 =0.014 =0.028 =0.056 =0.084 =0.11 =0.17 =0.28 =0.42 =0.56	1	1.2	0.56	2.30 1.99 1.71 1.55 1.45 1.31 1.15 1.04 1.00	1	0	0.56	2.30 1.99 1.71 1.55 1.45 1.31 1.15 1.04 1.00	0.19 0.22 0.26 0.28 0.30 0.34 0.38 0.42 0.44
앵귤러 볼 베어링	α =20° =25° =30° =35° =40°	1	1.2	0.43 0.41 0.39 0.37 0.35	1.00 0.87 0.76 0.66 0.57	1		1.09 0.92 0.78 0.66 0.55	0.70 0.67 0.63 0.60 0.57	1.63 1.41 1.24 1.07 0.93	0.57 0.58 0.80 0.95 1.14
자동 조심 볼 베어링		1	1	0.4	0.4 x cotα	1	0.45 x cotα	0.65	0.65 x cotα	1.5 x tanα
매그니토 볼 베어링		1	1	0.5	2.5	—	—	—	—	0.2
자동 조심 롤러 베어링 원추 롤러 베어링 α≠0		1	1.2	0.4	0.4 x cotα	1	0.45 x cotα	0.67	0.67 x cotα	1.5 x tanα
스러스트 볼 베어링	α =45° ◆ =60° ◆ =70°	—	—	0.66 0.92 1.66	1	1.18 1.90 3.66	0.59 0.54 0.52	0.66 0.92 1.66	1	1.25 2.17 4.67
스러스트 롤러 베어링		—	—	tanα	1		1.5 x tanα	0.67	tanα	1.5 x tanα

정답분석

(1) $V = 1$, $\dfrac{F_a}{C_0} = \dfrac{980}{20678} = 0.047$, $X = 0.56$

$\dfrac{1.71 - 1.99}{0.056 - 0.028} = \dfrac{1.71 - Y}{0.056 - 0.047}$, $Y = 1.8$

$P_r = X \cdot V \cdot F_r + Y \cdot F_a = 0.56 \times 1 \times 2940 + 1.8 \times 980 = 3410\text{N}$

(2) 여기에서 베어링은 볼베어링이므로 $r = 3$

$L_h = 500 \cdot \left(\dfrac{C}{P_r}\right)^r \cdot \dfrac{33.3}{N} = 500 \times \left(\dfrac{26950}{3410}\right)^3 \times \dfrac{33.3}{150} = 54775.12\text{h}$

02 400rpm으로 회전하고 있는 엔드저널베어링의 베어링 하중이 400N, 저널의 지름이 $d=25$mm 폭 $l=25$mm일 때, 다음을 구하시오. [4점]

(1) 평균베어링압력 p [MPa]

(2) 압력속도계수를 계산하고 안전성 여부를 판단하시오. (단, 허용압력속도계수는 2MPa m/sec이다.)

정답분석

(1) $p = \dfrac{P}{dl} = 4\dfrac{400}{25 \times 25} = 0.64\text{MPa}$

(2) $v = \dfrac{\pi dN}{60 \times 1000} = \dfrac{\pi \times 25 \times 400}{60 \times 1000} = 0.52\text{m/sec}$

$pv = 0.64 \times 0.52 = 0.3328\text{MPa} \cdot \text{m/sec} < 2.0\text{MPa} \cdot \text{m/sec}$

허용압력속도계수 2.0MPa·m/sec보다 작으므로 안전하다.

Chapter 07 마찰차(friction wheel)

1 마찰차의 특징과 종류

1. 마찰차의 특징

(1) 접촉선상의 한 점에서 원동차와 종동차의 표면속도는 동일하다.

(2) 운전이 정숙하다.

(3) 전동 단속이 무리 없이 행해진다.

(4) 무단 변속이 용이하다.

(5) 운전 중 과부하가 발생할 경우 미끄럼에 의해 다른 부분의 손상을 막을 수 있다.

(6) 미끄럼이 약간 생기므로 확실한 전동과 강력한 동력의 전달은 곤란하다.

(7) 효율은 그다지 좋지 않다.

2. 마찰차의 종류

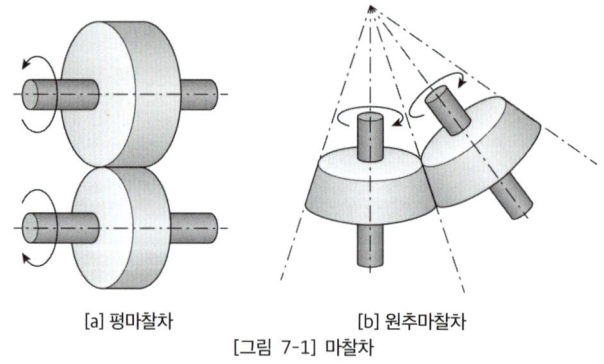

[a] 평마찰차　　　　[b] 원추마찰차
[그림 7-1] 마찰차

(1) **원통 마찰차**
두 축이 평행하고 바퀴는 원통형으로 평 마찰차와 V홈 마찰차가 있다.

(2) **원추 마찰차**
두 축이 서로 교차하고 바퀴는 원추형으로 속도비가 일정하다.

(3) **구 마찰차**
두 축이 평행 또는 교차하며 속도비가 일정하다.

(4) **변속 마찰차**
속도비를 일정한 범위 내에서는 자유롭게 연속적으로 변화시킬 수 있다.

2 마찰차의 설계

1. 원통형 마찰차

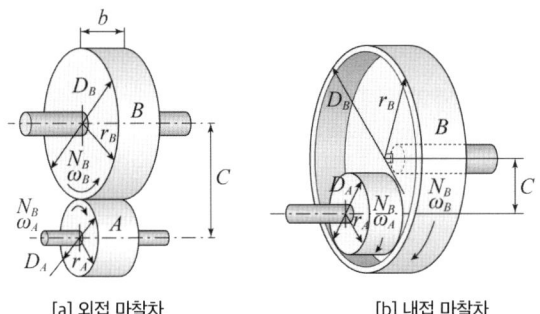

[a] 외접 마찰차   [b] 내접 마찰차

[그림 7-2] 원통형 마찰차

(1) 원주속도(v)

원동차의 원주속도를 v_1, 종동차의 원주속도를 v_2라고 하면,

$$v = v_1 = v_2 = \frac{\pi \times D_A \times N_A}{60 \times 1000} = \frac{\pi \times D_B \times N_B}{60 \times 1000} \ (\text{m/s})$$

여기에서 D_A, N_A는 원동차의 지름과 회전속도(rpm), D_B, N_B는 종동차의 지름과 회전속도(rpm)이다.

(2) 속도비(ϵ)

원동차의 각속도와 반지름을 각각 ω_A, r_A, 종동차의 각속도와 반지름을 각각 ω_B, r_B 라 하면,

$$\epsilon = \frac{N_B}{N_A} = \frac{\omega_B}{\omega_A} = \frac{D_A}{D_B} = \frac{r_A}{r_B}$$

(3) 중심거리(축간거리, C)

① 외접마찰차

$$C = \frac{D_A + D_B}{2} = r_A + r_B$$

② 내접마찰차

$$C = \frac{D_A - D_B}{2} = r_A - r_B$$

(4) 마찰차의 회전력(접선력, 마찰력, F)

마찰차에 미끄럼이 발생하지 않으면서 동력을 전달하기 위한 회전력은 다음과 같다.

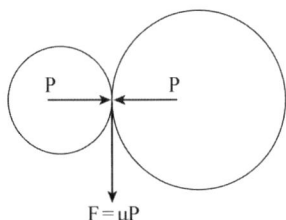

$$F \leq \mu P$$

※ 여기에서 μ는 마찰계수, P는 마찰차를 양쪽에서 미는 힘을 의미한다.

[그림 7-3] 마찰차의 접선력

(5) 전달토크(T)

$$T = F\frac{D}{2} = \mu P \frac{D}{2}$$

(6) 전달동력(H)

① 마력(ps)과 킬로와트(kW)와의 관계

$$1ps = 75\,kgf \cdot m/s = 735\,N \cdot m/s\,(W)$$
$$1kW = 102\,kgf \cdot m/s = 1000\,N \cdot m/s\,(W)$$
$$1kW = 1.36\,ps$$

② 절대단위계(S.I단위계)

$$H(kW) = \mu Pv(N \cdot m/s)(W) = \frac{\mu Pv}{1000}(kW)$$
$$H(ps) = \mu Pv(N \cdot m/s)(W) = \frac{\mu Pv}{735}(ps)$$

③ 중력단위계(공학단위계)

$$H(kW) = \mu Pv(kgf \cdot m/s)(W) = \frac{\mu Pv}{102}(kW)$$
$$H(ps) = \mu Pv(kgf \cdot m/s)(W) = \frac{\mu Pv}{75}(ps)$$

(7) 마찰차의 폭(b)

$$b \geq \frac{P}{f}\ (mm)$$

여기에서 f는 허용압력(N/mm), P는 마찰차를 양쪽에서 미는 힘을 의미한다.

2. 홈 마찰차

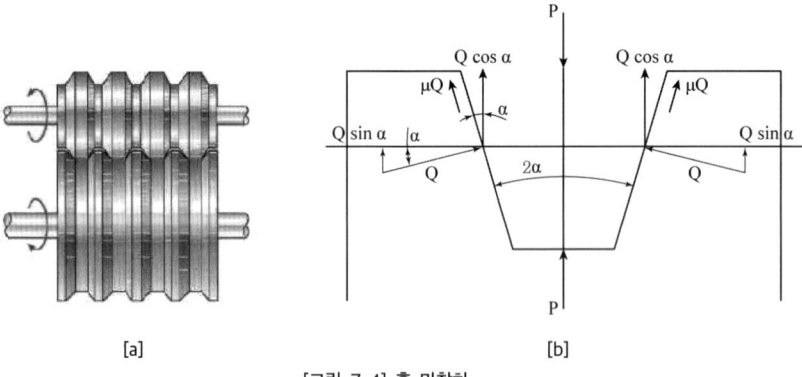

[그림 7-4] 홈 마찰차

(1) 등가마찰계수(유효마찰계수, 상당마찰계수, μ')

홈의 각도를 2α, 경사면에 수직으로 작용하는 힘을 Q, 상당마찰계수를 μ'라 하면 힘의 평형방정식은 다음과 같다.

$$P = Q\sin\alpha + \mu Q\cos\alpha = Q(\sin\alpha + \mu\cos\alpha)$$

$$Q = \frac{P}{\sin\alpha + \mu\cos\alpha}$$

여기에서의 회전력은 경사면에 작용하는 접선력은 μQ가 되고 홈마찰차의 회전력을 (P')라 하면

$$P' = \mu Q = \mu' P$$

여기에서 μ'를 등가마찰계수 또는 유효마찰계수(상당마찰계수)라 한다.

$$\mu' = \frac{\mu}{\sin\alpha + \mu\cos\alpha}$$

(2) 전달동력

$$T \cdot N = 716200 \times Hps = 974000 \times HkW(kgf \cdot mm)$$
$$T \cdot N = 716200 \times 9.8 \times Hps = 974000 \times 9.8 \times HkW(N \cdot mm, \ J)$$

(3) 홈의 깊이(h)와 홈 수(Z)

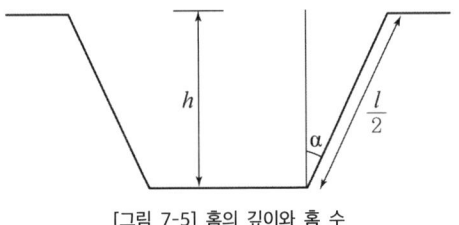

[그림 7-5] 홈의 깊이와 홈 수

① 홈의 깊이(h)

홈의 깊이는 경험식을 이용해서 구한다.

$$P(N)일 때, h = 0.28\sqrt{\mu' P}(mm)$$
$$P(kgf)일 때, h = 0.94\sqrt{\mu' P}(mm)$$

② 홈 수(Z)

$$l = \frac{2Zh}{\cos\alpha} \fallingdotseq 2Zh$$

여기에서 l을 접촉되는 부분의 전체 길이, h를 홈의 깊이, f를 허용접촉면압력이라 하면 홈 수(Z)는 다음과 같다.

$$Z = \frac{l}{2h} = \frac{Q}{2hf}, \quad f \geq \frac{Q}{l}$$

3. 원추마찰차(원뿔마찰차)

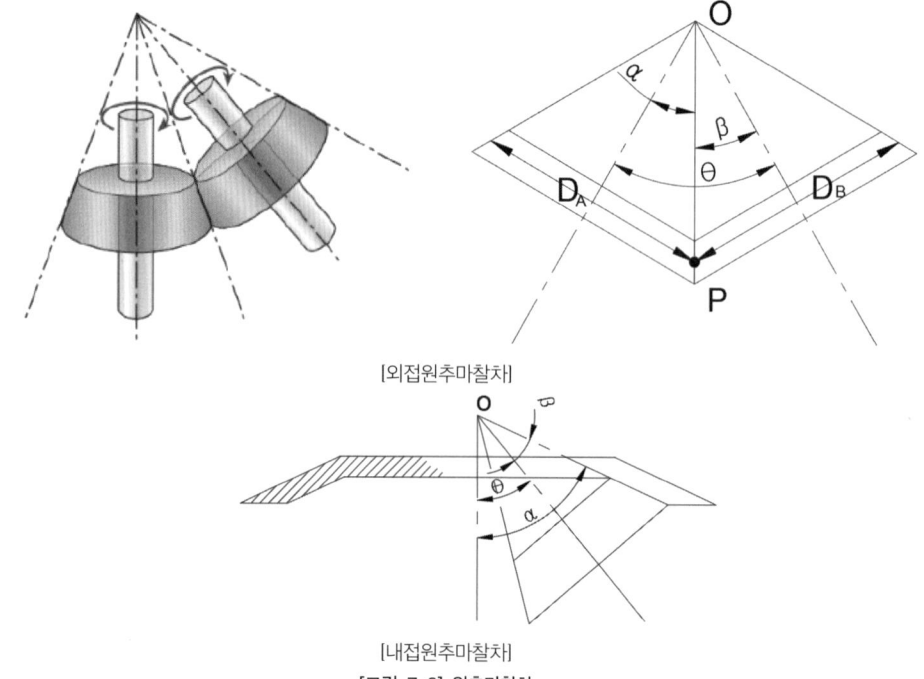

[외접원추마찰차]

[내접원추마찰차]
[그림 7-6] 원추마찰차

여기에서 한 쌍의 마찰차를 마찰차 A, B라 하고 원추각을 α, β, 축각(교각)은 θ, 각속도는 각각 ω_A, ω_B 회전수는 N_A, N_B로 한다.

(1) 속도비(ϵ)

① 외접 원추마찰차

$$\varepsilon = \frac{\omega_B}{\omega_A} = \frac{N_B}{N_A} = \frac{d_A}{d_B} = \frac{2\overline{OP}\sin\alpha}{2\overline{OP}\sin\beta}, \quad \epsilon = \frac{\sin\alpha}{\sin\beta}$$

또한 $\theta = \alpha + \beta$이므로

$$\varepsilon = \frac{NB}{NA} = \frac{\sin\alpha}{\sin\beta} = \frac{\sin\alpha}{\sin(\theta-\alpha)} = \frac{\sin\alpha}{\sin\theta\cos\alpha - \cos\theta\sin\alpha} = \frac{\tan\alpha}{\sin\theta - \cos\theta\tan\alpha}$$

$$\tan\alpha = \frac{\varepsilon \times \sin\theta}{1 + \epsilon \times \cos\theta}, \quad \tan\beta = \frac{\sin\theta}{\varepsilon + \cos\theta}$$

만일 $\theta = 90°$이면 $\tan\alpha = \epsilon = \frac{N_B}{N_A}, \quad \tan\beta = \frac{1}{\varepsilon} = \frac{N_A}{N_B}$

② 내접 원추마찰차

내접 원추마찰차에서는 $\theta = \alpha - \beta, \quad \beta = \alpha - \theta$ 이므로

$$\varepsilon = \frac{NB}{NA} = \frac{\sin\alpha}{\sin\beta} = \frac{\sin\alpha}{\sin(\alpha-\theta)} = \frac{\sin\alpha}{\sin\alpha\cos\theta - \cos\alpha\sin\theta} = \frac{\tan\alpha}{\tan\alpha \times \cos\theta - \sin\theta}$$

$$\tan\alpha = \frac{\varepsilon \times \sin\theta}{\varepsilon \times \cos\theta - 1}, \quad \tan\beta = \frac{\sin\theta}{\varepsilon - \cos\theta}$$

(2) 원주속도(v)

$$v = v1 = v2 = \frac{\pi \times D_A \times N_A}{60 \times 1000} = \frac{\pi \times D_B \times N_B}{60 \times 1000} \left(\frac{m}{s}\right)$$

여기에서 D_A, D_B 는 각각 원추마찰차의 평균 지름(mm)을 의미한다.

(3) 전달동력(H)

① S.I단위(절대단위)

$$Hps = \mu Pv \left(N \cdot \frac{m}{s}\right) = \frac{\mu Pv}{735}(PS)$$

$$Hkw = \mu Pv \left(N \cdot \frac{m}{s}, \; Watt\right) = \frac{\mu Pv}{1000}(kW)$$

② 중력단위(공학단위)

$$Hps = \mu Pv \left(kgf \cdot \frac{m}{s}\right) = \frac{\mu Pv}{75}(PS)$$

$$Hkw = \mu Pv \left(kgf \cdot \frac{m}{s}, \; Watt\right) = \frac{\mu Pv}{102}(kW)$$

(4) 베어링에 작용하는 하중

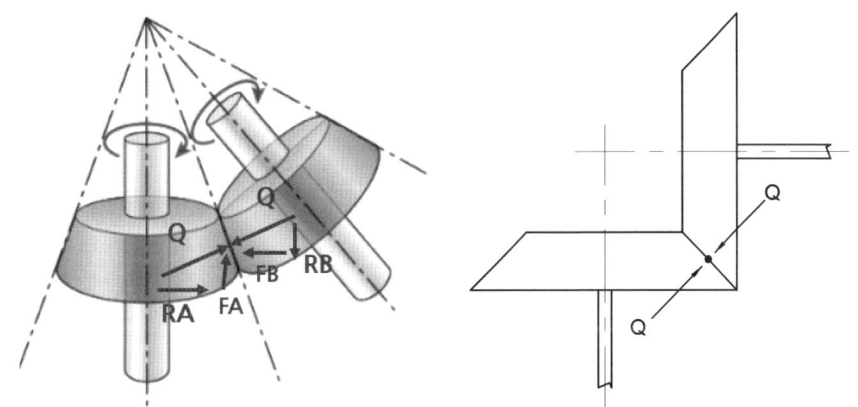

[그림 7-7] 베어링에 작용하는 하중

① 축 방향 하중(F, 스러스트 하중)

축 방향으로 작용하는 하중을 각각 F_A, F_B하고 마찰면에 수직으로 작용하는 하중을 Q라 하면 이들의 관계는 다음과 같다.

$$F_A = Q\sin\alpha, \quad F_B = Q\sin\beta$$

② 축의 지름방향 하중(R, 레이디얼 하중)

$$R_A = Q\cos\alpha, \quad R_B = Q\cos\beta$$

(5) 허용접촉 선압력(f)

$$f = \frac{Q}{b}(N/mm)$$

여기에서 b는 접촉폭(mm), Q는 접촉면에 수직으로 작용하는 힘(N)이다.
이때 접촉폭 b는 다음과 같이 나타낼수 있다.

$$b(mm) = \frac{Q}{f} = \frac{F_A}{f\sin\alpha} = \frac{F_B}{f\sin\beta}$$

4. 무단변속마찰차

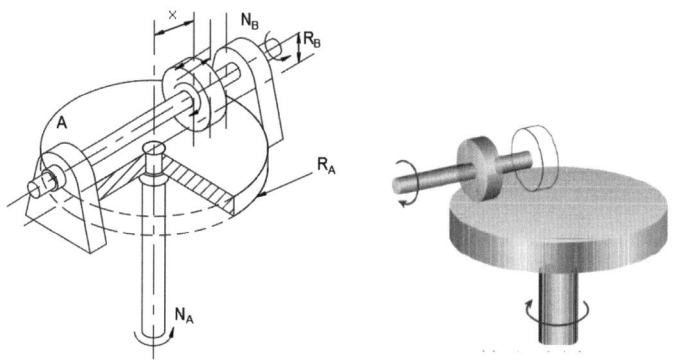

[그림 7-8] 원판형 무단변속마찰차

그림과 같은 무단변속마찰차에서는 B마찰차는 A마찰차의 원형 단면위를 움직이면서 선형적으로 속도가 변화되고 있다.

(1) 속도비(ϵ)

x를 A마찰차의 중심에서부터 B마찰차의 중심까지의 거리라고 하면 다음과 같이 나타낼 수 있다.

① B 마찰차의 최소 회전수

$$\epsilon = \frac{N_{B \cdot min}}{N_A} = \frac{D_{A \cdot min}}{D_B} \text{ 에서}$$

$$N_{B \cdot min} = \frac{N_A}{D_B} \times D_{A \cdot min} = \frac{N_A}{2R_B} \times (2x)\min$$

② B 마찰차의 최대 회전수

$$\epsilon = \frac{N_{B \cdot max}}{N_A} = \frac{D_{A \cdot max}}{D_B} \text{에서}$$

$$N_{B \cdot max} = \frac{N_A}{D_B} \times D_{A \cdot max} = \frac{N_A}{2R_B} \times (2x)\max$$

(2) 원주속도

앞에서 구한 회전수를 이용하면 B 마찰차의 원주속도를 구할 수 있다.

$$v_{\min} = \frac{\pi D_B \cdot N_{B-\min}}{60 \times 1000} = \frac{\pi(2R_B) \cdot N_{B-\min}}{60 \times 1000}$$

$$v_{\max} = \frac{\pi D_B \cdot N_{B-\max}}{60 \times 1000} = \frac{\pi(2R_B) \cdot N_{B-\max}}{60 \times 1000}$$

연습문제

Chapter 07 마찰차(friction wheel)

01 5.5kW의 동력을 전달하는 외접 원추마찰차에서 두 축은 80의 각도로 교차한다. 원동차의 평균지름이 450mm이고 320rpm으로 회전하고 종동차는 원동차 회전수의 $\frac{3}{5}$으로 감속하여 운전한다. 마찰계수가 0.3이고 허용선압이 25N/mm일 때 다음을 구하시오.

(1) 마찰차의 평균속도 V[m/sec]

(2) 허용접촉부 압력을 고려한 마찰차의 최소 접촉길이 b[mm]

(3) 원동차의 축하중 Q[N]

정답분석

(1) $v = \dfrac{\pi \cdot D_1 \cdot N_1}{60 \times 1000} = \dfrac{\pi \times 450 \times 320}{60 \times 1000} = 7.57 \text{m/sec}$

(2) $H_{kW} = \mu P \cdot v$

$5.5 \times 10^3 = 0.3 \times P \times 7.57, \ P = 2431.6\text{N}$

$f = \dfrac{P}{b}, \ b = \dfrac{2431.6}{25} = 97.264 \text{mm}$

(3) 두 마찰차의 원추각을 γ라고 하면,

$\tan \gamma = \dfrac{\sin \Sigma}{\dfrac{1}{\varepsilon} + \cos \Sigma} = \dfrac{\sin 80°}{\dfrac{5}{3} + \cos 80°} = 0.54$

$\gamma = \tan^{-1}(0.54) = 28.21°$

$Q = P \cdot \sin \gamma = 2,431.6 \times \sin(28.21°) = 1,147\text{N}$

02

속도비 3/5인 외접 원통마찰차의 구동차 회전수가 100rpm일 때 다음을 구하시오. (단, 축간거리는 600mm이다.)

(1) 원동차와 종동차의 직경 $D_1[\text{mm}]$, $D_2[\text{mm}]$

(2) 회전속도 $v\,[\text{m/sec}]$

정답분석

(1) $\varepsilon = \dfrac{N_2}{N_1} = \dfrac{D_1}{D_2}, \ D_2 = \dfrac{D_1}{\epsilon}$

$C = \dfrac{D_1 + D_2}{2} = \dfrac{D_1}{2}(1 + \dfrac{1}{\epsilon})$

$600 = \dfrac{D_1}{2} \times \left(1 + \dfrac{5}{3}\right), \ D_1 = 450\text{mm}, \ D_2 = 750\text{mm}$

(2) $v = \dfrac{\pi \cdot D_1 \cdot N_1}{60 \times 1000} = \dfrac{\pi \times 450 \times 100}{60 \times 1000} = 2.37\,(\text{m/sec})$

Chapter 08 기어(gear)

1 기어(gear)의 특징과 종류

1. 기어의 특징

(1) 두 축 간의 거리가 가깝고, 전동이 확실하며 큰 동력을 전달할 수 있다.

(2) 회전비가 정확하고 큰 감속을 얻을 수 있다.

(3) 축 압력이 작으며 전동 효율이 높다.

(4) 충격을 흡수하는 특성이 약해 소음과 진동이 발생한다.

2. 기어의 종류

종류	모양	축과의 관계 및 용도
평기어		• 두 축이 평행 • 가장 일반적인 형태의 기어
헬리컬 기어		• 두 축이 평행 • 접촉면적이 넓어서 큰 힘을 전달함
베벨기어		• 두 축이 교차 • 드릴, 자동차의 구동장치 등
웜기어		• 두 축이 평행하지도, 교차하지도 않음 • 감속비가 크다 • 감속기
래크와 피니언		• 두 이 평행 • 직선운동을 회전운동으로 변환한다.

[표 8-1] 기어의 종류

3. 기어의 치형 곡선

(1) 인벌류트 곡선(involute curve)
일반 동력전달 기계의 기어에 사용되고 다음과 같은 특징이 있다.
① 호환성이 우수하다.
② 치형의 제작 가공이 용이하다.
③ 이 뿌리 부분이 튼튼하다.
④ 풀림에 있어 축간 거리가 다소 변해도 속도비에 영향이 없다

(2) 사이클로이드 곡선(cycloid curve)
공작하기가 어려워 거의 사용되지 않고, 시계용 기어 등과 같은 정밀기기의 소형기어에 사용된다. 사이클로이드 곡선을 이용한 치형의 특징은 다음과 같다.
① 효율이 높다.
② 공작이 어렵고 호환성이 적다.
③ 접촉점에서 미끄럼이 적어 마모가 적고 소음이 적다.
④ 피치 점이 완전히 일치하지 않으면 물림이 잘 되지 않는다.

4. 기어(gear)의 각 부분 명칭

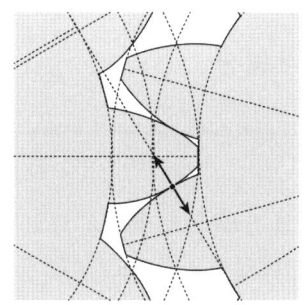

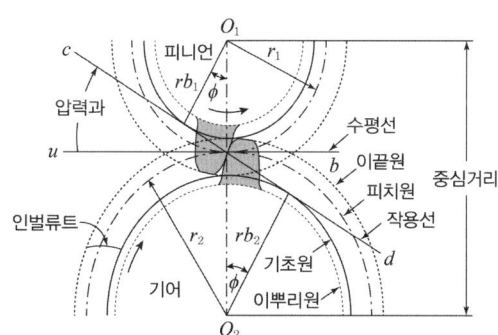

[그림 8-1] 기어의 각부 명칭

(1) 피치원(PCD)
기어의 중심에서 기어의 중심과 피치점과의 거리를 반지름으로 그린 원을 의미한다. 실제 기어설계의 기준이 된다.

(2) 이 끝원(AC, addendum circle)
피치원에서 이 끝원까지의 거리를 나타낸다.

(3) 이 뿌리원(RC, root circle, dedendum circle)
이의 뿌리를 연결한 원이다.

(4) 중심거리(C)

한 쌍의 기어에서 회전 중심을 연결한 거리이다.

(5) 이 끝높이(addendum)

피치원에서 이 끝원까지의 거리를 어덴덤(a)이라 한다. 일반적으로 보통에서는 기어의 모듈값과 같다.

(6) 이 뿌리 높이(dedendum)

피치원에서 이 뿌리원까지의 거리를 디덴덤(d)이라 한다. 절삭이의 경우에는 다음과 같은 수식관계가 있다.

$$d = a + 0.25m = m + 0.25m = 1.25m = 1.25a$$

(7) 총 높이(h)

어덴덤과 디덴덤의 합이다.

(8) 유효 이높이(물림 이높이)

한 쌍의 기어에서 이 끝높이의 합을 의미한다.

(9) 백래시(back lash)

한 쌍의 기어가 물렸을 때 이의 뒷면에 생기는 틈을 의미하며, 뒤틈이라고도 한다.

2 일반 스퍼 기어(spur gear)의 설계

1. 기어 이의 크기

(1) 모듈(m)

모듈(또는 모듈 값)은 기어의 피치원 지름(D)을 잇수(Z)로 나누어준 값으로 정의된다.
이 값이 클수록 잇수는 작아지고 이의 크기는 커진다.

$$m = \frac{D}{Z}$$

(2) 원주피치(p)

피치원의 둘레(πD)를 잇수로 나눈 값이다. 이 값이 클수록 잇수는 작아지고 이의 크기는 커진다.

$$p = \frac{\pi D}{Z} = \pi m$$

(3) 직경피치(p_d)

$$p_d = \frac{1}{m}(inch) = \frac{25.4}{m}(mm)$$

2. 표준 스퍼(spur)기어의 계산식

(1) 속도비(ε)

$$\varepsilon = \frac{N_B}{N_A} = \frac{D_A}{D_B} = \frac{mZ_A}{mZ_B} = \frac{Z_A}{Z_B}$$

(2) 중심거리(C)

$$C = \frac{(D_A + D_B)}{2} = \frac{m(Z_A + Z_B)}{2}$$

(3) 원주속도(v)

$$v = v_A = v_B = \frac{\pi \times D_A \times N_A}{60 \times 1000} = \frac{\pi \times D_B \times N_B}{60 \times 1000} \text{(m/s)}$$

(4) 기어의 외경(이끝원, D_0)

$$D_0 = D + 2a = mZ + 2m = m(Z+2) \text{(mm)}$$

여기에서 a는 어덴덤(addendum)이다.

(5) 피치원지름(D)과 기초원지름(D_g)

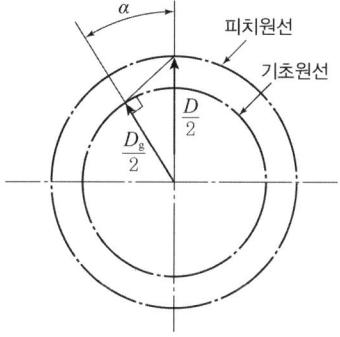

[그림 8-2] 피치원과 기초원

$\cos\alpha = \dfrac{\dfrac{D_g}{2}}{\dfrac{D}{2}} = \dfrac{D_g}{D}$ 이므로,

$$D_g = D\cos\alpha$$
$$D_{gA} = D_A\cos\alpha = mZ_A\cos\alpha$$
$$D_{gB} = D_B\cos\alpha = mZ_B\cos\alpha$$

여기에서 α를 압력각이라 한다.

(6) 기초원피치 (법선피치, p_g 또는 p_n)

$$p_g(p_n) = \frac{\pi D_g}{Z} = \frac{\pi D \cos\alpha}{Z} = p \times \cos\alpha$$

여기에서 $p = \frac{\pi D}{Z} = \pi m$

(7) 기어의 물림률(S)

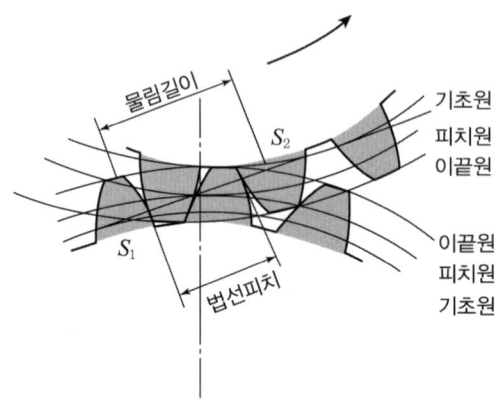

[그림 8-3] 기어의 물림률

물림길이(S)를 기초원피치(p_n)로 나눈 값을 물림률(contact ratio, 접촉률, ϵ_b)이라 한다.

$$\epsilon_b = \frac{\text{접촉호의 길이}}{\text{원주피치}} = \frac{\text{물림길이}}{\text{법선피치}} = \frac{S}{p_n} = \frac{S_a + S_r}{p_n}$$

(8) 기어 이(tooth)의 설계

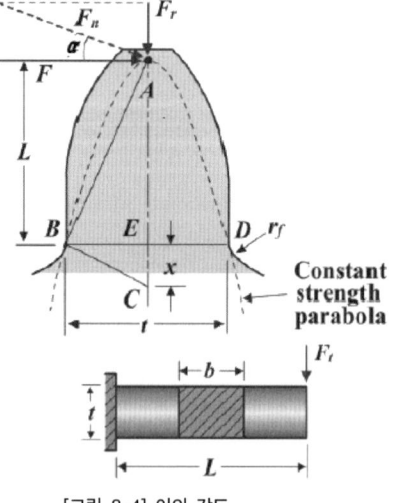

[그림 8-4] 이의 강도

① 기어 이에 작용하는 힘(F)

기어의 피치원에 접선방향으로 작용하는 힘을 F, 기어 잇면에 수직으로 작용하는 힘을 F_n, 기어 반경방향으로 작용하는 힘을 F_r이라 하고 압력각을 α라고 하면,

$$F = F_n \cos\alpha, \quad F_r = F\tan\alpha$$

따라서 기어가 전달할 수 있는 동력(H)은 다음과 같다.

㉠ S.I단위계: $N \cdot m/\sec$

$$H_{kW} = \frac{Fv}{1000}(kW), \quad H_{ps} = \frac{Fv}{735}(PS)$$

㉡ 중력단위계: $kgf \cdot m/\sec$

$$H_{kW} = \frac{Fv}{102}(kW), \quad H_{kW} = \frac{Fv}{75}(kW)$$

② 루이스(lewis)의 굽힘강도식

$$F = f_v f_w \sigma_b pby = f_v f_w \sigma_b pby = f_v f_w \sigma_b mbY$$

㉠ f_v: 속도계수
㉡ f_w: 하중계수이며, 작용하는 하중의 조건에 따라 달라지고 특별한 조건이 없다면 1로 본다.
㉢ σ_b: 허용굽힘강도
㉣ p: 원주피치($p = \pi m$)
㉤ b: 이의 폭
㉥ y: 치형계수(또는 이의 강도계수)
㉦ Y: 수정 치형계수. π를 포함한다.

③ 헤르츠(Hertz)의 면압강도식

$$F = f_v Kmb\left(\frac{2Z_1 Z_2}{Z_1 + Z_2}\right)$$

여기에서 F는 기어 이의 접촉응력이며 K는 접촉면의 응력계수라 한다. 한편 나머지 기호는 루이스의 굽힘강도식과 동일하다.

3. 이의 간섭과 언더 컷

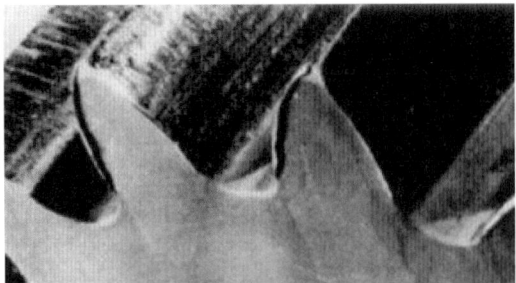 

[그림 8-5] 기어의 비이상적인 마모

한 쌍의 기어가 회전을 할 때, 큰 기어의 이 끝이 작은 기어(보통 피니언 기어라 한다)의 이 뿌리에 부딪히면서 비이상적인 마모가 발생하고 이로 인해 소음과 진동이 발생하는데 이 현상을 이의 간섭(interference)에 의한 현상이라고 한다.

(1) 이 간섭의 원인
  ① 압력각이 작을 때
  ② 유효 이높이가 높을 때
  ③ 잇수의 비가 너무 클 때
  ④ 피니언의 잇수가 너무 적을 때

(2) 방지 방법
  ① 압력각을 크게 한다.
  ② 이의 높이를 낮게 한다.
  ③ 이(치형)의 끝면을 깎아낸다.
  ④ 피니언의 이 뿌리 면을 깎아낸다.

(3) 언더 컷(절하, under cut)
이의 간섭이 심할 경우 피니언의 이 뿌리가 깎여 나가면서 이 뿌리가 가늘게 되고 이로 인해 이의 강도가 저하되고 물림길이가 짧아지는 현상이다. 언더 컷을 방지하는 방법은 다음과 같다.
  ① 이의 높이를 낮춘다.
  ② 한계 잇수 이상으로 한다.
  ③ 전위기어로 제작한다.
  ④ 압력각을 크게 한다.

4. 전위기어(profile shifted gear)

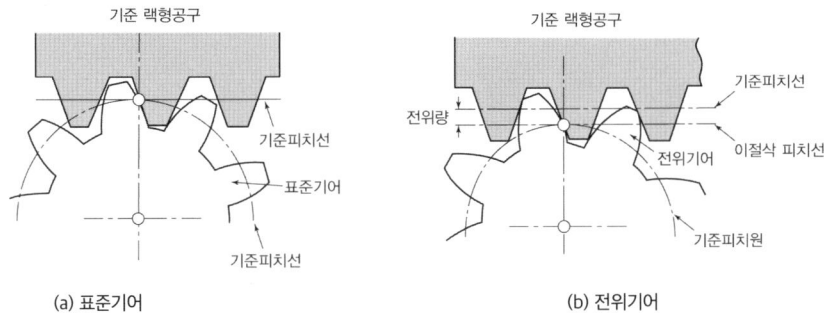

(a) 표준기어 (b) 전위기어

[그림 8-6] 전위기어

기어에 발생하는 언더 컷을 방지하기 위해서 절삭공구인 랙의 기준 피치선을 기어의 기준 피치원으로부터 일정량 이동해서 절삭한다. 이와 같이 랙의 기준 피치선이 기어의 피치원과 일치하지 않고 어긋나게 해서 절삭한 기어를 전위기어(profile shifted gear)라 한다. 이러한 전위기어의 특징은 다음과 같다.
① 기어의 중심거리를 조정할 수 있다.
② 이의 강도가 개선된다.
③ 언더 컷이 방지된다.
④ 물림률이 증가된다.

3 헬리컬 기어(helical gear)

1. 헬리컬 기어의 특징

① 탄성변형이 작기 때문에 진동과 소음이 적고 고속운전에 적합하다.
② 물림률(물림길이)이 커서 큰 동력을 전달할 수 있다.
③ 큰 회전비를 얻을 수 있다(최소 잇수가 평기어보다 적다).
④ 추력이 발생하고 이로 인해 스러스트 베어링의 사용이 요구된다.
⑤ 전동효율이 우수하고 축간거리의 조정이 가능하다.

2. 헬리컬 기어의 설계

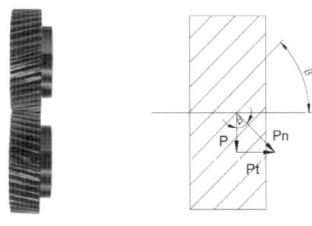

[그림 8-7] 헬리컬 기어

(1) 헬리컬 기어에 작용하는 힘

헬리컬 기어 이에 대해서 직각으로 작용하는 힘을 P_n, 비틀림각을 β라 하면, P_n은 원주방향의 회전력 P와 추력 P_t로 나눌 수 있고 이들의 관계는 다음과 같이 cos함수로 나타낼 수 있다.

$$\cos\beta = \frac{P}{P_n}, \quad P = P_n \cos\beta$$

(2) 치형의 방식

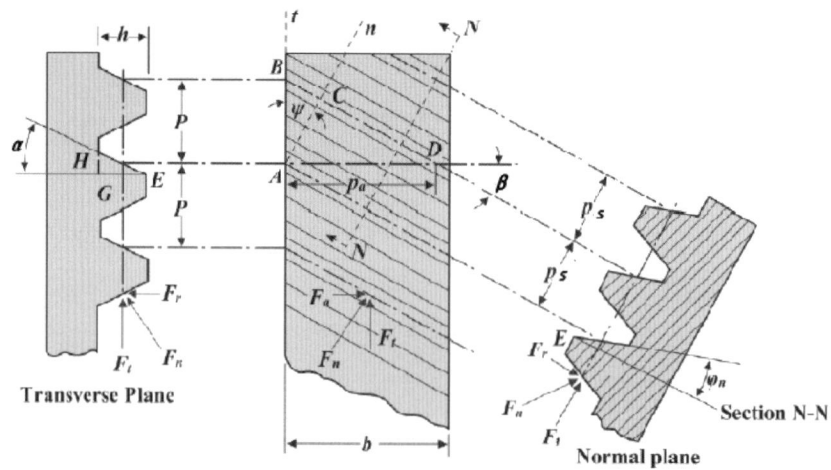

[그림 8-8] 헬리컬기어의 치형방식

① 축 직각 방식

축 직각 피치를 p_s, 축 직각 모듈을 m_s로 나타낸다.

② 치 직각 방식

치 직각 피치를 p , 치 직각 모듈을 m으로 나타낸다.

$$\cos\beta = \frac{P}{P_s}, \quad P_s = \frac{P}{\cos\beta}$$

$$m_s = \frac{m}{\cos\beta}$$

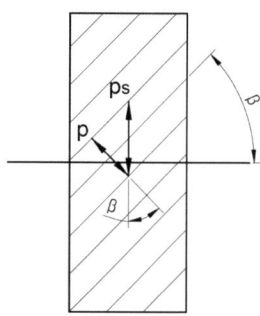

[그림 8-9] 축 직각 피치와 치 직각 피치

(3) 피치원 지름(D_s)

$$D_s = \frac{D}{\cos\beta} = \frac{mZ}{\cos\beta}$$

(4) 중심거리(C)

$$C = \frac{D_{s1} + D_{s2}}{2} = \frac{D_1 + D_2}{2\cos\beta} = \frac{m(Z_1 + Z_2)}{2\cos\beta} = \frac{m_s(Z_1 + Z_2)}{2}$$

(5) 헬리컬 기어의 이 끝 지름(D_0)

$$D_0 = Ds + 2m = \frac{D}{\cos\beta} + 2m = \frac{mZ}{\cos\beta} + 2m = m\left(\frac{Z}{\cos\beta} + 2\right)$$

(6) 원주속도(v)

$$v = \frac{\pi \cdot D_{s1} \cdot N_1}{60 \times 1000} = \frac{\pi \cdot D_{s2} \cdot N_2}{60 \times 1000}$$

3. 헬리컬기어의 상당스퍼기어

(1) 개념

헬리컬 기어에서는 축을 기준으로 하는 피치원은 진원이지만 이를 기준으로 하는 원은 타원이다. 이때 이 타원의 작은 지름을 기준으로 동일한 곡률로 원을 그릴 수 있으며 이 원을 피치원으로 하는 기어를 이 헬리컬기어의 상당스퍼기어라고 한다.

(2) 상당스퍼기어의 잇수(Z_e)

$$Z_e = \frac{Z}{\cos^3\beta}$$

여기에서 Z는 헬리컬기어의 잇수이며 β는 비틀림각을 의미한다.

4 베벨기어(bevel gear)

1. 베벨기어의 구조

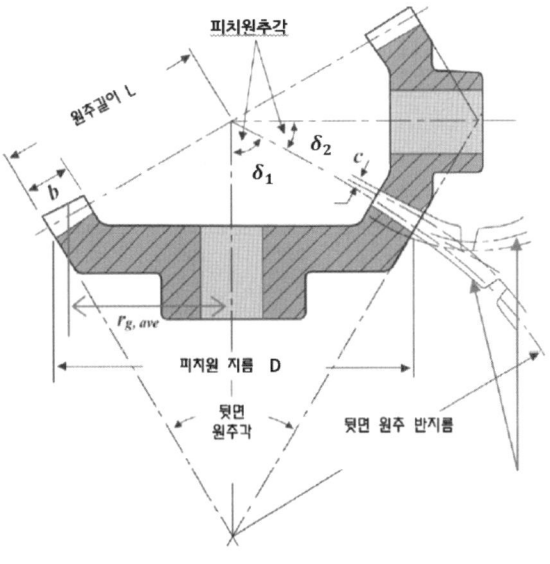

[그림 8-10] 베벨기어의 구조

여기에서 δ는 피치원추각, D는 피치원 지름, L은 (외단)원추길이(모선길이), R_e는 뒷면 원추 반지름(배원추 반지름), D_0는 베벨기어의 최외경을 의미한다.

2. 베벨기어의 설계

(1) 속도비와 원추각

$$\varepsilon = \frac{\omega_2}{\omega_1} = \frac{N_2}{N_1} = \frac{D_1}{D_2} = \frac{mZ_1}{mZ_2} = \frac{Z_1}{Z_2} = \frac{\sin\delta_1}{\sin\delta_2}$$

(2) 피치원추각

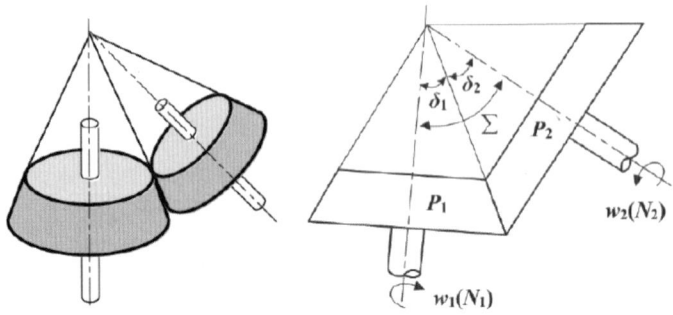

[그림 8-11] 베벨기어의 축각

$$\tan\delta_1 = \frac{\sin\Sigma}{\dfrac{1}{\varepsilon} + \cos\Sigma}$$

$$\tan\delta_2 = \frac{\sin\Sigma}{\varepsilon + \cos\Sigma}$$

여기에서 Σ는 베벨기어의 축각(교각)으로 $\Sigma = \delta_1 + \delta_2$ 관계에 있다.

(3) (외단)원추거리(모선의 길이)

$\sin\gamma = \dfrac{\left(\dfrac{D}{2}\right)}{L}$ 이므로

$$L = \frac{D}{2\sin\gamma} = \frac{D_1(=mZ_1)}{2\sin\gamma_1} = \frac{D_2(=mZ_2)}{2\sin\gamma_2}$$

5 웜 기어(worm gear)

1. 웜 기어의 특징

(1) 장점
① 역회전을 방지한다(또는 동력의 흐름이 일정하다).
② 작은 용량으로 큰 힘을 얻을 수 있다.
③ 소음과 진동이 작다.
④ 감속비가 크다.

(2) 단점
① 웜과 웜휠의 동작에서 추력(thrust하중)이 발생한다.
② 웜휠의 제작이 까다롭고 제작비용이 높다.
③ 웜의 진입각이 작으면 효율이 떨어진다.
④ 인벌류트 치형과는 호환이 되지 않는다.

2. 웜 기어의 설계

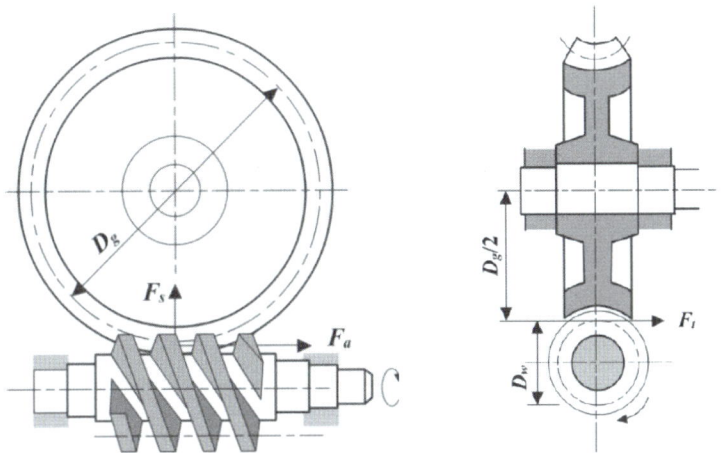

[그림 8-12] 웜과 웜 기어

(1) 속도비

$$\varepsilon = \frac{N_g}{N_w} = \frac{Z_w}{Z_g} = \frac{l/p}{\pi D_g/p} = \frac{l}{\pi D_g}$$

여기에서 l은 웜의 리드(lead)를 의미하고, D_g는 웜 휠의 피치원 지름, Z_w는 웜의 줄수(n)를 의미한다.

> ● 참고 ●
>
> 웜의 리드(lead)
> $l = p \cdot Z_w$

(2) 웜의 치직각피치

$$p_n = \pi m_n = \frac{\pi}{p_d}(inch) = 25.4\frac{\pi}{p_d}(mm)$$

여기에서 p_d는 직경피치, m_n는 치직각 모듈이다.

(3) 웜의 축방향 피치

$$p = \frac{p_n}{\cos\gamma}$$

여기에서 γ는 웜의 리드각이다.

(4) 웜의 리드각

$$\tan\gamma = \frac{l}{\pi D_w}$$

여기에서 D_w는 웜의 피치원 지름이다.

(5) 웜 기어의 피치원 지름

$$\pi D_g = p Z_g$$

$$D_g = \frac{p Z_g}{\pi}$$

여기에서 p는 축직각 피치(=축방향 피치), Z_g는 웜 기어의 잇수다.

(6) 중심거리

$$C = \frac{D_w + D_g}{2}$$

6 기어열(gear train)

1. 단식 기어열(단순 기어열)의 속도비

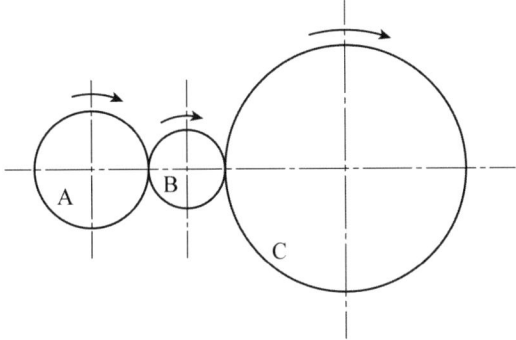

[그림 8-13] 단식 기어열

$$\varepsilon = \frac{N_B}{N_A} \times \frac{N_C}{N_B} = \frac{N_C}{N_A} = \frac{D_A}{D_C} = \frac{Z_A}{Z_C}$$

2. 복식 기어열의 속도비

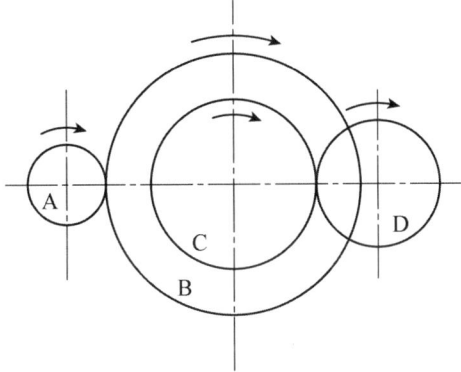

[그림 8-14] 복식 기어열

$$\varepsilon = \frac{N_D}{N_A} = \frac{N_B}{N_A} \times \frac{N_D}{N_C} = \frac{D_A \times D_C}{D_B \times D_D} = \frac{Z_A \times Z_C}{Z_B \times Z_D}$$

7 유성기어(planetary gear)

한쌍의 기어조합에서 한쪽기어가 다른 기어의 중심축을 기준으로 회전할 때 그 형상이 마치 태양을 중심으로 공전하는 유성과 유사해서 이를 유성기어(planetary gear)라고 한다.

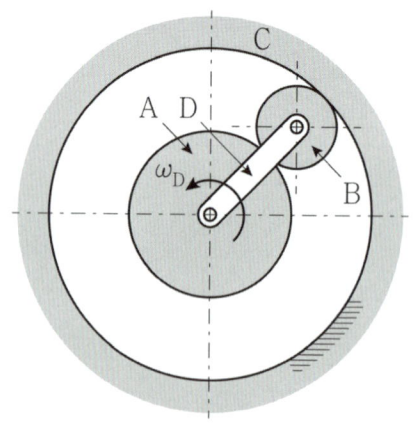

[그림 8-15] 유성기어

1. 유성기어의 조합

(1) 태양기어(sun gear)

중앙에 위치한 기어이며 경우에 따라서 회전하는 경우도 있고 고정이 되어 있는 경우도 있다. 그림에서는 기어 [A]가 태양기어이다.

(2) 유성기어(planetary gear)

태양기어를 중심으로 공전과 자전을 하며, 그림에서는 기어 [B]가 유성기어이다.

(3) 링기어(ring gear)

유성기어를 기준으로 태양기어의 반대쪽에 위치하고 고정되어 있다. 그림에서는 기어 [C]가 링기어이다.

(4) 암(또는 캐리어)

태양기어의 중심과 유성기어의 중심을 연결한다. 그림에서는 [D]가 암이다.

2. 유성기어의 관계

이와 같은 기어 조합에서 각각의 기어와 암이 작동하는 원리는 다음과 같은 예제를 통해서 알아본다.

● **예제** ●

그림과 같은 기어열에서 위의 A기어를 고정하고, 케리어 H를 B기어와 함께 A기어 주위를 시계방향으로 1회전시키면 B기어는 어느 방향으로 몇 회전하는가?

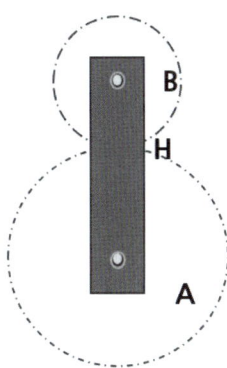

[풀이]

편의상 기어가 시계방향으로 회전하면 (+), 시계 반대방향으로 회전을 하면 (-)로 한다.

1) 기어 A, B, 암H를 모두 시계방향으로 1회전시킨다.
2) H를 고정한 상태에서 기어 A를 시계 반대방향을 -1회전시키면 기어 A는 원래의 상태로 되돌아온다.
3) 이렇게 되면 아래의 표에서 B 기어는 $1+\dfrac{Z_A}{Z_B}$ 회전한다.

구분	기어 A	기어 B	암 H
전체고정	+1	+1	+1
암고정	-1	$(-1)\times(-1)\times\dfrac{Z_A}{Z_B}=\dfrac{Z_A}{Z_B}$	0
정미 회전수 (합성 회전수)	0	$1+\dfrac{Z_A}{Z_B}$	+1

연습문제

Chapter 08 기어(gear)

01 표준스퍼기어의 피니언회전수 600rpm, 기어의 회전수 200rpm, 기어의 굽힘강도 127.4MPa, 치형계수 0.12, 중심거리 300mm, 압력각 14.5°, 전달동력 18.5kW일 때, 다음을 구하시오. (단, 치폭 $b=2p$로 계산하시오.) [5점]

(1) 전달하중 F[N]

(2) 루이스 굽힘강도식을 이용하여 모듈(m)을 구하고 다음 표에서 선정하시오.

모듈(m)	3, 3.5, 3.8, 4, 4.5, 5, 5.5, 6, 6.5

(1) $\varepsilon = \dfrac{N_2}{N_1} = \dfrac{D_2}{D_1}$, $D_2 = \dfrac{600}{200} D_1 = 3D_1$

$C = \dfrac{D_1 + D_2}{2} = \dfrac{4D_1}{2}$, $D_1 = \dfrac{300}{2} = 150\text{mm}$

$H_{kW} = Fv = F \dfrac{\pi DN}{60 \times 1000}$

$18.5 \times 1000 = F \times \dfrac{\pi \times 150 \times 600}{60 \times 1000}$

$F = 3925.8\text{N}$

(2) $v = \dfrac{\pi DN}{60 \times 1000} = \dfrac{\pi \times 150 \times 600}{60 \times 1000} = 4.71\text{m/sec}$

$F = f_v \sigma_b p y = f_v \sigma_b (2\pi^2 m^2) y$

$3925.82 = \left(\dfrac{3.05}{3.05 + 4.71}\right) \times 127.4 \times 2 \times \pi^2 \times m^2 \times 0.12$

$m = 5.75$

표에서 5.75와 가장 근사한 모듈 값을 찾는다.

$m = 6$

02 2kW, 1750rpm의 동력을 웜기어 장치로 1/12.25로 감속시키려 한다. 웜은 4줄나사로 축방향 방식으로 압력각 20°, 모듈 3.5, 중심거리 110mm로 할 때, 다음을 구하시오. (단, 잇면의 마찰계수는 0.1이다.) [6점]

(1) 웜휠의 전달효율 η [%]

(2) 웜휠의 피치원상의 전달력 F [N]

정답분석

(1) $Z_g = \dfrac{Z_w}{\varepsilon} = 4 \times 12.25 = 49$

$D_g = mZ_g = 3.5 \times 49 = 171.5\mathrm{mm}$

$C = \dfrac{D_w + D_g}{2}$, $D_w = 2 \times 110 - 171.5 = 48.5\mathrm{mm}$

$l = Z_w \cdot p_s = Z_w \pi m = 4 \times \pi \times 3.5 = 43.9\mathrm{mm}$

$\tan\beta = \dfrac{l}{\pi D_w}$, $\beta = \tan^{-1}\left(\dfrac{43.9}{\pi \times 48.5}\right) = 16.1°$

$\tan\rho = \dfrac{\mu}{\cos\alpha}$, $\rho = \tan^{-1}\left(\dfrac{0.1}{\cos 20°}\right) = 6°$

$\eta = \dfrac{\tan\beta}{\tan(\beta+\rho)} = \dfrac{\tan 16.1}{\tan(16.1+6)} \times 100 = 70.83\%$

(2) $v_g = \dfrac{\pi D_g N_g}{60 \times 1000} = \dfrac{\pi \times 171.5 \times \dfrac{1750}{12.25}}{60 \times 1000} = 1.28\mathrm{m/sec}$

$H_{kW} = \dfrac{FV_g}{\eta}$, $2 \times 10^3 = \dfrac{F \times 1.28}{0.7083}$, $F = 1106.7\mathrm{N}$

Chapter 09 간접 전동장치(indirect power driver)

1 간접 전동장치의 종류와 특징

기계공학에서 다루는 동력전달요소부품 중에서 간접 전동장치로는 대표적으로 벨트(belt) 전동장치와 체인(chain) 전동장치가 있으며 이들의 특징을 정리하면 다음과 같다.

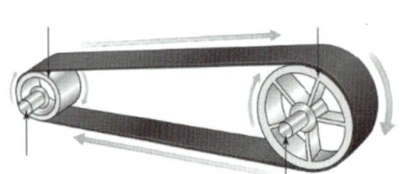

[a] 벨트 전동장치 　　[b] 체인 전동장치
[그림 9-1] 간접 전동장치

1. 벨트(belt) 전동장치의 특징
 (1) 벨트(belt)와 롤러(roller)의 접촉면에 미끄럼(slip)이 발생하며 이로 인해 정확한 속도비를 기대하기 어렵다.
 (2) 비교적 정숙한 운동을 한다.
 (3) 구조가 간단하고 가격이 저렴하다.
 (4) 큰 하중이 작용할 때 발생하는 미끄럼이 안전장치의 역할을 한다.
 (5) 기동에 초기장력이 필요하다.
 (6) 벨트의 길이 조정이 어렵다.

2. 체인(chain) 전동장치의 특징
 (1) 미끄럼이 발생하지 않아서 정확한 속도비를 얻을 수 있다.
 (2) 체인의 길이 조정이 용이하고 다축전동이 가능하다.
 (3) 큰 동력을 전달할 수 있다.
 (4) 탄성에 의해서 어느 정도의 충격을 흡수할 수 있다.
 (5) 초기장력이 필요하지 않아 베어링에 레이디얼 하중이 작용하지 않는다.
 (6) 내열, 내유, 내습성이 있다.
 (7) 진동과 소음이 발생하기 쉽다.
 (8) 고속회전에 부적당하다.
 (9) 윤활이 필요하다.

3. 타이밍 벨트(timing belt)

(1) 타이밍 벨트
벨트 전동장치에서 발생하는 미끄럼을 방지하면서 체인 전동장치에서 발생하는 진동과 소음을 억제한 형식의 벨트 전동장치로 본다. 평벨트 안쪽에 일정한 피치로 돌기를 만들고 롤러에도 이 돌기가 물릴 수 있도록 홈을 가공한다.

[그림 9-2] 타이밍 벨트

(2) 타이밍 벨트의 특징
① 고속과 저속에서 정숙한 운전이 가능하다.
② 미끄럼이나 속도변동이 거의 발생하지 않는다.
③ 굽힘저항이 작아 작은 지름의 풀리(pully)를 사용한다.

2 벨트(belt) 전동장치

1. 벨트 전동장치의 구동 방식(벨트를 거는 방식)

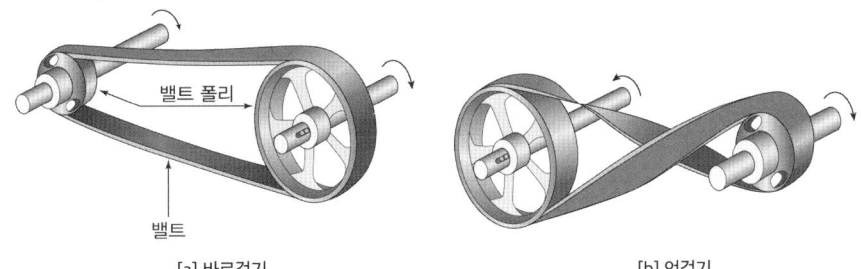

[a] 바로걸기   [b] 엇걸기

[그림 9-3] 벨트의 구동방식

(1) 바로걸기 방식(평행걸기, open belting)
① 두 개의 풀리(pully)와 회전방향이 동일하다.
② 벨트의 아래쪽이 긴장측, 위쪽이 이완측이다.
③ 벨트와 풀리의 접촉각이 커서 동일한 동력을 전달할 때 벨트 장력이 작아도 된다.
④ 벨트의 수명이 길고 동력손실은 감소한다.

(2) 엇걸기 방식(십자걸기, closs belting)
① 두 개의 풀리(pully)와 회전방향이 서로 반대다.
② 고속운전이 가능하고 폭이 좁은 벨트를 사용할 수 있다.
③ 양쪽 풀리의 접촉각이 모두 180도보다 크고 바로걸기보다 더 큰 동력을 전달할 수 있다.
④ 벨트가 손상을 받는 구조이다.

2. 원주속도와 속도비

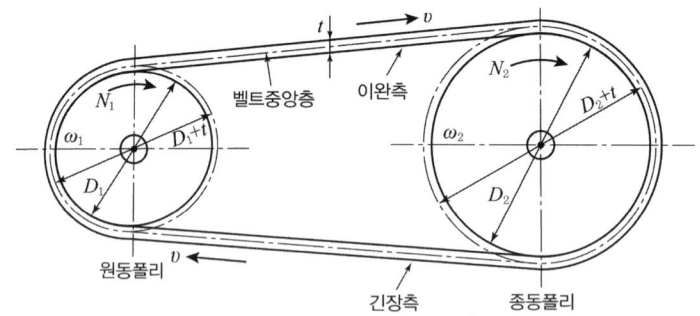

[그림 9-4] 벨트전동장치의 구조

(1) 원주속도(v)

$$v = v_1 = v_2 = \frac{\pi (D_1+t) N_1}{60 \times 1000} = \frac{\pi (D_2+t) N_2}{60 \times 1000} (m/s)$$

여기에서 D_1, D_2는 벨트풀리(롤러)의 지름, N_1, N_2는 벨트풀리의 회전수(rpm), t는 벨트의 두께, v는 벨트의 중앙부(t/2지점)의 속도(m/sec)이다.

● 참고 ●

여기에서 벨트두께 t는 종종 생략되기도 한다.

(2) 속도비(ε)

$$\varepsilon = \frac{N_2}{N_1} = \frac{D_1+t}{D_2+t} \fallingdotseq \frac{D_1}{D_2}$$

3. 벨트 길이(L)

(1) 바로걸기

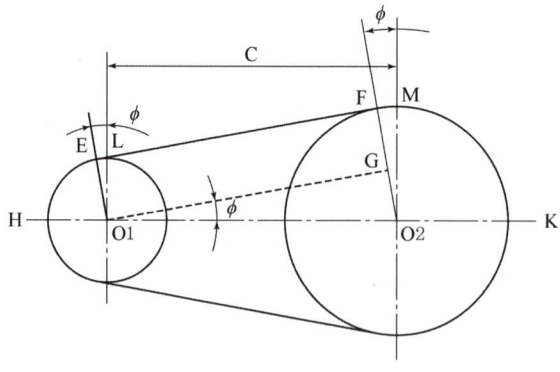

[그림 9-5] 바로걸기

벨트의 길이는 다음과 같은 근사식으로 구한다.

$$L = 2C + \frac{\pi}{2}(D_1 + D_2) + \frac{(D_2 - D_1)^2}{4C}$$

여기에서 C는 축간거리(중심거리), D_1, D_2는 각각 원동차와 종동차의 지름을 의미한다.

(2) 엇걸기

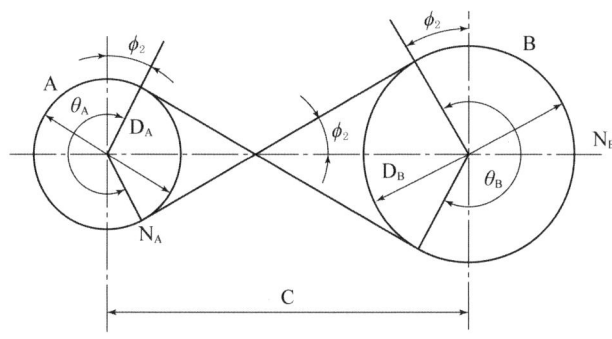

[그림 9-6] 엇걸기

$$L = 2C + \frac{\pi}{2}(D_1 + D_2) + \frac{(D_2 + D_1)^2}{4C}$$

4. 벨트의 접촉 중심각(θ_1, θ_2)

벨트와 풀리가 접촉하고 있는 각도를 접촉 중심각(또는 접촉각)이라 한다. 접촉 중심각이 커지면 벨트와 풀리 사이에 미끄럼이 줄어들고 큰 동력을 전달할 수 있다. 바로걸기를 기준으로 축간거리가 길어질수록, 풀리의 지름 차이가 작을수록 접촉각이 커진다.

(1) 바로걸기

$$\theta_1 = 180° - 2\phi = 180° - 2 \times \sin^{-1}\left(\frac{D_2 - D_1}{2C}\right)$$

$$\theta_2 = 180° + 2\phi = 180° + 2 \times \sin^{-1}\left(\frac{D_2 - D_1}{2C}\right)$$

(2) 엇걸기

엇걸기에서는 원동차와 종동차의 접촉 중심각이 거의 같은 것으로 한다.

$$\theta_1 = \theta_2 = 180° + 2\phi = 180° + 2 \times \sin^{-1}\left(\frac{D_2 + D_1}{2C}\right)$$

5. 벨트 장력(tension)

(1) 초기장력(T_0)과 유효장력(P_e)

벨트의 긴장측에 작용하는 장력을 T_t, 이완측에 작용하는 장력을 T_s라 하면,

① 초기장력(T_0)

$$T_0 = \frac{T_t + T_s}{2}$$

② 유효장력(P_e)

$$Pe = T_t - T_s$$

(2) 아이델바인(eytelwein)식

벨트전동에서 벨트와 롤러 사이의 마찰계수를 μ, 접촉 중심각을 θ, 장력비를 $e^{\mu\theta}$이라 하면,

$$e^{\mu\theta} = \frac{T_t - \dfrac{\omega v^2}{g}}{T_s - \dfrac{\omega v^2}{g}}$$

또는 $e^{\mu\theta} = \dfrac{Tt - mv^2}{Ts - mv^2}$ (S.I단위계)

여기에서 $\dfrac{\omega v^2}{g}$과 mv^2은 회전 시 원심력에 의해서 벨트에 작용하는 힘을 의미하고 벨트의 원주속도가 $v \leq 10\,m/s$이면 무시한다.

$$e^{\mu\theta} = \frac{T_t}{T_s}$$

이 식을 아이델바인(eytelwein)식이라 한다.

6. 장력과 장력비와의 관계

벨트에 작용하는 원심력을 무시하면, 벨트의 장력과 장력비와의 관계는 다음과 같다.

$$P_e = T_t - T_s, \qquad e^{\mu\theta} = \frac{T_t}{T_s}$$

위의 두식을 연립하면,

$$Ts = \frac{Pe}{e^{\mu\theta} - 1}, \qquad Tt = Ts \times e^{\mu\theta} = \frac{Pe \times e^{\mu\theta}}{e^{\mu\theta} - 1}$$

7. 전달동력

원심력의 영향을 무시한 전달동력은 다음과 같다.

(1) S.I단위

$$Hkw = Pe(N) \times v = \frac{Pe \times v}{1000} = \frac{Tt}{1000}\left(\frac{e^{\mu\theta}-1}{e^{\mu\theta}}\right) \times v\,(kW)$$

$$Hps = Pe(N) \times v = \frac{Pe \times v}{735} = \frac{Tt}{735}\left(\frac{e^{\mu\theta}-1}{e^{\mu\theta}}\right) \times v\,(PS)$$

(2) 중력단위

$$Hkw = Pe(kgf) \times v = \frac{Pe \times v}{102} = \frac{Tt}{102}\left(\frac{e^{\mu\theta}-1}{e^{\mu\theta}}\right) \times v\,(kW)$$

$$Hps = Pe(kgf) \times v = \frac{Pe \times v}{75} = \frac{Tt}{75}\left(\frac{e^{\mu\theta}-1}{e^{\mu\theta}}\right) \times v\,(PS)$$

8. 벨트의 설계

(1) 벨트에 발생하는 인장응력

$$\sigma t = \frac{Tt}{A} = \frac{Tt}{bh}$$

여기에서 b는 벨트의 폭, h는 벨트의 두께이다.

(2) 벨트에 발생하는 굽힘응력

$$\sigma_b = E \times \frac{y}{\rho} = \frac{E \times \frac{h}{2}}{\frac{D}{2}+\frac{h}{2}} \cong \frac{Eh}{D}$$

여기에서 $\frac{y}{\rho}$는 각 변형률이며 ρ는 곡률반경이다.

(3) 벨트에 발생하는 응력

벨트에 작용하는 응력은 앞에서 구한 인장응력과 굽힘응력이 동시에 작용하는 것으로 보고 다음과 같이 구할 수 있다.

$$\sigma = \sigma_t + \sigma_b = \frac{Tt}{bh} + \frac{Eh}{D}$$

여기에서 굽힘응력을 무시하고 이음효율을 적용하고 벨트의 설계는 허용응력을 기준으로 정리하면,

$$\sigma = \sigma t = \frac{T_t}{bh} \leq \sigma_b, \quad b \times h \geq \frac{T_t}{\sigma_b \eta}$$

3 V-벨트 전동장치

[그림 9-7] V-벨트 전동장치

1. V-벨트 전동장치의 특징

평벨트 풀리에 V홈을 만들어서 평벨트보다 더 큰 마찰력을 얻을 수 있는 동력전달 장치로 다음과 같은 특징이 있다.

(1) 소음, 진동, 충격이 적다.

(2) 설치 폭이 작고 짧은 축간거리가 가능하다.

(3) 초기장력이 작아 베어링에 큰 부담을 주지 않는다.

(4) 벨트가 이탈할 수 있는 위험이 적다

(5) 바로걸기만 가능하다.

(6) 벨트의 길이조정은 불가능하다.

2. V-벨트의 규격

V-벨트는 KS규격에서 M, A, B, C, D, E 총 6가지 형으로 규정하고 있다.

형	상폭(mm)	높이(mm)	각도(°)	단면 형상
M	10.0	5.5	40	
A	12.5	9.0		
B	16.5	11.0		
C	22.0	14.0		
D	31.5	19.0		
E	38.0	25.5		

[표 9-1] V-벨트의 규격

> ● 참고 ●
>
> V-벨트 풀리의 경우 홈의 각도를 40도보다 약간 작게 하여 벨트와 풀리 사이에 마찰을 증가시킨다.

3. V-벨트 전동장치의 설계

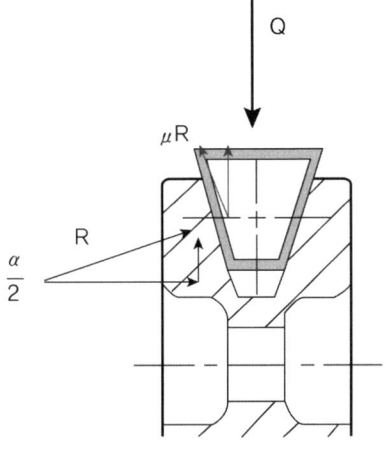

[그림 9-8] V-벨트가 작용하는 수직력

(1) V-벨트가 풀리는 누르는 힘(Q)

$$Q = 2\mu R\cos\frac{\alpha}{2} + 2R\sin\frac{\alpha}{2} = 2R\left(\sin\frac{\alpha}{2} + \mu\cos\frac{\alpha}{2}\right)$$

$$R = \frac{Q}{2\left(\sin\frac{\alpha}{2} + \mu\cos\frac{\alpha}{2}\right)}$$

여기에서 R은 밸트 경사면에 작용하는 수직력이다.

(2) 마찰력에 의한 회전력(F)

$$F = 2\mu R = 2\mu \times \frac{Q}{2\left(\sin\frac{\alpha}{2} + \mu\cos\frac{\alpha}{2}\right)} = \mu' Q$$

$$\mu' = \frac{\mu}{\left(\sin\frac{\alpha}{2} + \mu\cos\frac{\alpha}{2}\right)}$$

여기에서 μ'를 상당마찰계수(등가마찰계수, 유효마찰계수)라고 한다.

(3) V-벨트의 전달동력

벨트에 작용하는 원심력을 무시하면 V-벨트가 전달할 수 있는 동력은 다음과 같이 나타낼 수 있다.

① S.I 단위

$$Hkw = P_e v Z\left(N - \frac{m}{s}\right) = \frac{P_e v Z}{1000}(kW) = \frac{T_t}{1000}\left(\frac{e^{\mu'\theta}-1}{e^{\mu'\theta}}\right)vZ(kW)$$

$$Hps = P_e v Z\left(N - \frac{m}{s}\right) = \frac{P_e v Z}{735}(PS) = \frac{T_t}{735}\left(\frac{e^{\mu'\theta}-1}{e^{\mu'\theta}}\right)vZ(PS)$$

② 중력단위

$$Hkw = P_e v Z\left(kgf - \frac{m}{s}\right) = \frac{P_e v Z}{102}(kW) = \frac{T_t}{102}\left(\frac{e^{\mu\theta}-1}{e^{\mu\theta}}\right)vZ(kW)$$

$$Hps = P_e v Z\left(kgf - \frac{m}{s}\right) = \frac{P_e v Z}{75}(PS) = \frac{T_t}{75}\left(\frac{e^{\mu\theta}-1}{e^{\mu\theta}}\right)vZ(PS)$$

여기에서 Z는 V-벨트의 가닥수를 의미한다.

4 로프 전동장치의 설계

[그림 9-9] 로프 전동장치

로프전동장치의 경우 V-벨트 전동장치와 동일하나 로프 한 가닥을 기준으로 하므로 전달 동력은 앞에서 Z(가닥 수)를 고려하지 않으면 되고 또한 로프에 작용하는 응력에서 굽힘응력은 고려하지 않으므로 다음과 같이 구한다.

$$\sigma_t = \frac{P}{An} = \frac{P}{\frac{\pi d^2}{4}n}$$

여기에서 d는 소선의 지름이고 n은 로프의 가닥수를 의미한다.

5 체인(chain) 전동장치

[체인과 스프라켓]

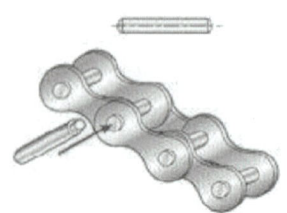
[체인의 구조]

[그림 9-10] 체인 전동장치

1. 체인 스프라켓 휠(procket wheel)의 설계

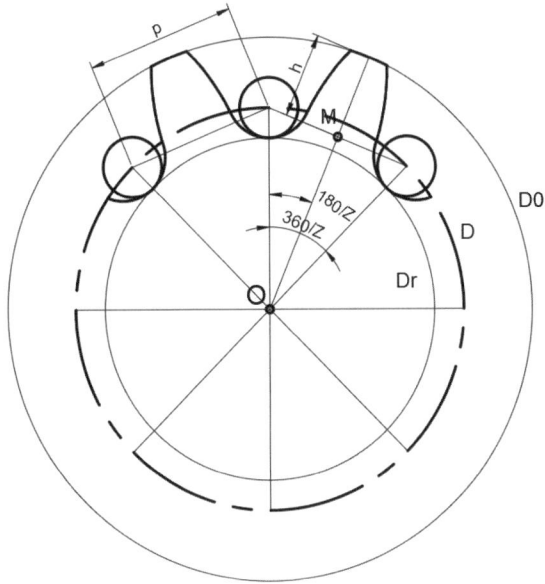

[그림 9-11] 스프라켓 휠

(1) 피치원 지름(D)

$$\sin\frac{180}{Z} = \frac{\frac{p}{2}}{\frac{D}{2}} = \frac{p}{D}, \quad D = \frac{p}{\sin\frac{180}{Z}}$$

여기에서 p는 스프라켓 휠의 피치, Z는 잇수이다.

(2) 중심선상의 이의 높이(h)

$$h = 0.3p$$

(3) 이 끝지름(D_0, 스프라켓 휠의 외경)

$$D_0 = p\left(0.6 + \cot\frac{180}{Z}\right)$$

(4) 이 뿌리원 지름(D_r)

$$D_r = D - d_r$$

여기서 d_r은 롤러체인의 롤러 바깥지름이다.

2. 체인(chain)의 설계

(1) 체인의 길이(L)

체인의 길이(L)은 평벨트의 길이를 구하는 식을 근사식으로 적용해서 구한다.

$$L = 2C + \frac{\pi}{2} \times (D_1 + D_2) + \frac{(D_2 - D_1)^2}{4C}$$

(2) 체인의 링크 수(L_n)

$$L_n = \frac{L}{p} = \frac{2C}{p} + \frac{(Z_1 + Z_2)}{2} + \frac{0.0257p(Z_2 - Z_q)^2}{C}$$

여기에서 p는 체인의 피치(pitch), Z는 스프라켓 휠(sprocket wheel)의 잇수를 의미한다.

(3) 축간거리(C)

$$L = L_n \times p, \qquad C = (40 \sim 50)p(mm)$$

여기에서 L은 전체 체인의 길이, L_n은 링크 수, p는 피치를 의미한다.

(4) 체인의 속도(v)

$$v_1 = v_2 = \frac{\pi D_1 N_1}{60 \times 1000} = \frac{\pi D_2 N_2}{60 \times 1000}$$

여기에서 $\pi D = pZ$ 이므로

$$v_1 = v_2 = \frac{pZ_1 N_1}{60 \times 1000} = \frac{pZ_2 N_2}{60 \times 1000}$$

(5) 체인의 속도비(ε)

$$\varepsilon = \frac{N_2}{N_1} = \frac{D_1}{D_2} = \frac{Z_1}{Z_2}$$

3. 체인 전동장치의 속도 변동률(i)

체인 전동에서는 스프라켓이라는 다각형에 체인을 감아놓은 상태이며, 체인이 이 다각형의 꼭지점으로 진입을 하면 속도가 최대가 되고 이 다각형의 면으로 진입을 하면 속도는 최소가 된다. 이 최대속도와 최소속도의 변동비율을 체인의 속도변동률이라고 한다.

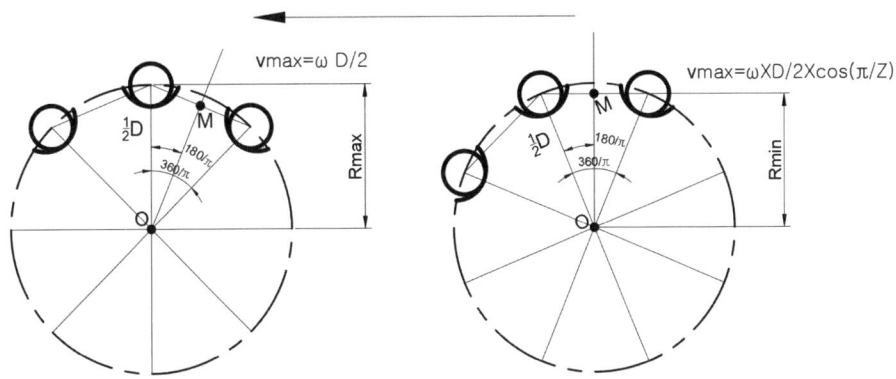

[그림 9-12] 체인의 속도변동률

(1) 최대속도

$$v_{max} = R_{max}\omega = \frac{D}{2}\omega \, (m/s)$$

(2) 최소속도

$$v_{min} = R_{min}\omega = \left(\frac{D}{2}\cos\frac{180°}{Z}\right)\omega = v_{max}\cos\frac{180°}{Z} \, (m/s)$$

(3) 속도변동률

$$i = \frac{v_{max} - v_{min}}{v_{max}} \times 100 = \left(1 - \frac{v_{min}}{v_{max}}\right) \times 100 = \left(1 - \cos\frac{180°}{Z}\right) \times 100$$

연습문제
Chapter 09 간접 전동장치(indirect power driver)

No.50 롤러체인에서 작은 스프로킷의 잇수가 18, 회전수 600rpm이고 큰 스프로킷의 잇수 60, 피치 15.88mm, 파단하중 21658N, 안전율 15일 때 다음을 구하시오. [5점]

(1) 허용 안정하중 F[N]

(2) 스프로킷의 회전속도 V[m/sec]

(3) 전달동력 H_{kW}[kW]

 정답분석

(1) 여기에서 파단하중을 P라 하면,
$$F = \frac{P}{S} = \frac{21658}{15} = 1443.87\text{N}$$

(2) $V = \frac{p \cdot Z_1 \cdot N_1}{60 \times 1000} = \frac{15.88 \times 18 \times 600}{60 \times 1000} = 2.86\text{m/sec}$

(3) $H_{kW} = \frac{F \cdot v}{102} = \frac{1443.87 \times 2.86}{102 \times 9.8} = 4128\text{W} = 4.13\text{kW}$

pass.Hackers.com

Chapter 10 브레이크(brake)와 플라이 휠(fly wheel)

1 브레이크의 종류

제동력에 따라 브레이크의 종류는 다음과 같이 나눌 수 있다.

제동력 종류	브레이크의 종류	그림
회전축의 지름 방향	블록 브레이크	
	밴드 브레이크	
	내확 브레이크	
회전축 방향	원판 브레이크	
	원추 브레이크	

자동하중 방식	웜 브레이크	
	나사 브레이크	
	원심 브레이크	
기계식	폴(pawl) 브레이크	

[표 10-1] 브레이크의 종류

2 블록 브레이크의 설계

1. 블록 브레이크의 3형식

블록 브레이크는 레버와 회전 작용점의 위치관계에 따라 형식을 나눌 수 있다.

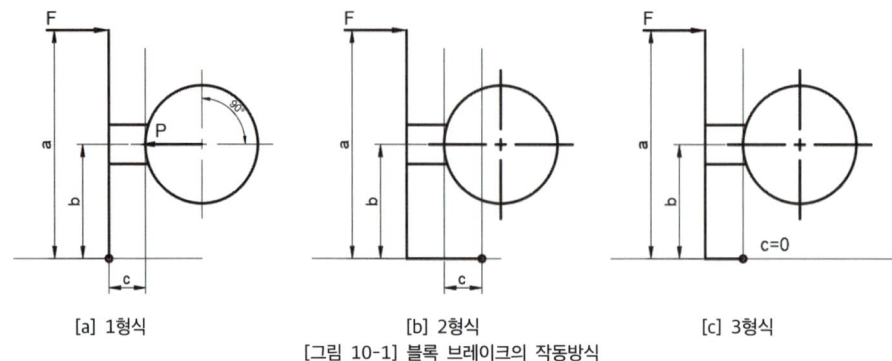

[a] 1형식   [b] 2형식   [c] 3형식

[그림 10-1] 블록 브레이크의 작동방식

2. 블록 브레이크의 조작력

모멘트의 평형에서 부호를 우회전은 양(+), 좌회전은 음(-), 브레이크의 조작력 F는 양(+)으로 한다.

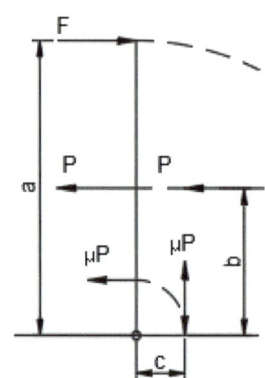

[그림 10-2] 블록 브레이크의 조작력

(1) 브레이크 드럼의 제동력 - 드럼의 접선방향으로 작용하는 제동력

$$f = \mu P$$

(2) 브레이크 드럼에 작용하는 제동토크

$$T = f\frac{D}{2} = \mu P \frac{D}{2}$$

3. 제1형식($c > 0$인 경우, 내작용선)

(1) 브레이크 드럼이 우회전하는 경우

레버 조작력을 F, 브레이크가 드럼을 수직으로 누르는 힘을 P, 브레이크 드럼과 블록사이의 마찰계수를 μ, 브레이크의 제동력을 f 라 하면,

$$Fa - Pb - fc = 0$$

$$F = \frac{Pb + fc}{a} = \frac{Pb + \mu Pc}{a} = \frac{P(b + \mu c)}{a} = \frac{f(b + \mu c)}{\mu a}$$

(2) 브레이크 드럼이 좌회전하는 경우

$$Fa - Pb + fc = 0$$

$$F = \frac{Pb - fc}{a} = \frac{Pb - \mu Pc}{a} = \frac{P(b - \mu c)}{a} = \frac{f(b - \mu c)}{\mu a}$$

4. 제2형식($c < 0$인 경우, 외작용선)

(1) 브레이크 드럼이 우회전하는 경우

$$Fa - Pb + fc = 0$$

$$F = \frac{Pb - fc}{a} = \frac{Pb - \mu Pc}{a} = \frac{P(b - \mu c)}{a} = \frac{f(b - \mu c)}{\mu a}$$

(2) 브레이크 드럼이 좌회전하는 경우

$$Fa - Pb - fc = 0$$

$$F = \frac{Pb + fc}{a} = \frac{Pb + \mu Pc}{a} = \frac{P(b + \mu c)}{a} = \frac{f(b + \mu c)}{\mu a}$$

5. 제3형식($c = 0$인 경우, 중작용선)

3형식에서는 드럼의 회전방향과 상관없이 레버조작력은 동일하다.

$$Fa - Pb = 0, \quad F = \frac{Pb}{a} = \frac{fb}{\mu a}$$

6. 자동제동조건(self-locking condition)

(1) 브레이크 레버에 힘을 가하지 않아도 자동으로 브레이크가 걸리는 현상을 자동제동이라고 한다.

(2) 이러한 자동제동이 이루어지기 위해서는 내작용선에서 좌회전 시, 외작용선에서 우회전 시에 다음과 같은 조건을 만족해야 한다.

$$b - \mu c \leq 0, \quad b \leq \mu c \text{ 일 때}, \quad F \leq 0$$

7. 블록 브레이크의 능력

(1) 블록 브레이크의 압력(q)

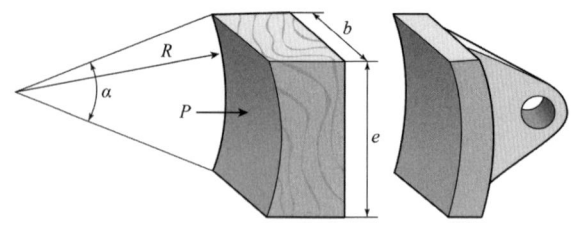

[그림 10-3] 브레이크 블록

블록 브레이크의 접촉면에 발생하는 압력을 q, 압력이 작용하는 단면적(투영면)을 $A = be$라고 하면, 블록 브레이크에 작용하는 접촉면 압력은 다음과 같다.

$$q = \frac{P}{A} = \frac{P}{be}$$

(2) 브레이크 용량($\mu q v$)

브레이크 용량(brake capacity)이란 단위 마찰면적에 대한 일률, 또는 마찰면적에 발생하는 시간당 열량을 의미하며, 마찰계수(μ)에 압력속도계수(qv)를 곱한 값으로 나타낸다.

$$\mu q v = \frac{1000 H_{kW}}{A} = \frac{735 H_{ps}}{A} (N/mm^2 \cdot m/s) = \frac{102 H_{kW}}{A} = \frac{75 H_{ps}}{A} (kgf/mm^2 \cdot m/s)$$

여기에서 A는 마찰면적, qv는 압력 속도계수를 의미한다.

$$\mu q v = 마찰계수(\mu) \times 압력속도계수(qv) = \frac{단위시간에\ 흡수되는\ 에너지}{면적}$$

8. 제동에 필요한 동력

(1) 절대단위계(SI단위계)

$$H_{kW} = fv(kgf \cdot m/\sec) = \mu P v(kgf \cdot m/\sec) = \frac{fv}{102}(kW) = \frac{\mu P v}{102}(kW)$$

$$H_{ps} = fv(kgf \cdot m/\sec) = \mu P v(kgf \cdot m/\sec) = \frac{fv}{75}(ps) = \frac{\mu P v}{75}(ps)$$

(2) 중력단위계(공학단위계)

$$H_{kW} = fv(N \cdot m/\sec) = \mu P v(N \cdot m/\sec) = \frac{fv}{1000}(kW) = \frac{\mu P v}{1000}(kW)$$

$$H_{ps} = fv(N \cdot m/\sec) = \mu P v(N \cdot m/\sec) = \frac{fv}{735}(ps) = \frac{\mu P v}{735}(ps)$$

3 내확 브레이크(expansion brake)

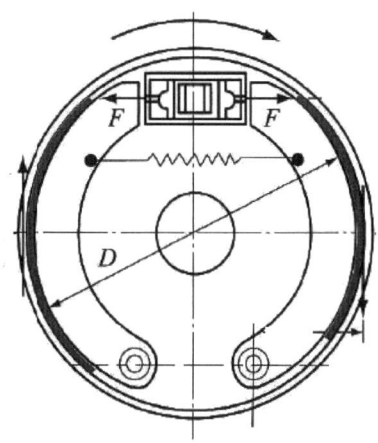

[그림 10-4] 내확 브레이크의 구조

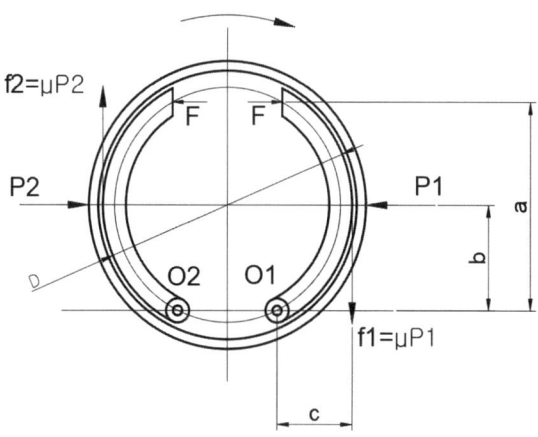

[그림 10-5] 내확 브레이크의 간략도

1. 브레이크에 작용하는 힘

(1) 브레이크 드럼이 우회전하는 경우

① 점 O_1에 대한 모멘트의 평형방정식

$$Fa - P_1 b + \mu P_1 c = 0$$

$$P_1 = \frac{Fa}{b - \mu c}$$

② 점 O_2에 대한 모멘트의 평형방정식

$$Fa - P_2 b - \mu P_2 c = 0$$

$$P_2 = \frac{Fa}{b + \mu c}$$

(2) 브레이크 드럼이 좌회전하는 경우
　① 점 O_1에 대한 모멘트의 평형방정식

$$Fa - P_1 b - \mu P_1 c = 0$$

$$P_1 = \frac{Fa}{b + \mu c}$$

　② 점 O_2에 대한 모멘트의 평형방정식

$$Fa - P_2 b + \mu P_2 c = 0$$

$$P_2 = \frac{Fa}{b - \mu c}$$

2. 브레이크의 제동력(f)과 제동토크(T)

(1) 제동력(f) - 브레이크 드럼에 대한 제동력

$$f = f_1 + f_2 = \mu P_1 + \mu P_2 = \mu(P_1 + P_2)$$

(2) 제동토크(T)
　① 마찰력에 의한 제동토크

$$T = f \frac{D}{2} = (f_1 + f_2) \frac{D}{2} = (P_1 + P_2) \frac{\mu D}{2}$$

　② 브레이크 드럼이 우회전하는 경우

$$T = \left(\frac{Fa}{b - \mu c} + \frac{Fa}{b + \mu c} \right) \frac{\mu D}{2}$$

4 밴드 브레이크의 설계

1. 밴드 브레이크에 작용하는 장력

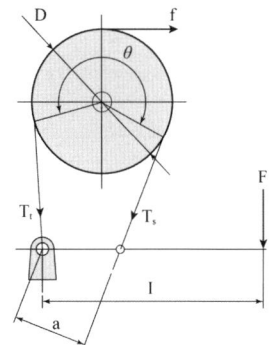

[그림 10-6] 밴드 브레이크에 작용하는 장력

브레이크 밴드에 작용하는 긴장측 장력을 T_t, 이완측 장력을 T_s이라 하면

(1) 제동력(f)

$$f = T_t - T_s$$

(2) 제동토크(T)

$$T = f\frac{D}{2} = (T_t - T_s)\frac{D}{2}$$

2. 제동력(f)과 장력비($e^{\mu\theta}$)의 관계

$$e^{\mu\theta} = \frac{T_t}{T_s}$$

$$T_s = \frac{f}{e^{\mu\theta} - 1}, \quad T_t = \frac{fe^{\mu\theta}}{e^{\mu\theta} - 1}$$

3. 밴드 브레이크의 조작력

밴드 브레이크에서는 밴드에 작용하는 장력 T_t, T_s의 관계에 따라 각각 다르게 해석한다.

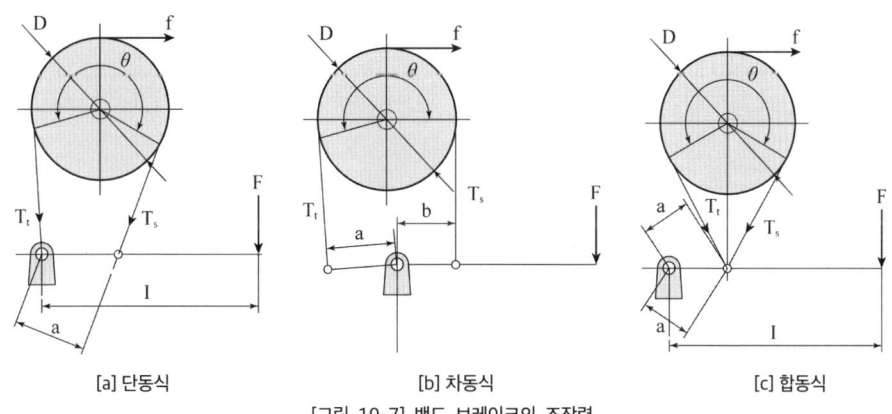

[a] 단동식   [b] 차동식   [c] 합동식

[그림 10-7] 밴드 브레이크의 조작력

(1) 단동식
　① 드럼이 우회전하는 경우

$$0 = -Fl + T_s a,$$
$$F = \frac{T_s \cdot a}{l} = \frac{fa}{l(e^{\mu\theta}-1)}$$

　② 드럼이 좌회전하는 경우

$$0 = -Fl + T_t a$$
$$F = \frac{T_t \cdot a}{l} = \frac{fae^{\mu\theta}}{l(e^{\mu\theta}-1)}$$

(2) 차동식
　① 드럼이 우회전하는 경우

$$T_t a = -Fl + T_s b$$
$$F = \frac{T_s b - T_t a}{l} = \frac{T_s b - T_s e^{\mu\theta} a}{l} = \frac{T_s(b - e^{\mu\theta}a)}{l} = \frac{f(b - e^{\mu\theta}a)}{l(e^{\mu\theta}-1)}$$

　② 드럼이 좌회전하는 경우

$$T_s a = -Fl + T_t b$$
$$F = \frac{T_t b - T_s a}{l} = \frac{T_s e^{\mu\theta} b - T_s a}{l} = \frac{T_s(e^{\mu\theta}b - a)}{l} = \frac{f(e^{\mu\theta}b - a)}{l(e^{\mu\theta}-1)}$$

(3) 합동식
　브레이크 드럼이 좌회전하는 경우와 우회전하는 경우가 동일하다.

$$0 = -Fl + T_t a + T_s a$$
$$F = \frac{T_t a + T_s a}{l} = \frac{T_s e^{\mu\theta} a + T_s a}{l} = \frac{T_s a(e^{\mu\theta}+1)}{l} = \frac{fa(e^{\mu\theta}+1)}{l(e^{\mu\theta}-1)}$$

4. 밴드 브레이크의 용량(μqv)

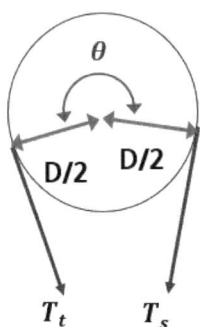

[그림 10-8] 마찰면적(A)

$$\mu qv = \frac{1000 H_{kW}}{A} = \frac{735 H_{ps}}{A}(N/mm^2 \cdot m/s) = \frac{102 H_{kW}}{A} = \frac{75 H_{ps}}{A}(kgf/mm^2 \cdot m/s)$$

여기에서 A는 밴드의 마찰면적으로 접촉각을 $\theta(rad)$, 드럼의 반지름을 $\frac{D}{2}$, 밴드의 폭을 $b(mm)$라 하면,

$$A = \frac{D}{2}\theta b$$

5. 밴드의 설계

밴드의 허용 인장응력을 σ_a, 밴드의 두께를 t, 벨트의 이음효율을 η라 하면,

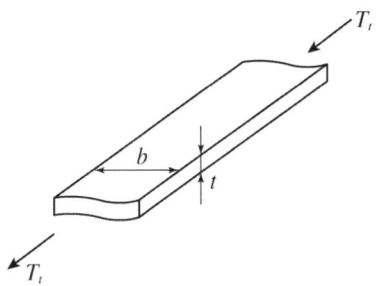

[그림 10-9] 밴드의 구조

$$\sigma_a = \frac{T_t}{bt\eta}$$

5 플라이 휠(fly-wheel)

1. 플라이휠이 한 사이클 동안 한 일(E)

(1) 4행정 사이클

$$E = 4\pi T_m$$

여기에서 T_m은 평균토크이다.

(2) 2행정 사이클

$$E = 2\pi T_m$$

2. 각속도 변동계수(각속도 변동률, δ)

(1) 평균각속도(ω_m)

$$\omega_m = \frac{\omega_1 + \omega_2}{2}$$

여기에서 ω_1은 최대 각속도, ω_2는 최소 각속도, N_1은 최대 각속도일 때의 회전속도(rpm), N_2는 최소 각속도일 때의 회전속도(rpm)를 의미한다.

$$\omega_1 = \frac{2\pi N_1}{60}, \qquad \omega_2 = \frac{2\pi N_2}{60}$$

(2) 각속도 변동계수

$$\delta = \frac{\omega_1 - \omega_2}{\omega_m}$$

3. 에너지 변동계수(q)

(1) 최대 각속도로 에너지를 흡수할 때의 운동에너지(E_1)

$$E_1 = \frac{1}{2} I\omega_1^2$$

여기에서 I는 관성모멘트를 의미한다.

(2) 최소 각속도로 에너지를 방출할 때의 운동에너지(E_2)

$$E_2 = \frac{1}{2} I\omega_2^2$$

4. 한 사이클에서 에너지 변화량($\triangle E$)

$$\triangle E = E_1 - E_2 = \frac{1}{2}I(\omega_1^2 - \omega_2^2) = I\omega_m^2 \delta$$

여기에서 에너지 변동계수(q)는 다음과 같다.

$$q = \frac{\triangle E}{E}$$

5. 플라이휠의 관성모멘트(I)

$$I = \frac{\gamma b \pi D^4}{32g}$$

여기에서 γ는 림(rim) 재료의 비중량, b는 림의 폭(두께), D는 림의 평균지름, D_1, D_2는 각각 림의 안지름과 바깥지름을 의미한다.

연습문제

Chapter 10 브레이크(brake)와 플라이 휠(fly wheel)

단동식 밴드브레이크에서 드럼의 회전수 100rpm, 3.7kW의 동력을 제동하려고 한다. 레버의 길이는 800mm, 마찰계수 0.31m 밴드의 접촉각 223°일 때 다음을 구하시오.

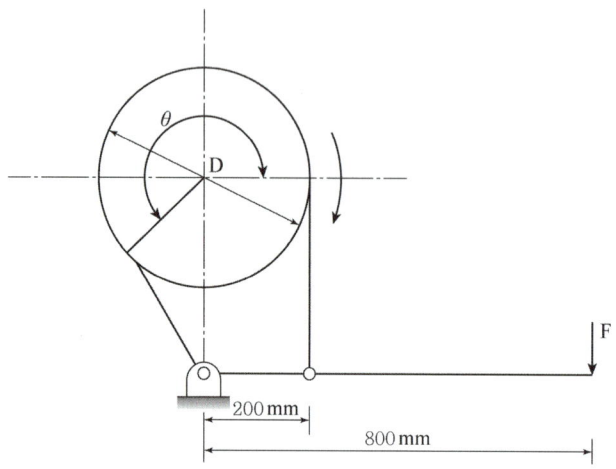

(1) 제동력 Q[N]

(2) 밴드의 긴장측 장력 T_t[N]

(3) 레버에 작용시키는 힘 F[N] (단, 드럼 직경 $D = 400\text{mm}$이다.)

정답분석

(1) $T = 974000 \times 9.8 \times \dfrac{H_{kW}}{N} = Q \times \dfrac{D}{2}$

$974000 \times 9.8 \times \dfrac{3.7}{100} = Q \times \dfrac{400}{2}$

$Q = 1,765.9\text{N}$

(2) $v = \dfrac{\pi \cdot D_1 \cdot N_1}{60 \times 1000} = \dfrac{\pi \times 400 \times 100}{60 \times 1000} = 2.11\,(\text{m/sec})$

$T_t = Q \cdot \dfrac{e^{\mu\theta}}{e^{\mu\theta} - 1}$

$\theta_{\text{rad}} = 223 \times \dfrac{\pi}{180} = 3.9$

$e^{\mu\theta} = e^{(0.31 \times 3.9)} = 3.35$

$T_t = 1,765.9 \times \dfrac{3.35}{3.35 - 1} = 2,521\text{N}$

(3) $T_s = T_d - Q = 2,521 - 1,765.9 = 755.1$

$F \cdot l - T_s \cdot a = 0$

$F = \dfrac{a}{l} T_s = \dfrac{200}{800} \times 755.1 = 188.77\text{N}$

pass.Hackers.com

Chapter 11 스프링(spring)

1 스프링의 종류

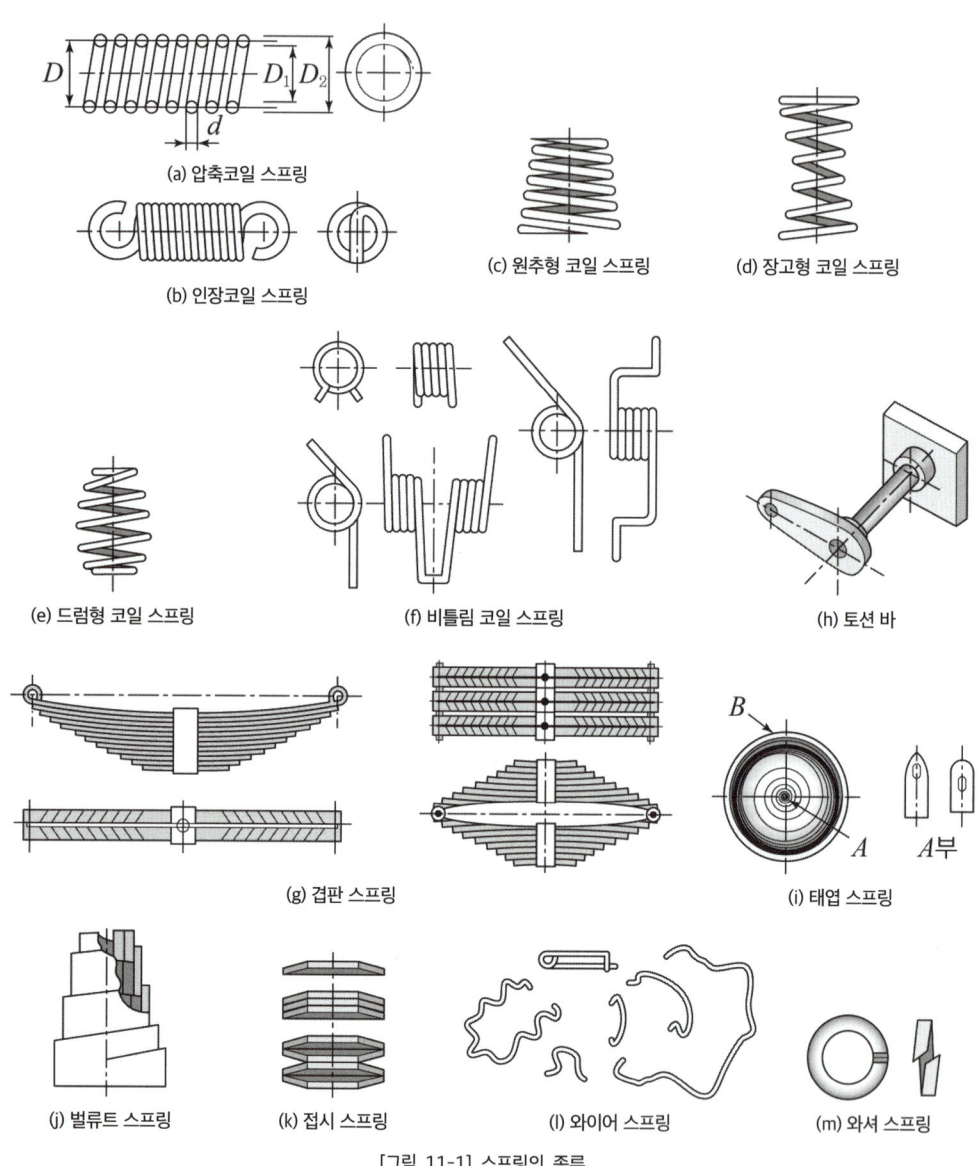

[그림 11-1] 스프링의 종류

2 스프링의 기능과 용도

1. 스프링의 기능

(1) 정적 기능
  ① 하중의 크기 조정
  ② 에너지의 저장

(2) 동적 기능
  ① 탄성 복원력 이용
  ② 진동 흡수(충격에너지의 흡수)

2. 스프링의 용도

(1) 진동과 충격에너지를 흡수한다.

(2) 탄성회복력을 에너지원으로 사용할 수 있다.

(3) 탄성변형에 의한 힘의 측정이 가능하다.

3 선형 스프링 상수와 비틀림 스프링 상수

1. 선형 스프링 상수(k)

스프링에 작용하는 하중과 변형량이 선형변화하는 구간에서는 하중의 변화와 길이 변화는 비례하며, 이 변화의 기울기(구배)를 스프링상수(k)로 나타낸다.

$$k = \frac{하중\,[N]}{처짐\,[mm]} = \frac{P}{\delta}$$

> **참고**
>
> 위의 스프링상수(k)를 이용해서 하중(P)과 변형량(δ)의 관계를 정의할 수 있는 스프링을 선형 스프링(linear spring)이라 하고 그렇지 못한 스프링을 비선형 스프링(nonlinear spring)이라 한다. 원판, 접시 스프링이 대표적인 비선형 스프링이다.

2. 비틀림 스프링 상수(k_t)

$$k_t = \frac{T}{\theta}$$

여기에서 T는 비틀림 모멘트, θ는 비틀림 각을 의미한다.

4 스프링의 조합

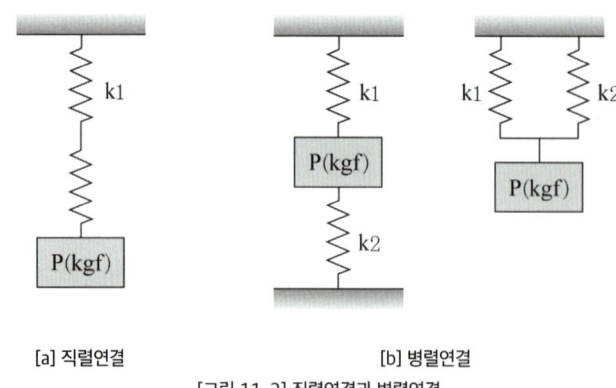

[a] 직렬연결   [b] 병렬연결
[그림 11-2] 직렬연결과 병렬연결

1. 직렬연결

직렬 스프링 연결에서 총 변형량은 각 스프링의 변형량을 합친 것과 같다.

$$\delta = \delta_1 + \delta_2 + \delta_3 + \cdots$$

이를 하중과 스프링상수로 나타내면,

$$\frac{P}{k} = \frac{P}{k_1} + \frac{P}{k_2} + \frac{P}{k_3} + \cdots$$

여기에서 각 스프링에 작용하는 하중과 전체에 작용하는 하중이 동일하다고 하면,

$$\frac{1}{k_e} = \frac{1}{k_1} + \frac{1}{k_2} + \frac{1}{k_3} + \cdots$$

여기에서 k_e는 전체 스프링 상수(상당 스프링 상수)이다.

2. 병렬연결

병렬 스프링 연결에서 각 스프링에 작용하는 하중 P_n의 합은 스프링 전체에 작용하는 하중 P와 같다.

$$P = P_1 + P_2 + P_3 + \cdots$$

이를 스프링 상수와 변형량으로 나타내면,

$$k\delta = k_1\delta_1 + k_2\delta_2 + k_3\delta_3 + \cdots$$

여기에서 각 스프링의 변형량과 전체 변형량이 동일하다고 하면,

$$k_e = k_1 + k_2 + k_3 + \cdots$$

5 스프링의 탄성변형 에너지(U)

$$U = \frac{1}{2}P\delta = k\delta^2 \ (N-mm), \qquad P = k\delta$$

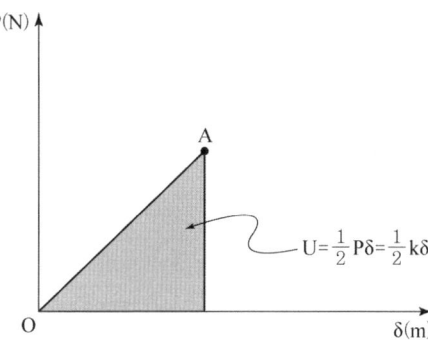

[그림 11-3] 탄성변형 에너지

6 원통형 코일 스프링의 설계

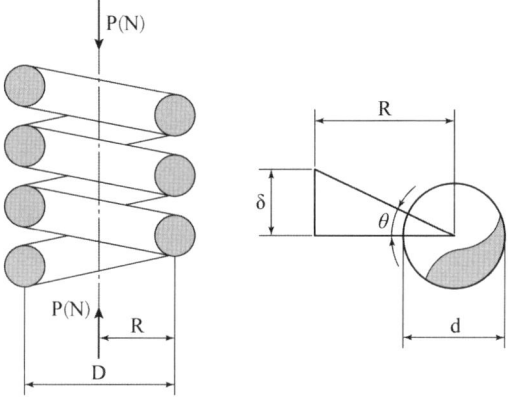

[그림 11-4] 원통형 코일 스프링

1. 스프링에 작용하는 전단응력

(1) 축방향 하중 P에 대한 직접 전단응력(τ_1)

$$\tau_1 = \frac{P}{A} = \frac{P}{\frac{\pi d^2}{4}} = \frac{4P}{\pi d^2}$$

(2) 비틀림에 의한 전단응력(τ_2)

$$\tau_2 = \frac{T}{Z_p} = \frac{PR}{\frac{\pi d^3}{16}} = \frac{16PR}{\pi d^3}$$

(3) 조합 전단응력(τ)

$$\tau = \tau_1 + \tau_2 = \frac{4P}{\pi d^2} + \frac{16PR}{\pi d^3} = \frac{16PR}{\pi d^3}\left(\frac{d}{4R}+1\right)$$

(4) 수정 최대 전단응력(τ_{max})

$$\tau_{max} = \frac{16PRK}{\pi d^3} = \frac{8PDK}{\pi d^3} \leq \tau_a$$

여기에서 K는 왈의 응력수정계수(wahl correction factor)이며 다음과 같다.

$$K = \frac{4C-1}{4C-4} + \frac{0.615}{C}, \quad C = \frac{D}{d}$$

여기에서 C는 스프링 지수를 의미하고 일반적으로 4~12 범위 내에 있다.

2. 스프링의 처짐량(δ)

(1) 스프링 소선의 유효길이 l과 코일의 유효감김수(유효권수) n과의 관계

$$l = \pi D n = 2\pi R n$$

여기에서 l은 소선의 유효길이, D, R은 각각 스프링의 평균지름과 반지름을, n은 스프링의 유효감김수(유효권수)를 의미한다.

(2) 스프링 소선의 비틀림각(θ)와 처짐량(호의 길이, δ)와의 관계

$$\delta = R\theta$$

(3) 비틀림모멘트를 받는 소선의 비틀림각(θ)

$$\theta = \frac{TL}{GI_p}$$

$$\delta = R\theta = R \times \frac{TL}{GI_p} = R \times \frac{PR \times 2\pi R n}{G \times \frac{\pi d^4}{32}}$$

$$\delta = \frac{64nPR^3}{Gd^4} = \frac{8nPD^3}{Gd^4}$$

여기에서 스프링 상수(k)는 다음과 같이 나타낼 수 있다.

$$k = \frac{P}{\delta} = \frac{Gd^4}{8nD^3}$$

3. 스프링의 총 감김수

$$n_t = n + (x_1 + x_2), \qquad n = n_t - (x_1 + x_2)$$

(1) n_t: 총 감김수 (전 감김수)

(2) n: 유효 감김수

(3) x_1, x_2: 무효 감김수

4. 압축 코일 스프링의 자유높이(H)

$$H = d(n+2) + \delta$$

(1) d: 소선지름

(2) δ: 스프링의 처짐량

(3) n: 유효감김수

7 판스프링의 설계

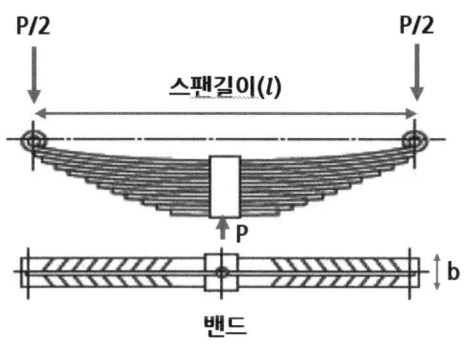

[그림 11-5] (겹판)스프링

판스프링에서는 밴드를 기준으로 판 스프링을 둘로 나누어 한쪽을 외팔보로 취급해서 해석한다. 밴드 중앙에 집중하중 P가 작용한다고 하면 걸이 부분에는 반력 P/2가 작용하고 외팔보의 길이는 l/2로 볼 수 있다.

1. 판스프링에 작용하는 응력(σ)

$$\sigma = \frac{6(P/2)(l/2)}{nbh^2} = \frac{3Pl}{2nbh^2}$$

여기에서 n은 스프링의 판 수이다.

2. 판스프링에 발생하는 처짐량(δ, 변형량)

$$\delta = \frac{6(P/2)(l/2)^3}{nbh^3 E} = \frac{3Pl^3}{8nbh^3 E}$$

연습문제   Chapter 11 스프링(spring)

어떤 겹판스프링의 허용굽힘응력이 343MPa이고, 종탄성계수는 210GPa, 판의 수는 8, 폭은 65m, 높이는 2.07mm이다. 그리고 어떤 코일스프링에 작용하는 인장하중이 2.94kN, 코일의 평균지름은 70mm, 스프링지수 5, 횡탄성계수 78.48GPa일 때, 다음을 구하시오. [4점]

(1) 겹판스프링의 변형량 δ[mm] (단, 스팬의 길이는 450mm이다.)

(2) 코일스프링의 처짐이 겹판스프링의 변형량과 같을 때 코일스프링의 유효권수 n [개]

(1) $P = \dfrac{2nbh^2\sigma_a}{3l} = \dfrac{2 \times 8 \times 65 \times 2.07^2 \times 343}{3 \times 45} = 1132.2\text{N}$

$\delta = \dfrac{3Pl^3}{8E_n bh^3} = \dfrac{3 \times 1132.23 \times 450^2}{8 \times 210 \times 10^3 \times 8 \times 65 \times 2.07^3} \cong 40\text{mm}$

(2) $\delta = \dfrac{64nPR^3}{Gd^4}$, $d = \dfrac{D}{C} = \dfrac{40}{5} = 14\text{mm}$

$40 = \dfrac{64 \times n \times 2.94 \times 10^3 \times (70/2)^3}{78.48 \times 10^3 \times 14^4}$

$n = 14.93 \cong 15$

pass.Hackers.com

Chapter 12 용접강도

1 용접의 특징

1. 용접의 장점과 단점

(1) 장점
① 이음효율이 높고 수밀성, 기밀성이 우수하다.
② 이음에 체결부품을 사용하지 않기 때문에 중량이 늘어나지 않는다.
③ 제품수명에 거의 영향을 주지 않는다.
④ 모재 두께에 거의 영향을 받지 않는다.
⑤ 작업공정 수가 적다.

(2) 단점
① 용접부의 품질검사가 어렵다(한정적이다).
② 작업부에 응력집중현상이 발생하고 잔류응력이 남는다.
③ 용접부에 열로 인한 변형이 발생한다.
④ 용접부를 수정하거나 분리하기 위해서는 다시 모재를 파괴해야 한다.
⑤ 모재의 재질에 많은 영향을 받는다.

2. 용접 이음부의 종류

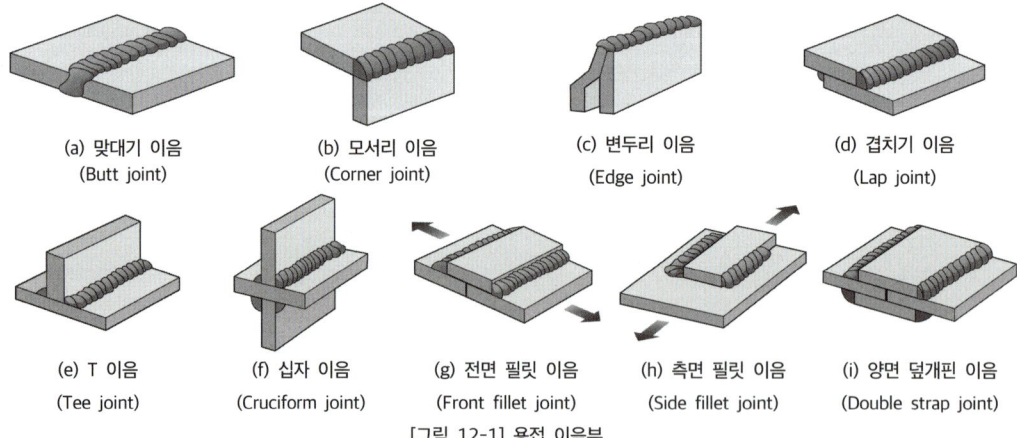

(a) 맞대기 이음 (Butt joint)
(b) 모서리 이음 (Corner joint)
(c) 변두리 이음 (Edge joint)
(d) 겹치기 이음 (Lap joint)
(e) T 이음 (Tee joint)
(f) 십자 이음 (Cruciform joint)
(g) 전면 필릿 이음 (Front fillet joint)
(h) 측면 필릿 이음 (Side fillet joint)
(i) 양면 덮개핀 이음 (Double strap joint)

[그림 12-1] 용접 이음부

2 맞대기 이음의 용접강도

1. 모재의 두께가 동일한 경우

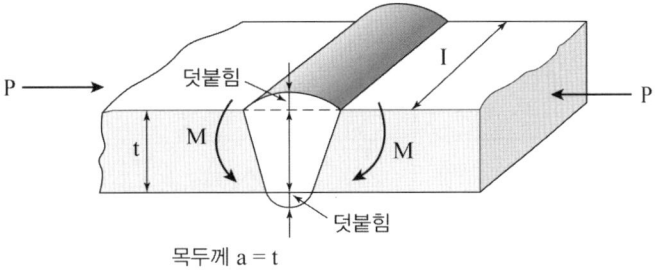

목두께 a = t

[그림 12-2] 동일 두께의 맞대기 용접

(1) 용접부에 작용하는 인장하중(P)

$$P = \sigma(al) = \sigma(tl)$$

(2) 용접부에 작용하는 굽힘모멘트

$$M = \sigma_b \; Z = \sigma_b \times \frac{la^2}{6} = \sigma_b \times \frac{lt^2}{6}$$

여기에서 σ_b는 굽힘응력이다.

2. 모재의 두께가 다른 경우

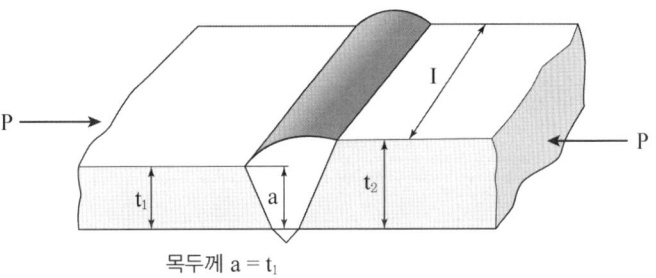

목두께 a = t_1

[그림 12-3] 두께가 서로 다른 맞대기 용접

모재의 두께가 서로 다른 경우에는 얇은 쪽을 기준으로 하중을 계산한다.

$$P = \sigma(al) = \sigma(t_1 l)$$

3 필릿 용접이음의 강도

1. 목두께(a)

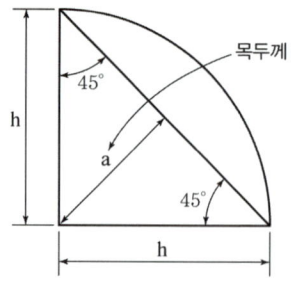

[그림 12-4] 용접사이즈와 목두께

$$a = h \times \cos 45° = 0.707h$$

여기에서 a는 용접목의 두께, h는 용접사이즈라 한다.

2. 측면 용접이음

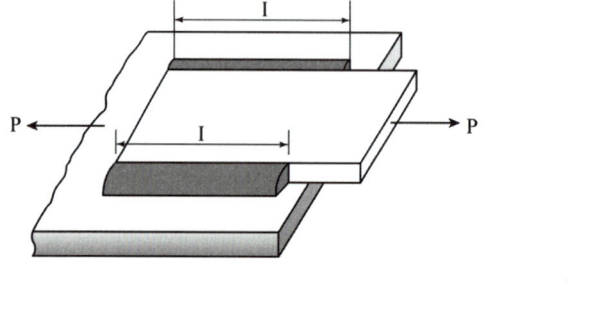
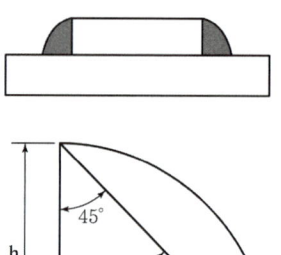

[그림 12-5] 측면 용접이음

용접부에는 전단응력이 발생하고 하중은 다음과 같다.

$$P = \tau A = \tau(2al) = \tau(2 \times h \times \cos 45° \times l) = 1.414 hl$$

3. 전면 용접이음

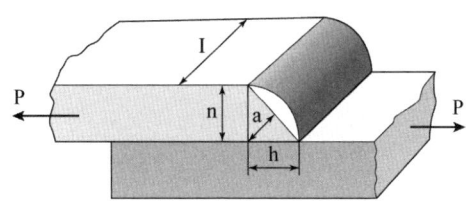

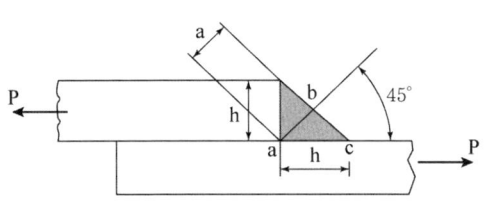
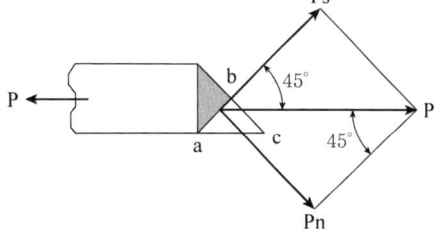

[그림 12-6] 전면 용접이음

(1) 발생하는 인장력과 전단력

① 인장력(P_n)

$$P_n = P \cdot \sin 45° = 0.707P$$

② 전단력(P_s)

$$P_s = P \cdot \cos 45° = 0.707P$$

(2) 인장응력과 전단응력

① 인장응력(σ_n)

$$\sigma_n = \frac{P_n}{A} = \frac{P_n}{al} = \frac{0.707P}{0.707hl} = \frac{P}{hl}$$

② 전단응력(τ)

$$\tau = \frac{P_s}{A} = \frac{P_s}{al} = \frac{0.707P}{0.707hl} = \frac{P}{hl}$$

4. 축선이 편심되어 있는 인장부재의 필릿 용접이음

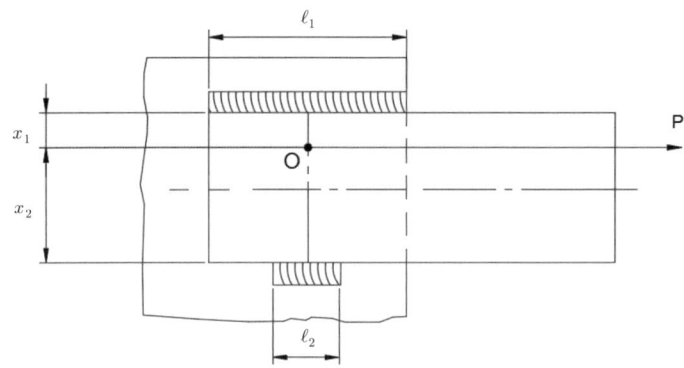

[그림 12-7] 편심이 되어 있는 인장부재

인장하중 P에 의한 용접부의 허용전단응력을 τ_a라 하면 하중과 용접길이(l)는 다음과 같이 구할 수 있다.

$$P_1 = \tau_a(al_1), \quad P_2 = \tau_a(al_2), \quad l = l_1 + l_2$$
$$P = P_1 + P_2 = \tau_a(al_1) + \tau_a(al_2) = \tau_a a(l_1 + l_2)$$

또한 용접부에 모멘트의 평형 방정식을 적용하면 길이 l_1, l_2를 구할 수 있다.

$$P_1 x_1 = P_2 x_2$$
$$\tau_a a l_1 x_1 = \tau_a a l_2 x_2, \quad l_1 x_1 = l_2 x_2$$
$$l_1 = \frac{l x_2}{x}, \; l_2 = \frac{l x_1}{x}$$

5. 편심하중을 받는 필릿 용접이음

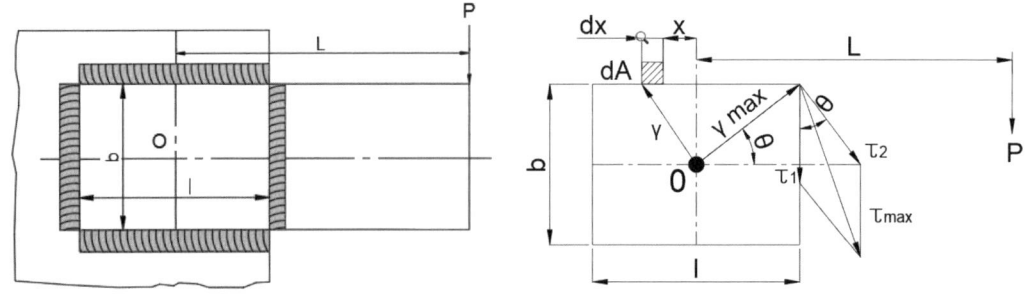

[그림 12-8] 편심하중을 받는 필릿 용접이음

(1) 편심하중에 의한 전단력

$$\tau_1 = \frac{P}{A} = \frac{P}{2ab + 2al} = \frac{P}{2a(b+l)}$$

(2) 비틀림모멘트에 의한 전단응력

$$\tau_2 = PL \times \frac{r_{max}}{I_p}$$

(3) 용접부 단면의 극단면 2차 모멘트

용접이음의 형태에 따라 용접단면에 대한 2차 모멘트는 다음과 같이 달라진다.

① 상, 하 2면 용접이음의 경우

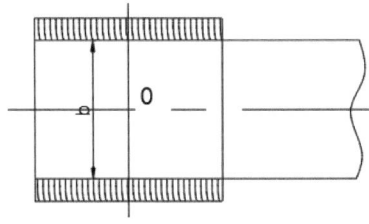

$$I_p = \frac{l(3b^2 + l^2)}{6} \times a$$

② 좌, 우 2면 용접이음의 경우

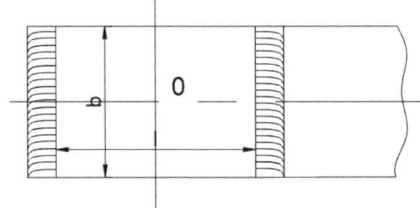

$$I_p = \frac{l(3l^2 + b^2)}{6} \times a$$

③ 4면 용접이음

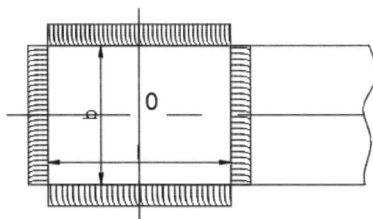

$$I_p = \frac{(b+l)^3}{6} \times a$$

(4) 합성전단응력(최대전단응력)

$$\tau_{max} = \sqrt{\tau_1^2 + \tau_2^2 + 2\tau_1\tau_2\cos\theta}$$

여기에서 $\cos\theta = \dfrac{\left(\dfrac{l}{2}\right)}{r_{max}}$ 이다.

6. 원형 단면의 필릿 용접이음

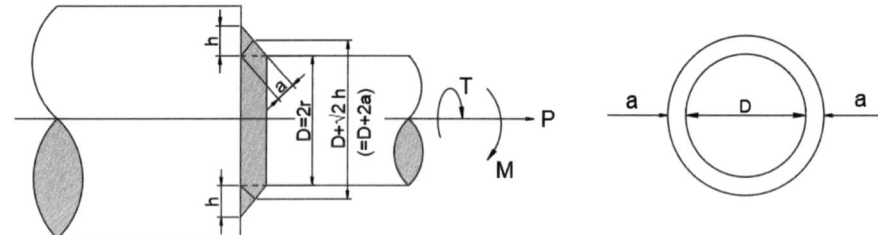

[그림 12-9] 원형 단면의 필릿 용접이음

(1) 인장하중(P)이 작용하는 경우

$$P = \sigma A = \sigma \times \frac{\pi}{4}\left((D+\sqrt{2}h)^2 - D^2\right)$$

(2) 굽힘모멘트(M)가 작용하는 경우

$$M = \sigma_b \times Z = \sigma_b \times \frac{I}{y_{max}}, \quad I = \frac{\pi}{64}\left((D+\sqrt{2}h)^4 - D^4\right), \quad y_{max} = \frac{D+\sqrt{2}h}{2}$$

$$M = \sigma_b \times \frac{\pi}{64}\left((D+\sqrt{2}h)^4 - D^4\right) \times \frac{2}{D+\sqrt{2}h}$$

(3) 비틀림모멘트(T)가 작용하는 경우

$$T = \tau \times Z_p = \tau \times \frac{I_p}{y_{max}}, \quad I_p = \frac{\pi}{32}\left((D+\sqrt{2}h)^4 - D^4\right), \quad y_{max} = \frac{D+\sqrt{2}h}{2}$$

$$T = \tau \times \frac{\pi}{32}\left((D+\sqrt{2}h)^4 - D^4\right) \times \frac{2}{D+\sqrt{2}h}$$

7. T형 용접이음

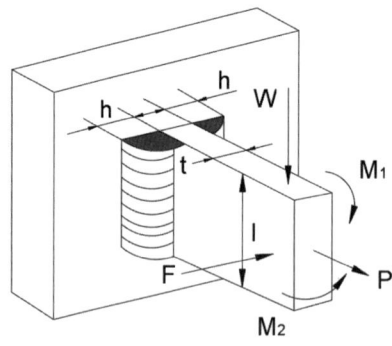

[그림 12-10] T형 용접이음

(1) 인장하중에 의한 인장응력

$$\sigma = \frac{P}{A} = \frac{P}{2al} = \frac{P}{2 \times 0.707hl} = \frac{P}{1.414hl}$$

(2) 전단하중에 의한 전단응력

여기에서 용접선 방향의 전단하중을 (W), 용접선에 수직한 방향의 전단하중을 (F)로 하면,

$$\tau = \frac{W(\text{or } F)}{A} = \frac{W(\text{or } F)}{2al} = \frac{W(\text{or } F)}{2 \times 0.070hl} = \frac{W(\text{or } F)}{1.414hl}$$

(3) W에 의한 굽힘모멘트(M_1)

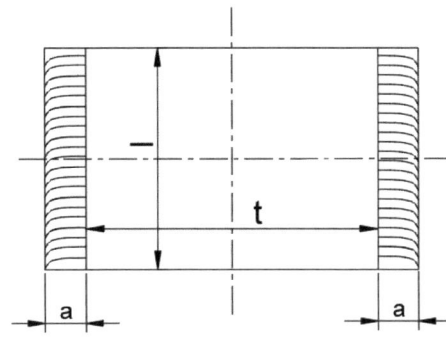

$$M_1 = \sigma_b Z_1 = \sigma_b \times \frac{0.707hl^2}{3}$$

여기에서 단면계수(Z_1)는 다음과 같다.

$$Z_1 = \frac{al^2}{6} \times 2 = \frac{al^2}{3} = \frac{0.707hl^2}{3}$$

(4) F에 의한 굽힘모멘트(M_2)

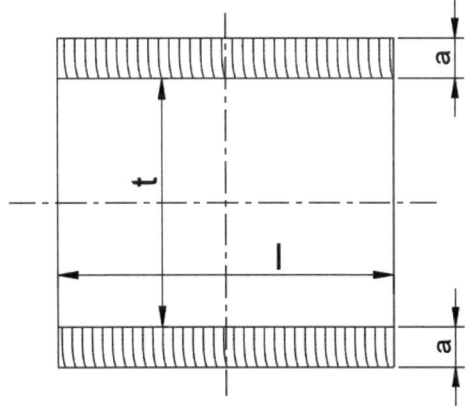

$$M_2 = \sigma_b Z = \sigma_b \times \frac{l}{6} \frac{((2a+t)3 - t3)}{(2a+t)}$$

여기에서 단면계수(Z)는 다음과 같다.

$$Z = \frac{I}{y} = \frac{\frac{l(2a+t)3}{2} - \frac{lt3}{12}}{a + \frac{t}{2}} = \frac{l}{6} \frac{((2a+t)3 - t3)}{(2a+t)}$$

연습문제

Chapter 12 용접강도

01
그림과 같은 필릿용접이음에서 허용전단응력이 50MPa일 때 하중 W[N]을 구하시오. (단, 용접사이즈 f는 14mm이다.)

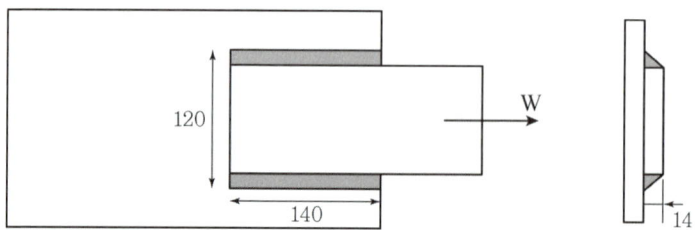

$W = \tau \cdot (2t \cdot l)$
$= 50 \times 2 \times 14 \times \cos 45° \times 140 = 138,592.93\text{N}$

02

그림과 같은 편심하중을 받는 필렛용접이음에서 편심하중 20kN, 각목 7mm일 때 용접부 A에 대하여 다음을 구하시오. [6점] (단, 용접부의 목두께 당 극단면 2차모멘트 $I_0 = 2.855 \times 10^6 \text{mm}^3$이다.)

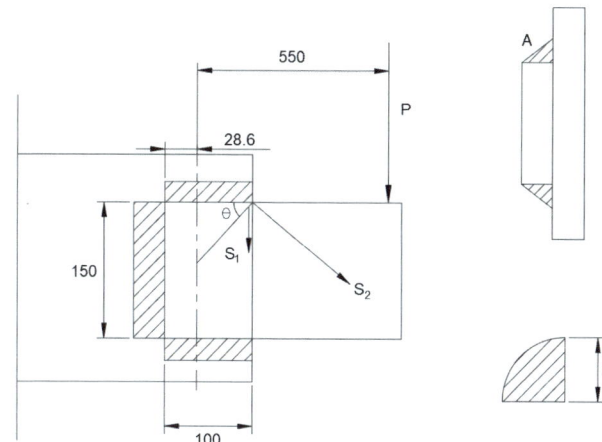

(1) 직접 전단응력 $S_1 [\text{N/mm}^2]$

(2) 비틀림 전단응력 $S_2 [\text{N/mm}^2]$

(3) 최대전단응력 $S [\text{N/mm}^2]$

---

(1) $S_1 = \dfrac{P}{(2a+b) \times t} = \dfrac{20 \times 10^3}{(2 \times 100 \times 150) \times 7} = 8.16 rn \text{N}/mm^2$

(2) $S_2 = \dfrac{T \times r}{t I_0} = \dfrac{20000 \times 550 \times \sqrt{(75^2 + 71.4^2)}}{7 \times 2.885 \times 10^6} = 56.4 \text{N/mm}^2$

(3) $S = \sqrt{S_1^2 + S_2^2 + 2 S_1 S_2 \cos\theta}$

$\cos\theta = \dfrac{71.4}{\sqrt{75^2 + 71.4^2}} = 0.69$

$S = \sqrt{8.16^2 + 56.4^2 + 2 \times 8.16 \times 56.4 \times 0.69} = 62.31 \text{N/mm}^2$

해커스자격증
pass.Hackers.com

해커스 **일반기계기사 실기 필답형** 한권완성 기본이론 + 기출문제

기출문제

2024년 기출문제
2023년 기출문제
2022년 기출문제
2021년 기출문제
2020년 기출문제
2019년 기출문제
2018년 기출문제
2017년 기출문제

2024년 기출문제

제1회

01 300rpm으로 회전하면서 14.7kW을 전달하는 전동축이 있다. 묻힘키의 크기는 b×h=6×6이고 축의 허용전단응력은 80MPa, 허용압축응력은 100MPa이다. 키홈이 없을 때 축의 지름은 40mm이고 허용전단응력은 60MPa이라고 할 때, 다음을 구하시오.(단, 키홈이 있는 축과 키홈이 없는 축의 탄성한도에 대한 비틀림 강도의 비는 $\beta = 1 + 0.2\left(\dfrac{b}{d_0}\right) + 1.1\left(\dfrac{t}{d_0}\right)$으로 하고 키홈을 고려한 축의 지름은 $d_1 = \beta \cdot d_0$으로 한다.)

(1) 축 토크 T[N·m]

(2) 키의 길이 l[mm]을 [표]에서 선택하라.

[키의 표준길이 : l]

6	8	10	12	14	16	18	20	22	25	28
32	36	40	45	50	56	63	70	80	90	100
110	125	140	160	180	200					

(3) 키의 묻힘을 고려했을 때 축의 안전성을 평가하시오. (단, 묻힘깊이는 $t = \dfrac{h}{2}$이다.)

 정답분석

(1) $H = T\omega$, $T = \dfrac{H}{\omega} = \dfrac{14.6 \times 10^3}{\left(\dfrac{2\pi \times 300}{60}\right)} = 467.92 \,[\text{N} \cdot \text{m}]$

(2) 키에 작용하는 전단응력을 τ_k, 압축응력을 σ_k라 하면,

  1) 키의 전단응력을 기준

  $T = \tau_k A_1 \times \dfrac{d_0}{2} = \tau_k b l \times \dfrac{d_0}{2}$,

  $l = \dfrac{2T}{\tau_k b d_0} = \dfrac{2 \times 467.92 \times 10^3}{80 \times 6 \times 40} = 48.74\,[\text{mm}]$

  2) 키의 압축응력을 기준

  $T = \sigma_k A_2 \times \dfrac{d_0}{2} = \sigma_k \dfrac{h}{2} l \times \dfrac{d_0}{2}$

  $l = \dfrac{4T}{\sigma_k h d_0} = \dfrac{4 \times 467.92 \times 10^3}{100 \times 6 \times 40} = 77.99\,[\text{mm}]$

위에서 안전을 고려한 길이의 길이는 77.99 mm이므로 [표]에서 80mm를 선택한다.

(3) $d_1 = \beta d_0 = \left(1 + 0.2\dfrac{b}{d_0} + 1.1 \times \dfrac{t}{d_0}\right) d_0$

  $= \left(1 + 0.2\dfrac{6}{40} + 1.1 \times \dfrac{3}{40}\right) \times 40 = 44.5\,\text{mm}$

$T = \tau Z_P = \tau \times \dfrac{\pi d_1^3}{16}$,

$\tau = \dfrac{16T}{\pi d_1^3} = \dfrac{16 \times 467.92 \times 10^3}{\pi \times 44.5^3} = 27.04\,\text{Mpa} < 60\,\text{MPa}\,(=\tau_a)$

계산한 값이 허용전단응력보다 작으므로 이 설계는 안전하다.

02 20mm 두께의 강판이 그림과 같이 용접사이즈(h) 8mm로 필릿용접되어 하중을 받고 있다. 용접부 허용 전단응력을 140 MPa이라고 할 때, 허용하중 F[N]을 구하시오. (단, b=d=50mm, a=150mm이고 용접부 단면의 극단면모멘트는 $I_P = 0.707h \times \dfrac{(3d^2+b^2)b}{6}$ 으로 한다.)

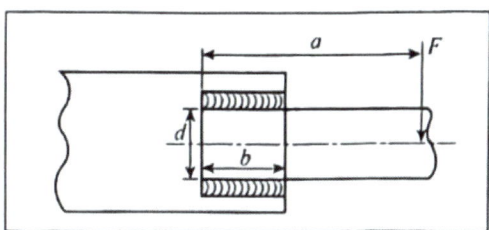

정답분석

F에 의한 전단응력은 작용하중과 굽힘모멘트를 필릿부의 중심으로 이동한 후 직접전단응력(τ_1)과 굽힘모멘트에 의한 굽힘에 의한 전단응력(τ_2)으로 구분해서 적용한다.

(1) 직접전단응력(τ_1)

(목두께)$t = h\cos 45° = 0.707h$,

$\tau_1 = \dfrac{F}{A} = \dfrac{F}{2bt} = \dfrac{F}{2 \times 50 \times 0.707 \times 8} \times 10^6 = 1768.03F \ [\mathrm{Pa}]$

(2) 굽힘모멘트(M)에 의한 굽힘전단응력 (τ_2)

$\tau_{\max} = \sqrt{\left(\dfrac{b}{2}\right)^2 + \left(\dfrac{b}{2}\right)^2} = \sqrt{25^2 + 25^2}$ 이며,

$\tau_2 = \dfrac{T\gamma_{\max}}{I_P}, \ \tau_2 = \dfrac{F\left(a-\dfrac{b}{2}\right)\gamma_{\max}}{I_P} = \dfrac{F\left(150-\dfrac{50}{2}\right)\gamma_{\max}}{I_P}$

$= \dfrac{125 \times F \times \sqrt{25^2 + 25^2}}{0.707 \times 8 \times \dfrac{(3 \times 50^2 + 50^2) \times 50}{6}} \times 10^6 = 9376.42F \ [\mathrm{Pa}]$

(3) 허용하중(F)

용접부 허용 전단응력은 140MPa이므로

$\tau_a = \sqrt{\tau_1^2 + \tau_2^2 + 2\tau_1\tau_2\cos\theta}$
$= \sqrt{(1768.03F)^2 + (9376.42F)^2 + 2 \times 1768.03F \times 9376.42F \times \cos 45°}$
$= 10699.89F$

$140 \times 10^6 = 10699.89F, \ F = \dfrac{140 \times 10^6}{10699.89} = 13084.25 [\mathrm{N}]$

03 축 지름이 40mm, 총 길이를 900mm, 축에 매달린 디스크의 무게를 30kg, 축을 지지하는 스프링의 스프링 상수를 $k = 70 \times 10^6 \text{N/m}$이라 할 때, 다음을 구하시오. (단, 축의 세로탄성계수는 206GPa로 한다.)

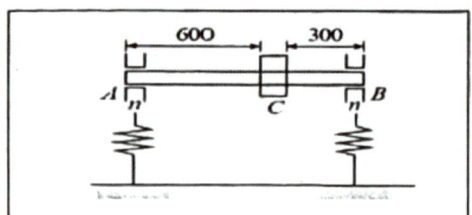

(1) 축의 처짐 $\delta[\mu m]$

(2) 축의 자중을 무시할 때 구한 처짐에 의한 위험속도 $N_{cr}[\text{rpm}]$

[정답분석]

(1) 1) 양 끝단의 처짐량

$$\delta_A = \frac{R_A}{k} = \frac{1}{k} \times \frac{W \times b}{l} = \frac{1}{70 \times 10^6} \times \frac{30 \times 9.8 \times 0.3}{0.9} = 1.4 \times 10^{-6}[\text{m}]$$

$$\delta_B = \frac{R_B}{k} = \frac{1}{k} \times \frac{W \times a}{l} = \frac{1}{70 \times 10^6} \times \frac{30 \times 9.8 \times 0.6}{0.9} = 2.8 \times 10^{-6}[\text{m}]$$

디스크 위치(C점)에서 스프링 처짐량은 비례관계식을 이용한다.

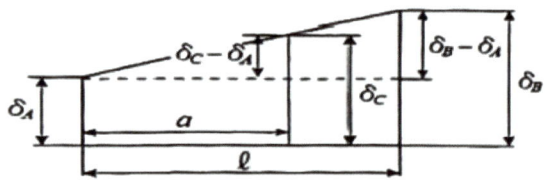

$a : (\delta_C - \delta_A) = l : (\delta_B - \delta_A)$,

$$\delta_C = \delta_A + \frac{a(\delta_B - \delta_A)}{l} = (1.4 \times 10^{-6}) + \frac{0.6 \times (2.8 - 1.4) \times 10^{-6}}{0.9}$$
$$= 2.33 \times 10^{-6}[\text{m}]$$

2) C점에서 디스크 무게에 의한 스프링의 처짐량

$$\delta_d = \frac{W a^2 b^2}{3EI(a+b)} = \frac{(30 \times 9.8) \times 0.6^2 \times 0.3^2}{3 \times 206 \times 10^9 \times \frac{\pi \times 0.04^4}{64} \times (0.6 + 0.3)} = 1.36 \times 10^{-4}[\text{m}]$$

3) C점에서의 전체 처짐량

$$\delta = \delta_C + \delta_d = 2.33 \times 10^{-6} + 1.36 \times 10^{-4} = 1.3833 \times 10^{-4}[\text{m}] = 138.33[\mu m]$$

(2) $N_{cr} = \frac{30}{\pi} \sqrt{\frac{g}{\delta}} = \frac{30}{\pi} \sqrt{\frac{9.8}{1.3833 \times 10^{-4}}} = 2541.71[\text{rpm}]$

04

중심거리가 500mm인 외접원통마찰차에서 원동차는 500rpm, 종동차는 300rpm으로 회전하고 있다. 마찰차를 밀어붙이는 힘을 2.1kN이라고 할 때, 다음을 구하시오. (단, 마찰계수는 $\mu = 0.3$으로 한다.)

(1) 원동차와 종동차의 지름 D_1, D_2

(2) 전달동력 $H[\text{kW}]$

정답분석

(1) (속도비) $\varepsilon = \dfrac{N_2}{N_1} = \dfrac{D_1}{D_2}$, $N_1 D_1 = N_2 D_2$, $500 \times D_1 = 300 \times D_2$, $D_2 = \dfrac{5}{3} D_1$

(중심거리) $C = 500 = \dfrac{D_1 + D_2}{2} = \dfrac{D_1 + \dfrac{5}{3} D_1}{2}$

$\dfrac{8}{3} D_1 = 1000$, $D_1 = 375 [\text{mm}]$, $D_2 = \dfrac{5}{3} D_1 = \dfrac{5}{3} \times 375 = 625 [\text{mm}]$

(2) (회전속도) $v = \dfrac{\pi D_1 N_1}{60 \times 1000} = \dfrac{\pi \times 375 \times 500}{60 \times 1000} = 9.82 [\text{m/s}]$

$H_{(kW)} = \mu P v = 0.2 \times 2.1 \times 9.82 = 6.2 [\text{kW}]$

05

480rpm으로 회전하는 표준스퍼기어에서 모듈이 4, 잇수가 60, 치폭이 50mm일 때, 다음을 구하시오. (단, 기어의 굽힘강도는 160MPa으로 하고 치형계수는 π를 포함하는 값으로 0.362를 적용한다)

(1) 기어의 회전속도 $v[\text{m/sec}]$

(2) 루이스 굽힘강도에 의한 전달하중 $F[\text{N}]$

정답분석

(1) $v = \dfrac{\pi D N}{60 \times 1000} = \dfrac{\pi m Z N}{60 \times 1000} = \dfrac{\pi \times 4 \times 60 \times 480}{60 \times 1000} = 6.03 [\text{m/s}]$

(2) (속도계수) $f_v = \dfrac{3.05}{3.05 + v} = \dfrac{3.05}{3.05 + 6.03} = 0.3359$

(전달하중) $F = \sigma_b b p y = f_v f_w \sigma_b b \pi m y = f_v f_w \sigma_b b m Y$
$= 0.3359 \times 160 \times 50 \times 4 \times 0.362 = 3891.07 [\text{N}]$

위에서 하중계수는 무시한다.

06 400rpm으로 회전하면서 7.5kW의 동력을 전달하는 평벨트 전동장치가 있다. 접촉각이 180°인 평행 걸기로 연결되어 있고 풀리의 직경은 450 mm, 벨트의 나비 50mm, 두께 4mm, 장력비가 2.36일 때, 다음을 구하시오.(단, 벨트의 이음효율은 80%이고 벨트의 굽힘에 대한 보정계수 K = 0.9로 한다.)

(1) 벨트의 긴장측장력 T_t [kN]

(2) 벨트의 굽힘응력을 고려하는 최대 인장응력 σ_{max} [MPa]

(단, 벨트의 종탄성계수 E=215MPa이다.)

정답분석

(1) $v = \dfrac{\pi DN}{6 \times 1000} = \dfrac{\pi \times 450 \times 400}{60 \times 1000} = 9.42 \text{[m/s]}$

(장력비) $e^{\mu\theta} = \dfrac{T_t}{T_s} = 2.36$

$H = T_t \left(\dfrac{e^{\mu\theta} - 1}{e^{\mu\theta}} \right) v$

$T_t = \dfrac{H}{\left(\dfrac{e^{\mu\theta} - 1}{e^{\mu\theta}} \right) v} = \dfrac{7.5}{\left(\dfrac{2.36 - 1}{2.36} \right) \times 9.42} = 1.38 \text{[kN]}$

(2) 1) 벨트장력에 의한 굽힘응력

$\sigma_t = \dfrac{T_t}{bt\eta} = \dfrac{1.38 \times 10^3}{50 \times 4 \times 0.8} = 8.625 \text{[MPa]}$

2) 벨트강성에 의한 굽힘응력

$\sigma_b = E\varepsilon = K_1 \dfrac{E_t}{D} = 0.9 \times \dfrac{215 \times 4}{450} = 1.72 \text{[MPa]}$

3) 최대(인장)응력

$\sigma_{max} = \sigma_t + \sigma_b = 8.625 + 1.72 = 10.35 \text{[MPa]}$

07 브레이크 드럼의 회전수 180rpm이고 12kW를 제동하고자 하는 단동식 밴드 브레이크가 있다. 브레이크 드럼의 직경이 350mm이고 밴드의 접촉각이 220°, 마찰계수가 0.25, 밴드의 허용인장응력은 50MPa일 때, 다음을 구하시오.(단, 밴드두께는 t=3mm으로 한다.)

(1) 브레이크 제동력 Q[N]

(2) 긴장측 장력 T_t [N]

(3) 밴드의 최소폭 b[mm] (단, 밴드의 이음효율은 고려하지 않는 것으로 한다)

정답분석

(1) $v = \dfrac{\pi DN}{60 \times 1000} = \dfrac{\pi \times 450 \times 180}{60 \times 1000} = 3.3 \text{[m/s]}$

$H = Qv$, (제동력) $Q = \dfrac{H}{v} = \dfrac{12 \times 10^3}{3.3} = 3636.36 \text{[N]}$

(2) (장력비) $e^{\mu\theta} = e^{0.25 \times 220° \times \frac{\pi}{180}} = 2.61$

$T_t = \dfrac{e^{\mu\theta}}{e^{\mu\theta} - 1} Q = \dfrac{2.61}{2.61 - 1} \times 3636.36 = 5894.97 \text{[N]}$

(3) $\sigma_b = \dfrac{T_t}{bt}$, $b = \dfrac{T_t}{\sigma_b t} = \dfrac{5894.97}{50 \times 3} = 39.3 \text{[mm]}$

08

그림과 같은 원통형 코일스프링이 압축하중을 받고 있다. 압축하중이 P = 150N, 변형량이 δ = 8mm, 소선 지름 d = 6mm, 스프링지름은 D = 48mm, 전단탄성 계수는 G = 8.2 × 10⁴MPa일 때, 유효감김수 n 및 전단응력 τ를 구하시오. [단, (왈의)응력수정계수는 $K = \dfrac{4C-1}{4C-4} + \dfrac{0.615}{C}$, $C = \dfrac{D}{d}$으로 한다]

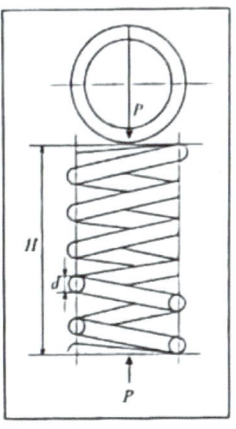

(1) 유효감김수 n

(2) 전단응력 MPa

정답분석

(1) $\delta = \dfrac{8nD^3W}{Gd^4} = \dfrac{8nD^3P}{Gd^4}$,

$n = \dfrac{Gd^4\delta}{8D^3P} = \dfrac{8.2 \times 10^4 \times 6^4 \times 8}{8 \times 48^3 \times 150} = 6.4 \approx$ (유효감김수)n=7

(2) (스프링지수) $C = \dfrac{D}{d} = \dfrac{48}{6} = 8$

(응력수정계수) $K = \dfrac{4C-1}{4C-4} + \dfrac{0.615}{C} = \dfrac{4 \times 8 - 1}{4 \times 8 - 4} + \dfrac{0.615}{8} = 1.18$

$T = \tau_a Z_p = P\dfrac{D}{2}$,

$\tau_{\max} = K\dfrac{PD}{2Z_p} = K\dfrac{PD}{2 \times \dfrac{\pi d^3}{16}} = K\dfrac{8PD}{\pi d^3}$

$= 1.18 \times \dfrac{8 \times 150 \times 48}{\pi \times 6^3} = 106.16 \text{N/mm}^2$

$= 106.16 \times 10^6 \text{N/m}^2 = 106.16 [\text{MPa}]$

09

8개의 볼트로 체결되어 있는 실린더 커버의 안지름이 400mm이고 작용하는 내압이 0.65MP, 볼트의 허용인장응력이 50MPa이라 할 때, 다음을 구하시오.

호칭	M10	M11	M12	M14	M16	M18	M20
골지름	8.316	9.376	10.106	11.835	13.835	15.294	17.294

(1) 1개의 볼트에 작용하는 하중 Q[kN]
(2) [표]에서 볼트의 규격을 정하시오.

정답 분석

(1) $Q = \dfrac{pA}{Z} = \dfrac{0.65 \times 10^6 \times \dfrac{\pi \times 0.4^2}{4}}{8} = 10120.18\text{N} = 10.21\text{kN}$

(2) $\sigma_a = \dfrac{Q}{A} = \dfrac{4Q}{\pi d^2}$

$d = \sqrt{\dfrac{4Q}{\pi \sigma_a}} = \sqrt{\dfrac{4 \times 10.21 \times 10^3}{\pi \times 50 \times 10^6}} = 0.01612[\text{m}] = 16.12[\text{mm}]$

여기에서 d는 골지름이므로 이보다 큰 M20을 선택한다.

10

300rpm으로 회전하면서 70kW의 동력을 전달하는 축이 있다. 이 축(shaft)의 허용전단응력이 $\tau_a = 30\text{N/mm}^2$이고 묻힘키의 높이(h)와 폭(b)가 동일하다고 할 때, 다음을 구하시오. (단, 묻힘키에 발생하는 전단응력과 압축응력은 동일하고, 키의 길이(l)는 축 지름의 1.5배로 한다)

(1) 축 지름 $d[\text{mm}]$
(2) 묻힘키의 크기 $b \times h \times l[\text{mm}]$

정답 분석

(1) $H = T\omega$, $T = \dfrac{H}{\omega} = \dfrac{70 \times 10^3}{\left(\dfrac{2\pi \times 300}{60}\right)} = 2228.17[\text{N} \cdot \text{m}]$

$T = \tau_a Z_P = \tau_a \times \dfrac{\pi d^3}{16}$

$d = \sqrt[3]{\dfrac{16T}{\pi \tau_s}} = \sqrt[3]{\dfrac{16 \times 2228.17}{\pi \times 30} \times 10^3} = 72.32[\text{mm}]$

(2) $\tau = \dfrac{2T}{bld} = \dfrac{2T}{b(1.5d)d}$,

$b = \dfrac{2T}{\tau 1.5d^2} = \dfrac{2 \times 2228.17}{30 \times 1.5 \times 72.32^2} \times 10^3 = 18.93[\text{mm}]$

- $h = b = 18.93[\text{mm}]$,
- $l = 1.5d = 1.5 \times 72.32 = 108.48[\text{mm}]$
- $b \times h \times l = 18.93 \times 18.93 \times 108.48[\text{mm}]$

제 2 회

01 5.88kW의 동력을 전달하는 V-홈 마찰차의 축간거리가 C=450mm이고 원동축이 450rpm, 종동축이 150rpm으로 회전하고 있다. V-홈의 각이 40°, 허용접촉선압력이 38N/mm, 마찰계수를 0.3이라 할 때, 다음을 구하시오.

(1) V-홈 마찰차를 미는 힘 $W[\text{N}]$

(2) V-홈의 갯수 Z (단, $h = 0.3\sqrt{\mu' \cdot W}$)

정답분석

(1) $\varepsilon = \dfrac{N_2}{N_1} = \dfrac{D_1}{D_2}$, $N_1 D_1 = N_2 D_2$, $400 \times D_1 = 150 \times D_2$

$D_2 = \dfrac{8}{3} D_1$

(축간거리) $C = 450 = \dfrac{D_1 + D_2}{2}$,

$D_1 + D_2 = 2 \times 450 = 900\,\text{mm}$, $D_1 + \dfrac{8}{3} D_1 = 900$

$D_1 = \dfrac{900}{\left(1 + \dfrac{8}{3}\right)} = 245.45\,[\text{mm}]$

$v = \dfrac{\pi D_1 N_1}{60 \times 1000} = \dfrac{\pi \times 245.45 \times 400}{60 \times 1000} = 5.14\,\text{m/s}$

(상당마찰계수) $\mu' = \dfrac{\mu}{\sin\alpha + \mu\cos\alpha} = \dfrac{0.3}{\sin 20° + 0.3\cos 20°} = 0.481$

$H' = \mu' W v$,

$W = \dfrac{H'}{\mu' v} = \dfrac{5.88 \times 10^3}{0.481 \times 5.14} = 2378.31\,[\text{N}]$

(2) $h = 0.3\sqrt{\mu' \cdot W} = 0.3\sqrt{0.481 \times 2378.31} = 10.15\,\text{mm}$

$\mu Q = \mu' W$, (수직력) $Q = \dfrac{\mu' W}{\mu}$

(허용접촉선압력) $f = \dfrac{Q}{l} \cong \dfrac{Q}{2h \cdot Z}$,

$Z = \dfrac{Q}{2h \cdot f} = \dfrac{\mu' W}{2h \cdot f \mu}$

$= \dfrac{0.481 \times 2378.31}{2 \times 10.15 \times 38 \times 0.3} = 4.94 ≒ 5개$

02 다음과 같은 조건을 갖는 스퍼기어에서 전달동력을 계산하시오. ($\alpha = 20°$) (단, 이의 폭은 $b = 10m$로 한다.)

모듈	잇수		회전수	허용 굽힘강도	치형계수	하중계수	접촉 응력계수
$m = 4$	$Z_1 = 40$	$Z_2 = 60$	$N_1 = 500$rpm	90MPa	$y = 0.154 - \dfrac{0.912}{Z_1}$	0.8	0.53MPa

(1) 굽힘강도만을 고려한 경우 전달동력 H_b [kW]

(2) 면압강도만을 고려한 경우 전달동력 H_s [kW]

정답분석

(1) $v = \dfrac{\pi D_1 N_1}{60 \times 1000} = \dfrac{\pi m Z_1 N_1}{60 \times 1000} = \dfrac{\pi \times 4 \times 40 \times 500}{60 \times 1000} = 4.19 \text{m/s}$

(속도계수) $f_v = \dfrac{3.05}{3.05 + v} = \dfrac{3.05}{3.05 + 4.19} = 0.421$

(치형계수) $y = 0.154 - \dfrac{0.912}{Z_1} = 0.154 - \dfrac{0.912}{40} = 0.1312$

(하중계수) $f_w = 0.8$

$F = \sigma_b b_P y = f_v f_w \sigma_b b \pi m y$
$\quad = 0.421 \times 0.8 \times 90 \times 10 \times 4 \times \pi \times 4 \times 0.1312 = 1999.03 \text{N}$

$H_b = Fv = 1999.03 \times 4.19 \times 10^{-3} = 8.38 \text{[kW]}$

(2) $W = f_v K b m \left(\dfrac{2 Z_1 Z_2}{Z_1 + Z_2} \right)$
$\quad = 0.421 \times 0.53 \times 4 \times 10 \times 4 \times \left(\dfrac{2 \times 40 \times 60}{40 + 60} \right) = 1713.64 \text{N}$

$H_s = Wv = 1713.64 \times 4.19 \times 10^{-3} = 7.18 \text{[kN]}$

03 그림과 같은 측면 필렛용접 이음에서 허용전단응력이 40N/mm²일 때, 하중 W [kN]를 구하시오. (단, 판재의 두께는 12mm로 한다.)

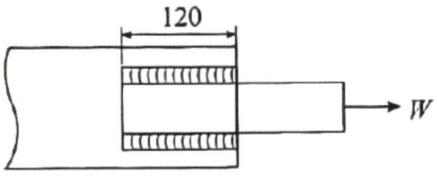

정답분석

$W = \tau_a A = \tau_a (2 a l) = \tau_a (2 h \cos 45° l) = 40 \times (2 \times 12 \cos 45° \times 120)$
$\quad = 81458.7 N \cong 81.46 \text{[kN]}$

04

V벨트 전동장치에 의해 3000rpm으로 회전하는 원동축이 1800rpm으로 회전하는 종동축에 동력을 전달하고 있다. 원동풀리의 지름이 120mm, 축간거리는 375mm이고 벨트와 풀리의 마찰계수는 0.3, 벨트의 길이당 무게는 1.64N/m, 허용장력은 240N, 벨트 가닥수는 2개, 접촉각수정계수 $k_1 = 0.98$, 부하수정계수 $k_2 = 0.7$이라고 할 때, 아래의 [표]를 이용하여 다음을 구하시오.

전달동력[kW]	V벨트의 속도		
	10 이하	10~17	17 이상
1.5 이하	A	A	A
1.5~3.5	B	B	A, B
3.5~7.4	B, C	B	B
7.4~18.4	C	B, C	B, C
18.4~36	C, D	C	C
36~73	D	C, D	C, D
73~110	E	D	D
110 이상	E	E	E

※ 표2 - V벨트의 강도와 치수

형별	a[mm]	b[mm]	A(단면적) [mm2]	2a
A	12.5	9.0	83.0	40°
B	16.5	11.0	137.5	40°
C	22.0	14.0	236.7	40°
D	31.5	19.0	467.1	40°
E	38.0	25.5	732.3	40°

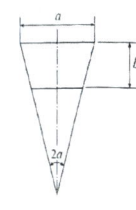

(1) 접촉각 θ
(2) 전달동력 $H[\text{kW}]$
(3) 벨트의 폭 $a[\text{mm}]$

정답분석

(1) $\varepsilon = \dfrac{N_2}{N_1} = \dfrac{D_1}{D_2}$, $D_2 = D_1 \times \dfrac{N_1}{N_2} = 120 \times \dfrac{3000}{1800} = 200\,\text{mm}$

$\theta = 180° - 2\phi = 180° - 2\sin^{-1}\left(\dfrac{D_2 - D_1}{2C}\right)$

$= 180° - 2\sin^{-1}\left(\dfrac{200 - 120}{2 \times 375}\right) = 167.75°$

(2) $v = \dfrac{\pi D_1 N_1}{60 \times 1000} = \dfrac{\pi \times 120 \times 3000}{60 \times 1000} = 18.85\,\text{m/s}$

벨트의 원주속도가 $10\,m/s$ 이상이므로 관성에 의한 부가장력을 고려해야 한다.

(부가장력) $T_g = ma = \dfrac{wv^2}{g} = \dfrac{1.65 \times 18.85^2}{9.8} = 59.82\text{N}$

(상당마찰계수) $\mu' = \dfrac{\mu}{\sin\alpha + \mu\cos\alpha} = \dfrac{0.3}{\sin 20° + 0.3\cos 20°} = 0.481$

$e^{\mu'\theta} = e^{0.481 \times 167.75° \times \frac{\pi}{180}} = 4.09$

$H = P_e v = (T_a - T_g)\dfrac{e^{\mu'\theta} - 1}{e^{\mu'\theta}}v$

$= (240 - 59.82) \times \dfrac{4.09 - 1}{4.09} \times 18.85 \times 10^{-3} = 2.57\text{kW}$

$H_{kW} = k_1 k_2 HZ = 0.98 \times 0.7 \times 2.57 \times 2 = 3.53\,[\text{kW}]$

(3) 전달동력 $H_{kW} = 3.53\,kW$, 속도 $v = 18.85\,\text{m/s}$에 해당하는 V 벨트의 종류는 [표1]에서 B형이며, [표2]의 B형 벨트의 폭은 $a = 16.5\,\text{mm}$로 선정한다.

05

그림과 같이 15kW, 150rpm의 동력을 전달하는 축이 밴드브레이크에 의해서 제동된다. 밴드의 접촉각을 270°, 드럼의 지름은 300mm, 두께 3mm의 석면 직물을 밴드로 사용하면서 마찰각은 $\mu = 0.4$이다. l은 500mm, a는 100mm라고 할 때 다음을 구하시오. (단, 밴드의 허용인장응력은 50MPa, $e^{\mu\theta} = 6.6$으로 한다)

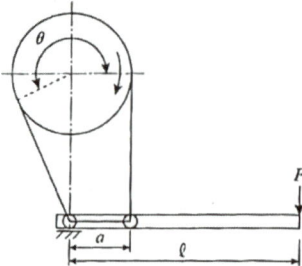

(1) 이완측장력 $T_s[\text{N}]$

(2) 레버에 가하는 힘 $F[\text{N}]$

(3) 밴드의 나비 $b[\text{mm}]$

---

(1) $H = T\omega$

$$T = \frac{H}{\omega} = \frac{15 \times 10^3}{\left(\frac{2\pi \times 150}{60}\right)} = 954.93\,\text{N}\cdot\text{m}$$

(제동토크) $T = P_e \times \dfrac{D}{2}$ (유효장력) $P_e = \dfrac{2T}{D} = \dfrac{2 \times 954.93}{0.3} = 6366.2\,[\text{N}]$

(이완측 장력) $T_s = P_e \dfrac{1}{e^{\mu\theta} - 1} = 6366.2 \times \dfrac{1}{6.6 - 1} = 1136.82\,[\text{N}]$

(2) $\sum M_o = 0$

$T_s a = Fl$, $F = \dfrac{T_s a}{l} = \dfrac{1136.82 \times 100}{500} = 227.36\,[\text{N}]$

(3) (인장측 장력) $T_t = T_s e^{\mu\theta} = 1136.82 \times 6.6 = 7503.01\,\text{N}$

(허용인장응력) $\sigma_a = \dfrac{T_t}{bt}$,

(밴드의 나비) $b = \dfrac{T_t}{\sigma_a t} = \dfrac{7503.01}{50 \times 3} = 50.02\,[\text{mm}]$

06 코일스프링이 압축하중 980N으로 압축하고 있다. 이 코일스프링의 평균지름을 36mm, 소선 지름을 6mm, 전단탄성계수 80GPa, 왈의 응력수정계수를 $K = \dfrac{4C-1}{4C-4} + \dfrac{0.165}{C}$ 으로 할 때, 다음을 구하시오. (단, 이 코일스프링의 유효감김수 $n = 7$이다)

(1) 스프링의 처짐 δ [mm]

(2) 스프링의 전단응력 τ [MPa]

정답분석

(1) (스프링 지수) $C = \dfrac{D}{d} = \dfrac{36}{6} = 6$

(응력수정계수) $K = \dfrac{4C-1}{4C-4} + \dfrac{0.615}{C} = \dfrac{4\times 6 - 1}{4\times 6 - 4} + \dfrac{0.615}{6} = 1.2525$

(처짐) $\delta = \dfrac{8nD^3W}{Gd^4} = \dfrac{8nD^3P}{Gd^4} = \dfrac{8\times 7\times 36^3 \times 980}{80\times 10^3 \times 6^4} = 24.7\,[\text{mm}]$

(2) $T = \tau Z_P = P \times \dfrac{D}{2}$

$\tau = K\dfrac{PD}{2Z_P} = K\dfrac{PD}{2\times \dfrac{\pi d^3}{16}} = K\dfrac{8PD}{\pi d^3}$

$= 1.2525 \times \dfrac{8\times 980 \times 36}{\pi \times 6^3} = 520.95\,\text{N}/\text{mm}^2 = 520.95\,[\text{MPa}]$

---

07 600rpm으로 회전하는 앤드저널에 작용하는 베어링 하중이 4000N이라고 할 때, 다음을 구하시오. (단, 허용베어링압력 $q = 6\text{MPa}$, 허용압력속도계수 $pv = 2\,\text{N/mm}^2 \cdot \text{m/s}$, 마찰계수 $\mu = 0.006$으로 한다.)

(1) 앤드저널의 길이[mm]

(2) 앤드저널의 지름[mm]

정답분석

(1) $pv = \dfrac{\pi WN}{60\times 1000\, l}$

$l = \dfrac{\pi WN}{60\times 1000\, p_a v} = \dfrac{\pi \times 4000 \times 600}{60\times 1000 \times 2} = 62.83\,[\text{mm}]$

(2) $q = \dfrac{W}{A} = \dfrac{W}{dl}$, $d = \dfrac{W}{ql} = \dfrac{4000}{6\times 62.83} = 10.61\,[\text{mm}]$

08

지름 50mm인 축을 클램프 커플링으로 연결하여 동력7kW을 전달하려고 한다. 이때의 분당 회전수를 200rpm이라 할 때, 다음을 구하시오. (단, 체결 볼트의 갯수는 6개, 축과 커플링에 작용하는 마찰계수는 $\mu = 0.25$, 볼트의 산지름과 골지름은 각각 $d_2 = 18\,\text{mm}$, $d_1 = 15.294\,\text{mm}$으로 한다.)

(1) 커플링으로 전달할 수 있는 최대토크 $T[\text{N} \cdot \text{m}]$

(2) 한 개의 볼트에 작용하는 힘 $Q[\text{kN}]$

(3) 한 개의 볼트에 작용하는 인장응력 $\sigma_t[\text{MPa}]$

정답분석

(1) $H(watt) = T\omega$, $T = \dfrac{H(watt)}{\omega} = \dfrac{7 \times 10^3}{\left(\dfrac{2\pi \times 200}{60}\right)} = 334.23[\text{N} \cdot \text{m}]$

(2) $T = \mu \pi W \dfrac{d}{2}$, $W = \dfrac{2T}{\mu \pi d} = \dfrac{2 \times 334.23 \times 10^3}{0.25 \times \pi \times 50} = 17022.19[\text{N}]$

볼트 수를 $\dfrac{Z}{2} = 3$으로 하면,

$Q = \dfrac{W}{\dfrac{Z}{2}} = \dfrac{W}{3} = \dfrac{17022.19}{3} \times 10^{-3} = 5.67[\text{kN}]$

(3) $W = \sigma_t \dfrac{\pi d_1^2}{4} \dfrac{Z}{2}$, $\sigma_t = \dfrac{8W}{\pi d_1^2 Z} = \dfrac{8 \times 17022.19}{\pi \times 15.294^2 \times 6} = 30.9[\text{MPa}]$

09

단열 앵귤러 볼 베어링 7310에 2KN의 레이디얼 하중과 1.2kN의 스러스트 하중이 동시에 작용하고 있다. 외륜고정, 내륜회전으로 사용하고 기본 동정격하중을 58kN, 레이디얼 계수는 0.46, 스러스트 계수를 1.41이라고 할 때, 다음을 구하시오.(단, 회전수는 N = 200rpm으로 한다)

(1) 등가하중 $P_r[\text{kN}]$

(2) 수명시간 $L_h[\text{h}]$

정답분석

(1) 등가레이디얼 하중 $P_r = XVF_r + YF_t$
$= 0.46 \times 1 \times 2 + 1.41 \times 1.2 = 2.61\,\text{kN}$

(2) 수명시간 $L_h = 500 \times \dfrac{33.3}{N} \times \left(\dfrac{C}{f_w P_r}\right)^r$
$= 500 \times \dfrac{33.3}{2000} \times \left(\dfrac{58}{1.0 \times 2.61}\right)^3 = 91358.02[\text{hour}]$

여기에서 베어링은 볼 베어링이므로 베어링 지수는 $r = 3$이다.

10 두께가 10mm, 폭이 50mm인 판스프링의 양단 길이를 1.5m라고 하고 판수를 20매라 할 때, 굽힘응력을 350MPa이라 할 경우 다음을 구하시오. (단, $E = 2.1 \times 10^5 [\text{MPa}]$으로 한다)

(1) 스프링 중앙에 작용하는 하중 $P[\text{kN}]$

(2) 하중 P에 의한 처짐 $\delta[\text{mm}]$

(3) 고유진동수 $f_n[\text{Hz}]$

---

(1) $\sigma_b = \dfrac{3Pl}{2nbh^2}$,

$P = \dfrac{2nbh^2 \sigma_b}{3l} = \dfrac{2 \times 20 \times 50 \times 10^2 \times 350}{3 \times 1500} = 15555.5 N = 15.56 [\text{kN}]$

(2) $\delta = \dfrac{3Pl^3}{8nbh^3 E} = \dfrac{3 \times 15555.5 \times 1500^3}{8 \times 20 \times 50 \times 10^3 \times 2.1 \times 10^5} = 93.75 [\text{mm}]$

(3) $f_n = \dfrac{\omega}{2\pi} = \dfrac{1}{2\pi} \sqrt{\dfrac{g}{\delta}} = \dfrac{1}{2\pi} \sqrt{\dfrac{9800}{93.75}} = 1.63 [\text{Hz}]$

제 3 회

01 지름이 400mm, 폭이 120mm인 외접 원통 마찰차가 300RPM으로 회전하고 있다. 이 마찰차의 허용접촉선압력을 2.2N/mm, 마찰계수를 0.2라고 할 때, 다음을 구하시오.

(1) 마찰차를 미는 힘[N]

(2) 원주속도 [m/s]

(3) 최대전달동력 [kW]

정답분석

(1) 허용접촉선압력을 f라 하면,
$$f = \frac{P}{b}, \quad P = f \times b = 2.5 \times 120 = 300[\text{N}]$$

(2) $v = \frac{\pi D_1 N_1}{60 \times 1000} = \frac{\pi \times 400 \times 300}{60 \times 1000} = 6.28[\text{m/s}]$

(3) $H = \mu P v = 0.2 \times 300 \times 10^{-3} \times 6.28 = 0.38[\text{kW}]$

02 한 쌍의 표준 스퍼기어에서 피니언의 회전수가 600rpm, 기어의 회전수가 200rpm이고 두 축의 중심거리 300mm, 전달동력이 20kW라고 할 때, 다음을 구하시오. (단, 기어의 굽힘강도는 127.4MPa, 치형계수는 0.11, 압력각은 1.45°, 이의 폭은 $b = 3.18p$로 한다.)

모듈[m]	3	4	5	6
	3.5	4.5	5.5	6.5
	3.8	-	-	-

(1) 회전속도 V[m/sec]는 얼마인가?

(2) 루이스의 굽힘강도식을 적용하여 기어의 모듈 [m]을 표에서 정하시오.

정답분석

(1) $\varepsilon = \frac{N_2}{N_1} = \frac{D_1}{D_2}, \quad D_2 = \frac{N_1}{N_2} D_1 = \frac{600}{200} D_1 = 3D_1$

$C = \frac{D_1 + D_2}{2} = \frac{D_1 + 3D_1}{2}, \quad D_1 = \frac{300}{2} = 150[\text{mm}]$

$V = \frac{\pi D_1 N_1}{60 \times 1000} = \frac{\pi D_2 N_2}{60 \times 1000} = \frac{\pi \times 150 \times 600}{60 \times 1000} = 4.71[\text{m/s}]$

(2) 기어가 전달하는 하중을 F라고 하면,

$H(watt) = FV, \quad F = \frac{H(watt)}{V} = \frac{20 \times 10^3}{4.71} = 4246.28[\text{N}]$

속도계수를 f_v, 이의 폭을 $b = 3.18p$, 피치를 $p = \pi m$이라고 하고 하중계수 f_w는 무시하면,

$f_v = \frac{3.05}{3.05 + V} = \frac{3.05}{3.05 + 4.71} = 0.393$

$F = \sigma_b b p y = f_v f_w \sigma_b b \pi m y$

$m = \sqrt{\frac{F}{f_v \sigma_b 3.18 \pi^2 y}} = \sqrt{\frac{4246.28}{0.393 \times 127.4 \times 3.18 \times \pi^2 \times 0.11}} = 4.96[\text{mm}]$

따라서 표에서는 5를 선정한다.

03

측면 필릿용접 이음이 그림과 같을 때, 허용전단응력이 50MPa이라면 길이(l)은 얼마가 되어야 하는가? (단, 용접 사이즈(h)는 14mm, 하중(W)은 150kN으로 한다)

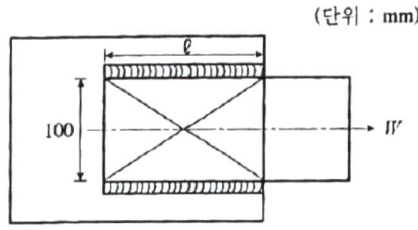

$W = \tau A = \tau(2al) = \tau(2h\cos45°l)$

$l = \dfrac{W}{2h\cos45° \times \tau} = \dfrac{150 \times 10^3}{2 \times 14\cos45° \times 50} = 151.52 [\mathrm{mm}]$

04

원동차의 지름이 150mm, 종동차의 지름이 450mm인 평벨트 전동장치에서 두 축의 거리가 2m이고 바로걸기로 연결되어 있다. 원동차가 1800rpm으로 회전하면서 5kW의 동력을 전달한다고 할 때 다음을 구하시오.(단, 벨트의 폭과 두께를 각각 140mm, 5mm로 하고 벨트의 단위길이 당 무게는 $w = 0.001bh [\mathrm{kg_f/m}]$, 마찰계수는 0.25으로 한다.)

(1) 벨트에 작용하는 유효장력[N]

(2) 긴장측장력과 이완측장력[N]

(3) 벨트장력에 의해서 축에 작용하는 최대하중[N]

(1) 원주방향 회전속도를 v, 유효장력을 P_e라고 하면,

$v = \dfrac{\pi D_1 N_1}{60 \times 1000} = \dfrac{\pi \times 150 \times 1800}{60 \times 1000} = 11.14 [\mathrm{m/s}]$

$P_e = \dfrac{H}{v} = \dfrac{5 \times 10^3}{11.14} = 353.61 [\mathrm{N}]$

(2) 1) 회전속도가 $v = 11.14 m/s$이므로 벨트관성에 의한 부가장력(T_g)을 고려한다.

$T_g = ma = \dfrac{wv^2}{g} = \dfrac{0.001 \times 140 \times 5 \times 9.8 \times 14.14^2}{9.8} = 139.96 [\mathrm{N}]$

2) (원동차) 접촉각 $\theta = 180° - 2\varnothing$

$C\sin\varnothing = \dfrac{D_2 - D_1}{2}$, $\phi = \sin^{-1}\dfrac{D_2 - D_1}{2C} = \sin^{-1}\dfrac{450 - 150}{2 \times 2000} = 4.3012°$

$\theta = 180° - 2\phi = 180° - 2 \times 4.3012° = 171.4°$

3) 장력비 $e^{\mu\theta} = e^{0.25 \times 171.4° \times \frac{\pi}{180°}} = 2.11$

- 긴장측 장력

$T_t = \dfrac{e^{\mu\theta}}{e^{\mu\theta} - 1} \times P_e + T_g = \dfrac{2.11}{2.11 - 1} \times 353.61 + 139.96 = 812.14 [\mathrm{N}]$

- 이완측 장력

$T_s = \dfrac{1}{e^{\mu\theta} - 1} \times P_e + T_g = \dfrac{1}{2.11 - 1} \times 353.61 + 139.96 = 458.53 [\mathrm{N}]$

(3) 접촉각(T_t 와 T_s가 이루는 각)을 θ, 축에 작용하는 하중을 F라고 하면,

$\theta = 2\phi = 2 \times 4.301° \cong 8.6°$

$F = \sqrt{T_t^2 + T_s^2 + 2T_t T_s \cos 8.6°}$

$= \sqrt{812.14^2 + 458.53^2 + 2 \times 812.14 \times 458.53 \times \cos 8.6°}$

$= 1267.37 [\mathrm{N}]$

05 450rpm으로 회전하면서 10kN의 하중을 전달하는 와이어 로프 동력전달장치가 있다. 양 로프 풀리의 지름을 500mm, 와이어 로프의 종탄성계수를 196GPa, 로프와 풀리 사이에 작용하는 마찰계수를 0.15로 했을 때 다음을 구하시오.

(1) 로프의 속도 $V[m/\sec]$

(2) 로프에 작용하는 인장력 $T_t[\text{N}]$

(3) 1개의 로프에 걸리는 최대응력 $\sigma_{\max}[\text{MPa}]$

정답분석

(1) $V = \dfrac{\pi DN}{60 \times 1000} = \dfrac{\pi \times 500 \times 450}{60 \times 1000} = 11.78[\text{m/s}]$

(2) 로프 풀리의 지름은 동일하므로,

(접촉각) $\theta = 180° = \pi\,(\text{rad})$

(장력비) $e^{\mu\theta} = e^{0.15 \times \pi} = 1.6$

$H = T_t \left(\dfrac{e^{\mu\theta} - 1}{e^{\mu\theta}} \right) V,$

$T_t = \dfrac{H}{V} \left(\dfrac{e^{\mu\theta}}{e^{\mu\theta} - 1} \right) = \dfrac{10}{11.78} \times \left(\dfrac{1.6}{1.6 - 1} \right) = 2.264 kN = 2264[\text{N}]$

(3) 와이어 로프에서

$D \geq 50d,\ d \leq \dfrac{D}{50} = \dfrac{500}{50} = 10\text{mm}$

- 로프에 작용하는 인장응력(σ_t)

$\sigma_t = \dfrac{T_t}{A} = \dfrac{4T_t}{\pi d^2} = \dfrac{4 \times 2264}{\pi \times 10^2} = 28.83\text{N/mm}^2$

- 로프에 작영하는 굽힘응력

$\sigma_b = \dfrac{3}{8} \dfrac{Ed}{D} = \dfrac{3}{8} \times \dfrac{196 \times 10^3 \times 10}{500} = 1470\text{N/mm}^2$

- (한 개의)로프에 작용하는 최대응력

$\sigma_{\max} = \sigma_t + \sigma_b = 28.83 + 1470 = 1498.83 N/mm^2 = 1498.83[\text{MPa}]$

GSP38 파이프 내부에서 유체가 2.5m/sec의 속도로 흐르고 있고 이 유체의 유량을 450m³/hour 라 할 때, [표]의 파이프의 지름과 두께를 참고하여 이 파이프의 호칭지름을 정하시오. (단, 관내 압은 $P = 30\text{kg/cm}^2$, 최저 인장강도는 $\sigma = 38\text{kg/mm}^2$, 부식여유는 C=1mm, 안전률은 S=5로 한다.)

배관용탄소강관(SGP)		외경(mm)	KS D 3507-85	
호칭경			두께(mm)	소켓이 포함 안 된 중량 (kg/m)
(A)	(B)			
		10.5		0.419
6	1/8	13.8	20.	0.652
8	1/4	17.3	2.3	0.851
10	3/8	21.7	2.3	1.31
15	1/2	27.2	2.8	1.68
20	3/4	34.0	3.2	2.43
25	1	42.7	3.5	3.38
32	1 1/4	4836	3.5	3.89
40	2	60.5	3.8	5.31
50	2 1/2	76.3	4.2	7.47
65	3 1/2	89.1	4.2	8.79
80	4	101.6	4.2	10.1
90	5	114.3	4.5	12.2
100	6	139.8	4.5	15.0
125	7	165.2	5.0	19.8
150	8	190.7	5.3	24.2
185	9	216.3	5.8	30.1
200	10	241.6	6.2	36.0
225	12	267.4	6.6	42.4
250	14	318.5	6.9	53.0
300	16	355.6	7.9	67.7
400	18	406.4	7.9	77.6
450	20	457.2	7.9	87.5
		508.0	7.9	97.4

1개의 길이 3600 이상

정답분석

(1) 관의 내경(D_1)

$$Q = AV, \quad \frac{450}{3600} = \frac{\pi D_1^2}{4} \times 2.5,$$

$$D_1 = \sqrt{\frac{4 \times 450}{3600 \times \pi \times 2.5}} = 0.25231[\text{m}] = 252.31[\text{mm}]$$

(2) 관의 두께(t)

$$t = \frac{PD_1}{2\sigma} \times S + C = \frac{30 \times 10^{-2} \times 252.31 \times 5}{2 \times 38} + 1 = 5.98[\text{mm}]$$

(3) 관의 외경(D_2)

$$D_2 = D_1 + 2t = 252.31 + (2 \times 5.98) = 264.27[\text{mm}]$$

(4) [표]에서 호칭경은 250을 선택한다.

07

유효지름이 18mm, 피치가 8mm인 한 줄 사각나사로 되어 있는 잭을 이용해서 90kN의 하중을 들어 올리려고 할 때, 다음을 구하시오. (단, 마찰계수는 0.19로 한다.)

(1) 하중을 들어올리는데 필요한 토크 T[N·m]

(2) 레버의 유효길이를 250mm로 할 때, 레버 끝 단에 작용해야 하는 힘 F[N]

(3) 나사산의 허용면압력이 8MPa일 때 너트의 높이 H[mm]

정답분석

(1) $T = W\left(\dfrac{p + \mu \pi d_e}{\pi d_e - \mu p}\right) \cdot \dfrac{d_e}{2}$

$= 90 \times 10^3 \times \left(\dfrac{8 + 0.19 \times \pi \times 18}{\pi \times 18 - 0.19 \times 8}\right) \times \dfrac{0.018}{2} \cong 275.91 [\text{N} \cdot \text{m}]$

(2) $T = FL$, $F = \dfrac{T}{L} = \dfrac{275.91}{0.25} = 1103.64 [\text{N}]$

(3) 사각나사에서 $h = \dfrac{p}{2} = \dfrac{8}{2} = 4\text{mm}$ 이므로

$H = \dfrac{W \times p}{\pi \times d_e \times h \times q} = \dfrac{90 \times 10^3 \times 8}{\pi \times 18 \times 4 \times 8} = 397.89 [\text{mm}]$

여기에서 q는 허용면압력, p는 피치, W는 들어 올리려는 하중이다.

08

그림과 같은 너클 핀이음에서 5000N의 인장하중이 작용할 때, 다음을 구하시오. (단, 핀 재료의 허용전단응력은 48MPa, b=1.4d로 하고 d는 핀의 지름으로 한다.)

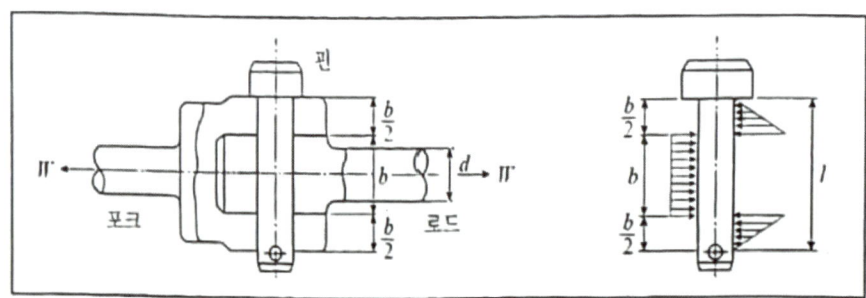

(1) 단순 인장응력만 고려했을 때의 핀의 지름 d[mm]

(2) 핀의 최대굽힘응력 $\sigma_{b-\max}$ [N/mm2]

정답분석

(1) 2개의 전단면이 존재하므로

$\tau_a = \dfrac{W}{2A} = \dfrac{W}{2 \times \dfrac{\pi d^2}{4}} = \dfrac{2W}{\pi d^4}$, $d = \sqrt{\dfrac{2W}{\pi \tau_a}} = \sqrt{\dfrac{2 \times 5000}{\pi \times 48}} = 8.14 [\text{mm}]$

(2) 단순보에 집중하중이 작용하는 것으로 하면, 중심부에서 최대 굽힘모멘트가 발생하므로

$M = \sigma_{b-\max} Z$, $\dfrac{Wl}{8} = \sigma_{b-\max} \dfrac{\pi d^3}{32}$

$\sigma_{b-\max} = \dfrac{4Wl}{\pi d^3} = \dfrac{4 \times 5000 \times 22.79}{\pi \times 8.14^3} = 269.02 [\text{N/mm}^2]$

여기에서 $l = 2b = 2 \times 1.4 \times d = 2 \times 1.4 \times 8.14 = 22.79 [\text{mm}]$ 이다.

안지름 400mm, 작용 내압이 1MPa인 실린더 커버를 10개의 볼트를 사용해서 체결하려고 한다. 체결 볼트의 허용인장응력이 48MPa이라 할 때, 다음을 구하시오. (단, 볼트에 작용하는 하중은 실린더 커버 체결력의 1/3로 한다.)

(1) 볼트의 골지름 $d_1 \,[\mathrm{mm}]$

(2) 1개의 볼트에 작용하는 압력에 의한 인장하중 $W\,[\mathrm{kN}]$

정답분석

(1) 전체 실린더 커버에 작용하는 체결력

$$Q = pA = p \times \frac{\pi D^2}{4}$$

볼트에 작용하는 인장 하중 $P = \sigma_t A n = \sigma_t \times \frac{\pi d_1^2}{4} \times n$

볼트에 작용하는 하중은 실린더 커버 전체 체결력의 $\times 1/3$로 보면,

$$\sigma_t \times \frac{\pi d_1^2}{4} \times n = p \times \frac{\pi D^2}{4} \times \frac{1}{3}$$

(골지름) $d_1 = \sqrt{\dfrac{pD^2}{3\sigma_t n}} = \sqrt{\dfrac{1 \times 400^2}{3 \times 48 \times 10}} = 10.54\,\mathrm{mm}$

(2) $W = \dfrac{Q}{n} = \dfrac{pA}{n} = \dfrac{1 \times \dfrac{\pi \times 400^2}{4}}{10} = 12566.37\,N \fallingdotseq 12.57\,[\mathrm{kN}]$

 지름이 70mm인 전동축에 회전수 30rpm으로 12kW의 동력 전달이 가능한 묻힘키를 설계하고자 한다. 묻힘키의 폭과 높이는 20mm×13mm이고, 키의 허용전단응력이 20MPa, 키의 허용압축응력은 80MPa 일 때, 다음을 구하시오. (단, 묻힘키의 깊이는 $h/2$로 한다.)

(1) 축의 전달토크 $T\,[\mathrm{J}]$

(2) 키의 전단응력만 고려한 키의 길이 $l_1\,[\mathrm{mm}]$

(3) 키의 압축응력만 고려한 키의 길이 $l_2\,[\mathrm{mm}]$

정답분석

(1) $H = T\omega \Rightarrow T = \dfrac{H}{\omega} = \dfrac{12 \times 10^3}{\left(\dfrac{2\pi \times 300}{60}\right)} = 381.97\,N\cdot m = 381.97\,J$

(2) $T = \tau_k A \times \dfrac{d}{2} = \tau_k b\,l_1 \times \dfrac{d}{2}$,

$l_1 = \dfrac{2T}{\tau_k b d} = \dfrac{2 \times 381.97 \times 10^3}{20 \times 20 \times 70} = 27.28\,[\mathrm{mm}]$

(3) $T = \sigma_k A_c \times \dfrac{d}{2} = \sigma_k \dfrac{h}{2} l_2 \times \dfrac{d}{2}$, $\sigma_k = \dfrac{4T}{h\,l_2 d}$

$l_2 = \dfrac{4T}{\sigma_k h d} = \dfrac{4 \times 381.97 \times 10^3}{80 \times 13 \times 70} = 20.99\,[\mathrm{mm}]$

2023년 기출문제

제1회

01 나사의 유효지름이 63.5mm, 피치 4mm의 나사잭으로 49kN의 중량물을 들어올리는 기계장치가 있다. 다음을 구하시오. (단, 레버에 작동하는 힘은 294N이고 나사부 마찰계수 0.11이다)

(1) 나사부 비틀림모멘트 T [J]

(2) 레버의 길이 l [mm]

정답분석

(1) $T = Q\left(\dfrac{p + \mu \pi d_e}{\pi d_e - \mu p}\right) \cdot \dfrac{d_e}{2} = 49 \times 10^3 \times \left(\dfrac{4 + 0.11 \times \pi \times 63.5}{\pi \times 63.5 - 0.11 \times 4}\right) \times \dfrac{63.5}{2}$

$= 202274 \text{N} \cdot \text{mm} = 202.274 \text{N} \cdot \text{m} (\text{J})$

(2) $T = Fl$

$l = \dfrac{T}{F} = \dfrac{202274(\text{N} \cdot \text{mm})}{294(\text{N})} = 689.7 \text{mm}$

02 300rpm, 66kW를 전달하는 축의 지름이 30mm일 때 묻힘키를 설계하고자 한다. 묻힘키의 폭과 높이는 22mm × 14mm이고 키 재료의 항복강도는 333.2MPa이다. 다음을 구하시오. (단, 묻힘키의 안전계수는 2이다)

(1) 회전토크 T [J]

(2) 허용전단응력을 구하고 이것을 만족하는 키의 길이 l [mm]을 구하시오.

정답분석

(1) $H(kW) = T\omega$, $T = \dfrac{H_{kW}}{\omega} = \dfrac{66 \times 10^3}{\left(\dfrac{2\pi \times 300}{60}\right)} = 2100.9 \text{N} \cdot \text{m}$

(2) $\tau_a = \dfrac{\tau_y}{S} = \dfrac{333.2}{2} = 166.6 \text{MPa}$

$\tau_a = \dfrac{2T}{bld}$

$l = \dfrac{2T}{bd\tau_a} = \dfrac{2 \times 2100.85 \times 10^3}{22 \times 30 \times 166.6} = 38.21 \text{mm}$

03

그림과 같은 상하 2축 필렛용접 이음에서 하중 9800N이 작용하고 있을 때 다음을 구하시오. (단, 용접 사이즈 $f = 5\text{mm}$이고 용접부 단면의 극 단면 2차모멘트는 $I_o = \dfrac{a(3b^2 + a^2)}{6}$이다)

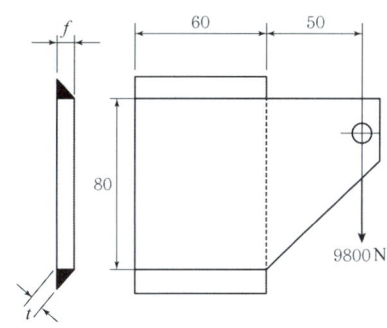

(1) 직접 전단응력 τ_1[MPa]

(2) 비틀림 전단응력 τ_2[MPa]

(3) 최대전단응력 $\tau_{\max}$[MPa]

정답분석

(1) 목 두께를 a'라고 하면,
$a' = f\cos 45° = 0.707f$
$\tau_1 = \dfrac{F}{A} = \dfrac{F}{2ba} = \dfrac{9800}{2 \times 60 \times 5 \times 0.707} = 23.1\text{MPa}$

(2) $\tau_2 = \dfrac{Tr_{\max}}{a' I_o}$

$r_{\max} = \sqrt{\left(\dfrac{b}{2}\right)^2 + \left(\dfrac{d}{2}\right)^2} = \sqrt{30^2 + 40^2} = 50,$

$I_o = \dfrac{a(3b^2 + a^2)}{6} = \dfrac{60 \times (3 \times 80^2 + 60^2)}{6} = 228 \times 10^3 \text{mm}^3$

$\tau_2 = \dfrac{F(50+30) \cdot r_{\max}}{5 \times \cos 45° \times I_o} = \dfrac{9800 \times (50+30) \times 50}{5 \times 0.707 \times 228 \times 10^3} = 48.64\text{MPa}$

(3) $\tau_{\max} = \sqrt{\tau_1^2 + \tau_2^2 + 2\tau_1\tau_2 \cos\theta}$

$\cos\theta = \dfrac{\dfrac{a}{2}}{r_{\max}} = \dfrac{30}{50} = 0.6$

$\tau_{\max} = \sqrt{23.1^2 + 48.64^2 + 2 \times 23.1 \times 48.64 \times 0.6} = 65.18\text{MPa}$

04 대형 방류펌프 구동 디젤기관의 칼라 베어링 450rpm, 0.41kW로 회전하고 있다. 이 축의 직경은 100m, 칼라의 바깥지름이 180mm라 할 때 다음을 구하시오. (단, 허용 발열계수 값은 52.92×10^{-2} MPa·m/s, 베어링 접촉부 마찰계수는 0.015이다)

(1) 칼라 베어링의 칼라수 Z[개]

(2) 베어링의 압력 p[kPa]

(3) 추력 P[N]]

정답분석

(1) $T = 974 \times 9.8 \dfrac{H_{kW}}{N} = 974 \times 9.8 \times \dfrac{0.41}{450} = 8.7\text{J}$

$pv = \dfrac{P}{A}v = \dfrac{4P}{\pi(d_2^2 - d_1^2)Z} \times v = \dfrac{8T}{\mu(d_2^2 - d_1^2)Z} \times \dfrac{N}{60 \times 1000}$

$Z = \dfrac{8T}{\mu(d_2^2 - d_1^2)pv} \times \dfrac{N}{60 \times 1000}$

$= \dfrac{8 \times 8.7 \times 10^3}{0.015 \times (180^2 - 100^2) \times 52.92 \times 10^{-2}} \times \dfrac{450}{60 \times 1000}$

$= 2.94$

∴ 3개

(2) $d_m = \dfrac{d_1 + d_2}{2} = \dfrac{100 + 180}{2} = 140\text{mm}$

허용 발열계수를 $(pv)_a$라고 하면,

$(pv)_a = p \times \dfrac{\pi d_m N}{60 \times 1000}$

$p = (pv)_a \times \dfrac{60 \times 1000}{\pi d_m N} = 52.92 \times 10^{-2} \times \dfrac{60 \times 1000}{\pi \times 140 \times 450}$

$= 0.160428\text{MPa} \cong 160.43\text{kPa}$

(3) $T = \mu P \dfrac{d_m}{2}$

$P = \dfrac{2T}{\mu d_m} = \dfrac{2 \times 8.7 \times 10^3}{0.015 \times 140} = 8285.71\text{N}$

05 그림과 같은 1m의 축에 600N의 회전체가 0.3m와 0.7m 사이에 매달려 있다. 이 축의 전달동력은 3kW이고 회전수는 350rpm이다. 다음을 구하시오. (단, 이 축의 허용전단응력은 40MPa이고, 허용굽힘응력은 50MPa이다)

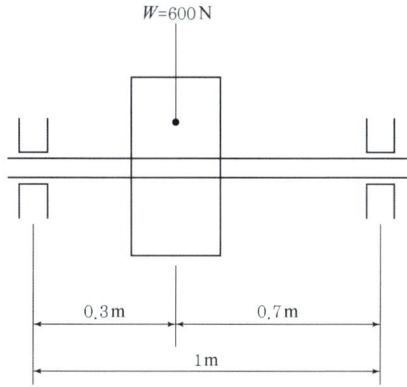

(1) 상당 비틀림모멘트와 상당 굽힘모멘트 (단, 단위는 J이다)

(2) 최소 축 지름 d[mm]

---

 (1)

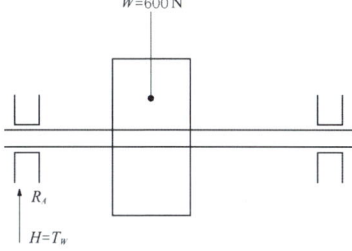

$$H = T\omega, \quad T = \frac{H}{\omega} = \frac{3 \times 10^3}{\left(\frac{2\pi \times 350}{60}\right)} = 81.85 \text{N} \cdot \text{m} = 81.85 \text{J}$$

$$M_{\max} = R_A x = (600 \times 0.7) \times 0.3 = 126 \text{N} \cdot \text{m} = 126 \text{J}$$

1) 상당 비틀림모멘트: $T_e = \sqrt{M^2 + T^2} = \sqrt{126^2 + 81.85^2} = 150.25 \text{N} \cdot \text{m} = 150.25 \text{J}$

2) 상당 굽힘모멘트: $M_e = \frac{1}{2}(M + T_e) = \frac{1}{2}(126 + 150.25) \fallingdotseq 138.13 \text{J}$

(2) 1) 상당 비틀림모멘트에 의한 최소 축 지름(d_1)

$$T_e = \tau_a Z_p = \tau_a \times \frac{\pi d^3}{16}, \quad d_1 = \sqrt[3]{\frac{16 T_e}{\pi \tau_a}} = \sqrt[3]{\frac{16 \times 150.25 \times 10^3}{\pi \times 40}} = 26.75 \text{mm}$$

2) 상당 굽힘모멘트에 의한 축 지름(d_2)

$$M_e = \sigma_b Z = \sigma_b \times \frac{\pi d^3}{16}, \quad d_2 = \sqrt[3]{\frac{32 M_e}{\pi \sigma_b}} = \sqrt[3]{\frac{32 \times 138.13 \times 10^3}{\pi \times 50}} = 30.42 \text{mm}$$

3) 이 중에서 최소 축 지름은 더 큰 값을 선택한다. ($d_2 = 30.42 \text{mm}$)

06

150rpm으로 29.4kN을 지지하는 엔드저널 베어링의 압력속도계수(pv)가 1.96MPa · m/s일 때 다음을 구하시오. (단, 마찰계수는 0.01, 허용 베어링압력 $p_a = 4.9\text{MPa}$이다)

(1) 저널의 길이 $l[\text{mm}]$

(2) 저널의 지름 $d[\text{mm}]$

정답분석

(1) $pv = \dfrac{\pi PN}{60 \times 1000 \times l}$, $l = \dfrac{P\pi N}{60 \times 1000 \times pv} = \dfrac{29.4 \times 10^3 \times \pi \times 150}{60 \times 1000 \times 1.96} = 117.8\text{mm}$

(2) $p_a = \dfrac{P}{dl}$, $d = \dfrac{P}{p_a l} = \dfrac{29.4 \times 10^3}{4.9 \times 117.8} = 50.93\text{mm}$

07

5.88kW의 동력을 전달하는 중심거리 450mm의 두 축이 홈 마찰차로 연결되어 주동축 회전수가 400rpm, 종동축 회전수는 150rpm이며 홈각이 40°, 허용접촉 선압은 38N/mm, 마찰계수는 0.3이다. 다음을 구하시오.

(1) 평균속도 $v[\text{m/s}]$

(2) 밀어붙이는 힘 $P[\text{N}]$

정답분석

(1) $\varepsilon = \dfrac{N_2}{N_1} = \dfrac{D_1}{D_2}$, $\dfrac{150}{400} = \dfrac{D_1}{D_2}$, $D_2 = \dfrac{8}{3}D_1$

$C = \dfrac{D_1 + D_2}{2} = \dfrac{D_1 + \dfrac{8}{3}D_1}{2} = 450\text{mm}$

$D_1 = 245.5mm$

평균속도를 v라고 하면,

$v = \dfrac{\pi D_1 N_1}{60 \times 1000} = \dfrac{\pi \times 245.5 \times 400}{60 \times 1000} = 5.15\text{m/s}$

(2) 상당 마찰계수를 μ'라고 하면,

$\mu' = \dfrac{\mu}{\sin\alpha + \mu\cos\alpha} = \dfrac{0.3}{\sin 20° + 0.3\cos 20°} = 0.48$

$H(kW) = \mu' Pv$,

$P = \dfrac{H(kW)}{\mu' v} = \dfrac{5.88 \times 10^3}{0.48 \times 5.14} = 2383.27\text{N}$

08

웜기어 동력전달 장치에서 감속비가 1/20, 웜축의 회전수가 1500rpm, 축직각 방향 웜의 모듈 6, 압력각 20°, 줄 수 3, 피치원 지름 56mm, 웜휠의 치폭 45mm, 유효이나비는 36mm이다. 아래의 표를 이용하여 다음을 구하시오. (단, 웜의 재질은 담금질강이고 웜휠은 인청동이다)

(1) 웜의 리드각 $\beta[°]$

(2) 웜휠의 굽힘강도를 고려한 전달하중 $F_1[\text{kN}]$

(3) 웜휠의 면압강도를 고려한 전달하중 $F_2[\text{kN}]$

(4) 최대 전달동력 $H_{kW}[\text{kW}]$

<표 2-1> 웜과 웜휠의 특성

구분	웜	웜휠	비고
굽힘강도 σ_b[MPa]		166.6MPa	
속도계수		$f_v = \dfrac{6.1}{6.1+v_g}$	
치형계수 y		0.125	
리드각[beta]에 의한 계수 ϕ	1.25		$\beta = 10 \sim 25°$

<표 2-2> 웜과 웜휠의 내마멸계수

웜의 재료	웜휠의 재료	내마멸계수 k[MPa]
강	인청동	411.6 × 10-3
담글질 강	주철	343 × 10-3
담글질 강	인청동	548.8 × 10-3
담글질 강	합성수지	833 × 10-3
주철	인청동	1,038.8 × 10-3

(1) 웜의 피치를 p라 하면, $p = \pi m$,
$l = Z_w p = Z_w \pi m = 3 \times \pi \times 6 = 56.55 \text{mm}$
$\tan\beta = \dfrac{l}{\pi D_w}$, $\beta = \tan^{-1}\left(\dfrac{l}{\pi D_w}\right) = \tan^{-1}\left(\dfrac{56.55}{\pi \times 56}\right) = 17.8°$

(2) $p_n = p\cos\beta = \pi m \cos\beta = \pi \times 6 \times \cos 17.8° = 17.95 \text{mm}$
$v_g = \dfrac{\pi D_g N_g}{60 \times 1000} = \dfrac{\pi \times 360 \times 75}{60 \times 1000} = 1.41 \text{m/s}$
속도계수를 f_v라고 하면,
$f_v = \dfrac{6.1}{6.1+v_g} = \dfrac{6.1}{6.1+1.41} = 0.81$
$F_1 = f_v \sigma_b b p_n y = 0.81 \times 166.6 \times 45 \times 17.95 \times 0.125 \times 10^{-3} = 13.63 \text{kN}$

(3) $F_2 = f_v \phi D_g b_e K = 0.81 \times 1.25 \times 360 \times 36 \times 548.8 \times 10^{-6} = 7.20 \text{kN}$

(4) 여기에서 안전을 고려한다면 전달하중은 더 작은 값으로 선택해야 한다.
따라서 안전을 고려한 최대 전달하중은 다음과 같다.
$H_{kW} = F_2 v_g = 7.2 \times 1.41 = 10.15 \text{kN} \cdot \text{m/s} = 10.15 \text{kW}$

09 지름이 각각 100mm, 500mm의 주철제 벨트 풀리에 1겹 가죽벨트를 사용하여 평행걸기로 1.84kW를 전달하고자 한다. 축간거리는 2m이고 작은풀리의 회전수는 1200rpm일 때 다음을 구하시오. (단, 가죽벨트의 마찰계수는 0.2이고 종탄성계수는 100MPa, 두께는 5mm이며, 벨트굽힘에 대한 보정계수 $K = 0.5$를 적용한다)

(1) 원통풀리의 접촉각 $\theta[°]$

(2) 벨트의 폭 b[mm] (단, 가죽벨트의 허용인장응력은 1.96MPa이고 가죽벨트의 이음은 이음쇠를 사용했으며 이음효율은 50%이다)

(3) 벨트의 굽힘응력 σ_b[MPa]

정답분석

(1) 원동풀리의 접촉각을 θ, 축간거리를 C라고 하면

$$\theta = 180° - 2\phi \ , \ \sin\phi = \frac{D_2 - D_1}{2C}$$

$$\phi = \sin^{-1}\frac{D_2 - D_1}{2C} = \sin^{-1}\frac{500 - 100}{2 \times 2000} = 5.74°$$

$$\theta = 180° - 2\phi = 180° - 2 \times 5.74° = 168.5°$$

(2) $\theta = 168.5 \times \frac{\pi}{180} = 2.94$

$e^{\mu\theta} = e^{0.2 \times 2.94} = 1.8, \ H(kW) = P_e v$

$$P_e = \frac{H(kW)}{v} = \frac{1.84 \times 10^3}{6.28} = 293\text{N}, \ T_t = \frac{e^{\mu\theta} \times P_e}{e^{\mu\theta} - 1} = \frac{1.8 \times 293}{1.8 - 1} = 659.3\text{N}$$

$$\sigma_a = \frac{T_t}{bt\eta}, \ b = \frac{T_t}{\sigma_a t\eta} = \frac{659.3}{1.96 \times 5 \times 0.5} = 134.54\text{mm}$$

(3) $\sigma_b = E\varepsilon = E\frac{Kt}{D} = 100 \times \frac{0.5 \times 5}{100} = 2.5\text{MPa}$

10 No.40인 롤러체인의 피치 12.7mm, 잇수가 각각 $Z_1 = 20, \ Z_2 = 40$, 구동 스프로킷휠의 회전수는 1200 그, 축간거리는 500mm일 때 다음을 구하시오. (단, 체인의 파단하중은 15.3kN이고, 안전율은 10, 다열계수는 1.7이며 1일 운전시 부하계수 1.3을 고려한다)

(1) 롤러체인의 평균속도 v[m/s]

(2) 전달동력 H[kW]

(3) 체인링크 수 L_n[개] (단, 옵셋링크를 고려하여 짝수로 결정하시오)

정답분석

(1) $v = \frac{pZ_1N_1}{60 \times 1000} = \frac{12.7 \times 20 \times 1200}{60 \times 1000} = 5.08\text{m/s}$

(2) 안전율을 S, 파단하중을 P_u, 다열계수를 n, 부하계수를 K라고 하면,

$$H(kW) = \frac{P_u \cdot n}{S \cdot K}v = \frac{15.3 \times 1.7}{10 \times 1.3} \times 5.08 = 10.16 kW$$

(3) $L_n = \frac{2C}{p} + \frac{Z_1 + Z_2}{2} + \frac{0.0257p(Z_2 - Z_1)^2}{C}$

$= \frac{2 \times 500}{12.7} + \frac{20 + 40}{2} + \frac{0.0257 \times 12.7 \times (40 - 20)^2}{500} = 109 \cong 110 (개)$

11 그림과 같은 단식블록 브레이크를 가진 중량물의 자유낙하를 방지하려고 한다. 다음을 구하시오. (단, 마찰계수 $\mu = 0.25$이다)

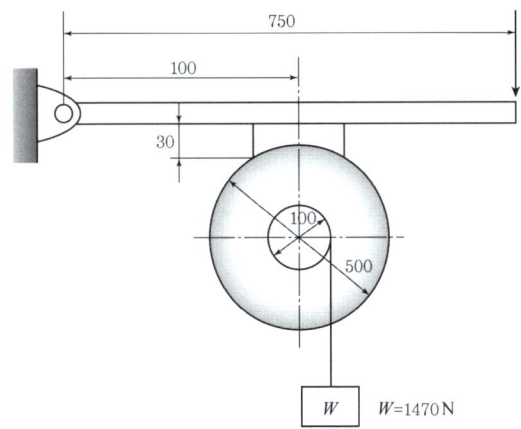

(1) 제동토크 T[J]

(2) 제동력 Q[N]

(3) 조작력 F[N]

정답분석

(1) $T = W \times \dfrac{d}{2} = 1470 \times \dfrac{100 \times 10^{-3}}{2} = 73.5\,\text{N} \cdot \text{m} = 73.5\,\text{J}$

(2) $T = Q \times \dfrac{D}{2}$

$Q = \dfrac{2T}{D} = \dfrac{2 \times 73.5 \times 10^3}{500} = 294\,\text{N}$

(3) $f = \mu P = Q$

$Fa - Pb - Qc = 0$

$Fa = Pb + Qc$

$F = \dfrac{\dfrac{Q}{\mu}b + Qc}{a} = \dfrac{\dfrac{294}{0.25} \times 100 + 294 \times 30}{750} = 168.54\,\text{N}$

12 3.6kN의 압축하중이 작용하는 겹판스프링에서 스팬의 길이가 1400mm, 강판의 나비 80mm, 두께 15mm, 밴드 폭이 100mm일 때 다음을 구하라(단, 스프링의 굽힘응력 $\sigma_b = 93\,\text{MPa}$, 스팬의 유효길이 $l_e = l - 0.6e$ 스프링의 종탄성계수 $E = 20.58 \times 10^4\,\text{MPa}$이다).

(1) 겹판의 수 n[개]

(2) 겹판스프링의 수축량 δ[mm]

(3) 고유주파수 f[Hz]

정답분석

(1) $\sigma_b = \dfrac{3Pl_e}{2nbh^2}$

여기에서 e를 밴드의 조임 폭이라 하면

$l_e = l - 0.6e = 1400 - 0.6 \times 100 = 1340\,\text{mm}$

$n = \dfrac{3Pl_e}{2bh^2\sigma_b} = \dfrac{3 \times 3.6 \times 10^3 \times 1340}{2 \times 80 \times 15^2 \times 93} = 4.323 \fallingdotseq 5$개

(2) $\delta = \dfrac{3Pl_e^3}{8nbh^3E} = \dfrac{3 \times 3.6 \times 10^3 \times 1340^3}{8 \times 5 \times 80 \times 15^3 \times 20.58 \times 10^4} = 11.7\,\text{mm}$

(3) $f = \dfrac{\omega_c}{2\pi} = \dfrac{1}{2\pi}\sqrt{\dfrac{g}{\delta}} = \dfrac{1}{2\pi}\sqrt{\dfrac{9800}{11.69}} = 4.608\,\text{Hz}$

제 2 회

01 그림과 같은 아이볼트에 $F_1 = 6kN$, $F_2 = 8kN$의 하중과 $F = 15kN$이 작용할 때 다음을 구하시오.

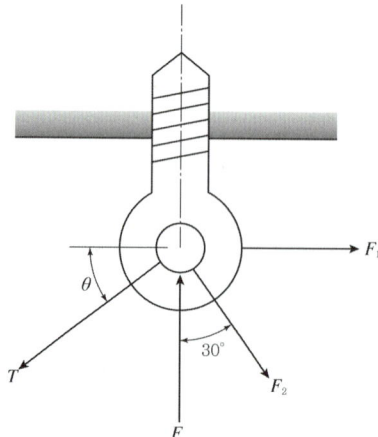

(1) T의 각도 $\theta[°]$와 크기[kN]

(2) 호칭지름 10cm, 피치 3cm, 골 지름 8cm일 때 최대 인장응력[MPa]

정답분석

(1) 1) x축 방향 힘의 분력, $\sum F_x = 0$

$T\cos\theta = F_1 + F_2\sin30° = 6 + 8\sin30° = 10kN$

2) y축 방향 힘의 분력, $\sum F_y = 0$

$T\sin\theta = F - F_2\cos30° = 15 - 8\cos30° = 8.07kN$

3) $\tan\theta = \dfrac{T \cdot \sin\theta}{T \cdot \cos\theta} = \dfrac{8.07}{10}$

$\theta = \tan^{-1}(0.807) = 38.9°$

x축 방향 힘의 분력에서

$T\cos(38.9) = 10kN$, $T = \dfrac{10(kN)}{\cos(38.9)} = 12.58kN$

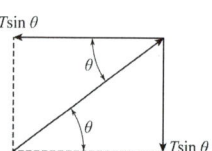 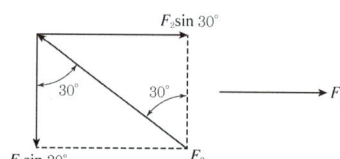

(2) $\sigma_{\max} = \dfrac{F}{A} = \dfrac{F}{\dfrac{\pi}{4}d_1^2} = \dfrac{15 \times 10^3}{\dfrac{\pi}{4} \times 80^2} = 2.984 N/mm^2 = 2.984 MPa$

02
D_1 = 32mm, D_2 = 36mm, 보스길이 58mm인 스플라인 축이 있다. 잇수는 6개이고 이 측면의 허용면 압력은 35MPa이다. 300rpm으로 회전하고 있을 때 다음을 구하라시오. 단, 이 높이 2mm, 모따기 0.15mm, 접촉효율은 75%이다)

(1) 최대 전달토크 $T[\mathrm{N} \cdot \mathrm{m}]$

(2) 최대 전달동력 $H[\mathrm{kW}]$

정답분석

(1) $T = qA_q \times Z \times \dfrac{D_m}{2}$

여기에서 스플라인의 평균지름을 D_m, 높이를 h 라 하면,

$D_m = \dfrac{d_1 + d_2}{2} = \dfrac{32 + 36}{2} = 34 \mathrm{mm}$,

$h = \dfrac{d_2 - d_1}{2} = \dfrac{36 - 32}{2} = 2 \mathrm{mm}$,

여기에 접촉효율(η)과 모따기(c)를 고려하면,

$T = \eta q A_q \times Z \times \dfrac{D_m}{2} = \eta q(h-2c)l \times Z \times \dfrac{34}{2}$

$= 0.75 \times 35 \times (2 - 2 \times 0.15) \times 58 \times 6 \times \dfrac{34}{2} = 264 \mathrm{N} \cdot \mathrm{m}$

(2) $H(kW) = T\omega = T \times \dfrac{2\pi N}{60} = 264 \times \dfrac{2\pi \times 300}{60} = 8.3 \mathrm{kW}$

03
두께 7mm, 리벳지름 14mm인 1줄 겹치기 리벳이음에서 1피치당 하중이 13kN일 때 다음을 구하시오. (단, 피치는 50mm이다)

(1) 강판의 인장응력 σ_t[MPa]

(2) 리벳의 전단응력 τ_r[MPa]

(3) 리벳이 압축응력 σ_c[MPa]

(4) 강판의 효율 η_p[%]

정답분석

(1) $\sigma_t = \dfrac{P}{A_1} = \dfrac{P}{(p-d)t} = \dfrac{13 \times 10^3}{(50-25) \times 7} = 51.59 \mathrm{N/mm}^2 = 51.59 \mathrm{MPa}$

(2) $\tau_r = \dfrac{P}{A_2} = \dfrac{P}{\dfrac{\pi}{4}d^2 \times n} = \dfrac{13 \times 10^3}{\dfrac{\pi}{4} \times 14^2 \times 1} = 84.45 \mathrm{N/mm}^2 = 84.45 \mathrm{MPa}$

(3) $\sigma_c \equiv \dfrac{P}{A_3} = \dfrac{P}{dtn} = \dfrac{13 \times 10^3}{14 \times 7 \times 1} = 132.65 \mathrm{N/mm}^2 = 132.65 \mathrm{MPa}$

(4) $\eta_p = 1 - \dfrac{d}{p} = 1 - \dfrac{14}{50} = 0.72 = 72\%$

04

복렬 자동조심 롤러베어링의 접촉각 $\alpha = 25°$, 레이디얼 하중이 2kN, 트러스트 하중은 1.5kN, 회전수가 1500rpm, 베어링의 기본 동정격하중이 55.35kN일 때 다음을 구하시오. (단, 하중계수는 1.2이고 내륜회전 하중을 받고 있다).

(1) 등가 레이디얼 하중 P_r[kN]

(2) 베어링 수명시간 L_h[hr]

[표] 베어링의 계수 V, X 및 Y값

베어링 형식	내륜 회전 하중	외륜 회전 하중	단열				복렬			e
			$F_a/VF_r > e$		$F_a/VF_r \le e$			$F_a/VF_r > e$		
	V		X	Y	X	Y		X	Y	
자동 조심 롤러 베어링 원추 롤러 베어링 $\alpha \ne 0$	1	1.2	0.4	$0.4 \times \cot\alpha$	1	$0.4 \times \cot\alpha$		0.67	$0.67 \times \cot\alpha$	$1.5 \times \tan\alpha$

정답분석

(1) e 값은 $e = 1.5\tan\alpha = 1.5 \times \tan25° = 0.7$이며, 내륜회전이므로 $V = 1.0$

$\dfrac{F_a}{VF_r} = \dfrac{1.5}{1.0 \times 2.0} = 0.75$이므로 $\dfrac{F_a}{VF_r} > e = 0.7$인 경우가 되어

1) $\dfrac{F_a}{VF_r} = \dfrac{1.5}{1.0 \times 2.0} = 0.75$, $e = 1.5\tan\alpha = 1.5 \times \tan25° = 0.69$이므로

$\dfrac{F_a}{VF_r} > e$, 내륜회전이므로 $V = 1.0$에 해당한다.

2) 문제의 표를 참고하면

레이디얼 계수: $X = 0.67$

스러스트 계수: $Y = 0.67\cot25° = 1.44$

3) $P_r = XVF_r + YF_t = 0.67 \times 1.0 \times 2.0 + 1.44 \times 1.5 = 3.5\text{kN}$

(2) 롤러 베어링이므로 $r = \dfrac{10}{3}$

$L_h = 500 \times \dfrac{33.3}{N} \times \left(\dfrac{C}{F_w P_r}\right)^r = 500 \times \dfrac{33.3}{1500} \times \left(\dfrac{55.35}{1.2 \times 3.5}\right)^{\frac{10}{3}} = 60009.14\text{hr}$

05 접촉면 압력이 0.25MPa, 나비가 25mm인 원추 클러치를 이용하여 250rpm으로 동력을 전달할 때, 전달 토크는 몇 N·m인지 구하시오. (단, 접촉면의 안지름은 150mm, 원추각 20°, 접촉면 마찰계수는 0.2이다)

정답분석

$D_2 = D_1 + 2b\sin\alpha = 150 + 25\sin 10° = 154.3\,\text{mm}$

$D_m = \dfrac{D_2 + D_1}{2} = \dfrac{154.3 + 150}{2} = 152.15\,\text{mm}$

$T = \mu Q \times \dfrac{D_m}{2} = \mu q \pi D_m b \times \dfrac{D_m}{2}$

$= 0.2 \times 0.25 \times \pi \times 152.15 \times 25 \times \dfrac{152.15}{2 \times 1000} = 45.45\,\text{N}\cdot\text{m}$

 06 홈붙이 마찰차에서 원동차의 직경이 300mm, 회전수 300rpm, 전달동력 3.68kW이고 홈의 각도 40°, 허용선압력이 24.4N/mm, 마찰계수 0.25, 홈의 높이는 12mm이다. 다음을 구하시오.

(1) 접촉 폭의 수직력 Q[N]

(2) 홈의 수 Z[개]

정답분석

(1) $\mu' = \dfrac{\mu}{\sin\alpha + \mu\cos\alpha} = \dfrac{0.25}{\sin 20° + 0.25\cos 20°} = 0.433$

$v = \dfrac{\pi D_1 N_1}{60 \times 1000} = \dfrac{\pi \times 300 \times 300}{60 \times 1000} = 4.71\,\text{m/s}$

$H(kW) = \mu' P v$

$P = \dfrac{H(kW)}{\mu' v} = \dfrac{3.68 \times 10^3}{0.433 \times 4.71} = 1804\,N$

$\mu Q = \mu' P$

$Q = \dfrac{\mu' P}{\mu} = \dfrac{0.433 \times 1817}{0.25} = 3125.27\,N$

(2) 허용(접촉)선 압력을 f라고 하면

$Z = \dfrac{l}{2h} = \dfrac{Q}{2hf} = \dfrac{3125.27}{2 \times 12 \times 24.4} = 5.34 \cong 6\,(\text{개})$

07

그림과 같은 전동기가 플랜지커플링으로 연결된 스퍼기어 전동장치가 있다. 피니언의 잇수 $Z_1 = 18$, 모듈 $m = 3$, 압력각 $\alpha = 20°$ 일 때 다음을 구하라(단, 회전비 $i = 1/3$이다).

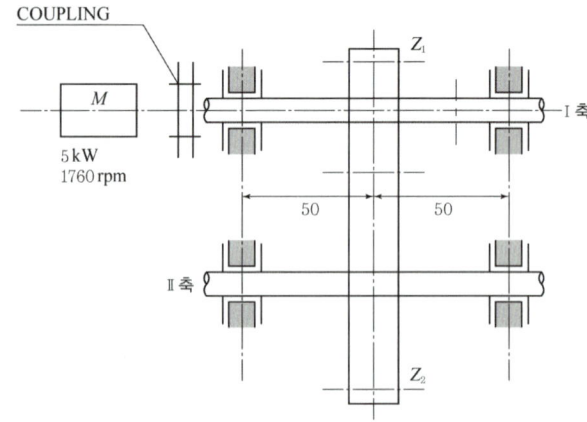

(1) 기어에 작용하는 회전력[N]

(2) 아래의 표로부터 종동축이 사용할 볼베어링을 선정하시오. (단, 베어링의 수명시간은 30000시간이고 하중계수 1., C는 기본동적 부하용량, C_0는 기본정적 부하용량이다)

형식		단열 레이디얼 볼베어링			
형식번호		6200		6300	
번호	안지름[mm]	C[N]	C_0[N]	C[N]	C_0[N]
06	30	15,300	10,000	21,800	14,500
07	35	20,000	13,800	25,900	17,250
08	40	22,700	15,650	32,000	21,800
09	45	25,400	18,150	41,500	29,700

정답분석

(1) $v = \dfrac{\pi D N}{60 \times 1000} = \dfrac{\pi m Z_1 N}{60 \times 1000} = \dfrac{\pi \times 3 \times 18 \times 1760}{60 \times 1000} = 4.98 \text{m/s}$

$H(kW) = Fv$

$F = \dfrac{H}{v} = \dfrac{5 \times 10^3}{4.98} = 1004.02 \text{N}$

(2) $F_n = \dfrac{F}{\cos\alpha} = \dfrac{1004.02}{\cos 20°} = 1068.46 \text{N}$

$P_r = \dfrac{F_n}{2} = \dfrac{1068.46}{2} = 534.23 \text{N}$

$L_h = 500 \times \dfrac{33.3}{N_2} \times \left(\dfrac{C}{f_w P_r}\right)^r$, $30000 = 500 \times \dfrac{33.3}{1760/3} \times \left(\dfrac{C}{1.5 \times 534.23}\right)^3$

$C = 8163.05 \text{N}$ 따라서 문제의 표에서 No 6206 베어링을 선정할 수 있다.

08

압력각 20°, 비틀림 각 30°인 헬리컬기어의 피니언 잇수와 회전수가 60, 900rpm이고, 치직각 모듈이 3.0, 허용굽힘응력이 250MPa, 나비가 45mm일 때 다음을 구하시오. (단, π를 포함하고 있는 수정치형계수는 0.44이고 속도비는 1/2이다)

(1) 원주속도 v[m/sec]

(2) 기어와 피니언의 상당잇수[개]

(3) 최대 전달동력[kW]

(1) 헬리컬기어의 비틀림 각을 β, 축직각모듈 m_s, 치직각모듈 m 이라 하면,
$m = m_s \cos\beta = 3.0$

$$v = \frac{\pi D_{s_1} N_1}{60 \times 1000} = \frac{\pi m_s Z_1 N_1}{60 \times 1000} = \frac{\pi \dfrac{m}{\cos\beta} Z_1 N_1}{60 \times 1000} = \frac{\pi \times \dfrac{3}{\cos 30°} \times 60 \times 900}{60 \times 1000} = 9.8 \text{m/s}$$

(2) $i = \dfrac{N_2}{N_1} = \dfrac{Z_1}{Z_2}$, $Z_2 = \dfrac{Z_1}{i} = 60 \times 2 = 120$

1) 피니언의 상당잇수

$$Z_{ep} = \frac{Z_1}{\cos^3 \beta} = \frac{60}{\cos^3 30°} = 92.38 \fallingdotseq 93개$$

2) 기어의 상당잇수

$\varepsilon = 1/2$이므로, $Z_{eg} = \dfrac{Z_2}{\cos^3 \beta} = \dfrac{120}{\cos^3 30°} = 184.75 \fallingdotseq 185개$

(3) 굽힘응력 $\sigma_b = 250 \text{MPa} = 250 \times 10^6 \text{N/m}^2 = 250 \text{N/mm}^2$

1) 속도계수(f_v)

$$f_v = \frac{3.05}{3.05 + v} = \frac{3.05}{3.05 + 9.8} = 0.2374$$

2) 회전력(전달하중, F)

$F = \sigma_b b p_n y = f_v f_w \sigma_b b \pi m_n y = f_v f_w \sigma_b b m_n Y_c$
$\quad = 0.2374 \times 1 \times 250 \times 45 \times 3.0 \times 0.44 = 3525.4 \text{N}$

$H(kW) = Fv = 3525.4 \times 9.8 \times 10^{-3} = 34.55 \text{kW}$

09 회전수 1800rpm의 모터에 의하여 250rpm의 공작기계를 3가닥의 V 벨트로 운전하고자 한다. 축간거리가 1.2m, 모터 측 풀리의 지름이 150mm일 때 다음을 구하시오. (단, 이 벨트의 허용장력은 490N이고, 홈의 각은 40°이며 벨트 1m당 하중은 2.74N/m, 마찰계수는 0.3, 부하수정계수 0.75, 접촉각 수정계수 1이다).

(1) 모터 측 풀리의 접촉각 $\theta[°]$

(2) 벨트길이 $L[m]$

(3) 최대 전달동력 $H[kW]$

정답분석

(1) $\varepsilon = \dfrac{N_2}{N_1} = \dfrac{D_1}{D_2}$, $D_2 = D_1 \times \dfrac{N_1}{N_2} = 150 \times \dfrac{1800}{250} = 1080\,\mathrm{mm}$

$\theta = 180° - 2\phi = 180° - 2\sin^{-1}\left(\dfrac{D_2 - D_1}{2C}\right)$

$= 180° - 2\sin^{-1}\left(\dfrac{1080 - 150}{2 \times 1200}\right) = 134.4°$

(2) $L = 2C + \dfrac{\pi(D_2 + D_1)}{2} + \dfrac{(D_2 - D_1)^2}{4C}$

$= 2 \times 1200 + \dfrac{\pi(1080 + 150)}{2} + \dfrac{(1080 - 150)^2}{4 \times 1200} = 4512.27\,\mathrm{mm}$

(3) 1) 원주속도

$v = \dfrac{\pi D_1 N_1}{60 \times 1000} = \dfrac{\pi \times 150 \times 1800}{60 \times 1000} = 14.14\,\mathrm{m/s}$

2) 벨트관성(T_F)

원주속도가 10m/s 이상이므로 벨트관성을 고려한다.

$T_F = ma = \dfrac{wv^2}{g} = \dfrac{2.74 \times 14.14^2}{9.8} = 55.9\,\mathrm{N}$

3) 상당마찰계수

$\mu' = \dfrac{\mu}{\sin\dfrac{\alpha}{2} + \mu\cos\dfrac{\alpha}{2}} = \dfrac{0.3}{\sin 20° + 0.3\cos 20°} = 0.481$

4) 장력비

$\theta = 134.4 \times \dfrac{\pi}{180} = 2.35$

$e^{\mu'\theta} = e^{0.481 \times 2.35} = 3.09$

5) 전달동력

$H = P_e v = (T_t - T_F)\left(\dfrac{e^{\mu'\theta} - 1}{e^{\mu'\theta}}\right)v = (490 - 55.9) \times \left(\dfrac{3.09 - 1}{3.09}\right) \times 14.14 = 4151.7\,\mathrm{W}$

$= 4.15\,\mathrm{kW}$

6) 최대전달동력

부하수정계수와 접촉각수정계수를 각각 k_1, k_2로 한다.

$H_{\max} = k_1 k_2 ZH = 0.75 \times 1 \times 3 \times 4.15 = 9.34\,\mathrm{kW}$

롤러체인 전동장치에서 작용하는 1열 롤러체인(No.6, p(pitch)=19.05mm)의 파단하중이 7.85kN이고 약간의 충격이 있음에 따라 부하보정계수를 1.3으로 적용한다. 이 체인 전동장치의 구동 스프로킷(잇수 35) 휠의 회전수가 400rpm이다. 다음을 구하시오. (단, 허용 안전율은 4이다).

(1) 평균 원주속도 v[m/s]

(2) 전달동력이 7.2kW일 때, 롤러체인의 안전율 만족여부를 판단하라.

정답분석

(1) $v = \dfrac{pZ_1 N_1}{60 \times 1000} = \dfrac{19.05 \times 35 \times 400}{60 \times 1000} = 4.445 \text{m/s}$

(2) 파단하중을 P_u, 부하보정계수를 1.3으로 하면,

$H = \dfrac{P_u}{SK} v$

$S = \dfrac{F_B}{HK} v = \dfrac{7.85}{7.2 \times 1.3} \times 4.445 = 3.728$

문제에서 허용 안전율(S)=4라고 했으므로 이 롤러체인은 불안전하다.

11 드럼축에 100rpm, 8.21kW의 전달동력이 작용하고 있는 그림과 같은 차동식 밴드 브레이크 장치가 있다. 마찰계수 0.3, 밴드접촉각 240°, 장력비 $e^{\mu\theta}$ = 3.5일 때 다음을 구하시오.

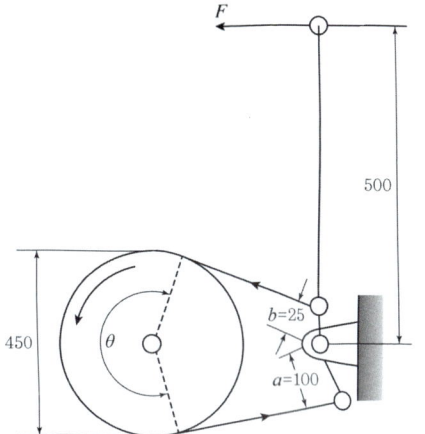

(1) 제동력 Q[N]

(2) 조작력 F[N]

정답분석

(1) $H = T\omega$, $T = \dfrac{H(kW)}{\omega} = \dfrac{8.21 \times 10^3}{\left(\dfrac{2\pi \times 100}{60}\right)} = 784 \text{N} \cdot \text{m}$

$T = P_e \times \dfrac{D}{2}$, $P_e = \dfrac{2T}{D} = \dfrac{2 \times 784}{0.45} = 3484.44 \text{N}$

제동력은 유효장력과 같으므로 $Q = T_e = 3484.44 \text{N}$

(2) $T_t = P_e \dfrac{e^{\mu\theta}}{e^{\mu\theta} - 1} = 3484.44 \times \dfrac{3.5}{3.5 - 1} = 4878.22 \text{N}$

$T_s = T_e \dfrac{1}{e^{\mu\theta} - 1} = 3484.44 \times \dfrac{1}{3.5 - 1} = 1393.78 \text{N}$

$\sum M_o = 0$, $T_s \times 100 = F \times 500 + T_t \times 25$

$F = \dfrac{T_s \times 100 - T_t \times 25}{500} = \dfrac{1393.78 \times 100 - 4878.22 \times 25}{500} = 34.85 \text{N}$

12 코일스프링에서 최대하중 450N 작용 시 8mm 길이가 줄어들었다. 코일스프링의 평균직경을 D, 소선 직경을 d라 할 때 $D=7d$의 관계를 만족한다. 스프링 소선의 허용전단응력은 175MPa, 가로탄성계수는 82GPa, 왈의 응력수정계수는 $K = \dfrac{4C-1}{4C-4} + \dfrac{0.615}{C}$ 일 때 다음을 구하시오.

(1) 소선의 최소지름 d[mm]

(2) 코일스프링의 유효권수 n[권]

정답분석

(1) $C = \dfrac{D}{d}$, $D = 7d$

$K = \dfrac{4C-1}{4C-4} + \dfrac{0.615}{C} = \dfrac{4 \times 7 - 1}{4 \times 7 - 4} + \dfrac{0.615}{7} = 1.21$

$T = \tau_a Z_p = P\dfrac{D}{2}$,

$\tau_a = K\dfrac{PD}{2Z_p} = K\dfrac{PD}{2 \times \dfrac{\pi d^3}{16}} = K\dfrac{8P \times 7d}{\pi d^3} = K\dfrac{8P \times 7}{\pi d^2}$

$d = \sqrt{K\dfrac{56P}{\pi \tau_a}} = \sqrt{1.21 \times \dfrac{56 \times 450}{\pi \times 175}} = 7.45\,\text{mm}$

(2) $\delta = \dfrac{8nD^3 W}{Gd^4} = \dfrac{8n(7d)^3 W}{Gd^4}$

여기에서 n=유효권수라고 하면,

$n = \dfrac{Gd^4 \delta}{8(7d)^3 W} = \dfrac{Gd\delta}{8 \times 7^3 \times W} = \dfrac{82 \times 10^3 \times 7.45 \times 8}{8 \times 343 \times 450} = 3.958$

따라서 권수는 $n = 3.958 \cong 4$(개)로 본다.

제 4 회

01 60kN의 중량물을 들어올릴 수 있는 나사잭이 있다. 이 나사잭의 레버에 300N의 힘을 가할 때 다음을 구하시오. (단, **나사부** 마찰계수는 0.1, 유효지름은 63.5mm, 피치 3.17mm의 사각나사이다)

(1) 나사잭의 나사부에 걸리는 비틀림모멘트 $T[\text{N} \cdot \text{m}]$

(2) 레버의 유효길이 $l[\text{mm}]$

정답분석

(1) $T = Q\left(\dfrac{p + \mu\pi d_e}{\pi d_e - \mu p}\right) \cdot \dfrac{d}{2} = 60 \times 10^3 \times \left(\dfrac{3.17 + 0.1 \times \pi \times 63.5}{\pi \times 63.5 - 0.1 \times 3.17}\right) \times \dfrac{63.5}{2}$

$= 221122.64 \text{N} \cdot \text{mm} \fallingdotseq 221.12 \text{N} \cdot \text{m}$

(2) $T = Fl$

$l = \dfrac{T}{F} = \dfrac{221122.64}{300} = 737.08 \text{mm}$

02 400rpm으로 5kW를 전달하는 풀리를 축에 부착하고자 한다. 축의 직경은 32mm이고 묻힘키의 높이가 8mm일 때 다음을 구하시오. (단, 키의 길이는 축 직경의 1.5배이고 폭은 높이와 같다).

(1) 키의 전단강도 $\tau_k[\text{MPa}]$

(2) 키의 압축강도 $\sigma_k[\text{MPa}]$

정답분석

(1) $H = T\omega$, $T = \dfrac{H}{\omega} = \dfrac{5}{\left(\dfrac{2\pi \times 400}{60}\right)} \times 10^3 = 119.37 \text{N} \cdot \text{mm}$

$\tau_k = \dfrac{2T}{bld} = \dfrac{2T}{b(1.5d)d} = \dfrac{2 \times 119.37 \times 10^3}{8 \times (1.5 \times 32) \times 32} = 19.43 \text{MPa}$

(2) $\sigma_k = \dfrac{4T}{hld} = \dfrac{4T}{h(1.5d)d} = \dfrac{4 \times 119.37 \times 10^3}{8 \times (1.5 \times 32) \times 32} = 38.86 \text{MPa}$

03 아래 그림과 같은 3축 필렛용접 구조물이 있다. 판의 한쪽에 하중 $P=12\text{kN}$이 가해질 때 $a=150\text{mm}$, $b=110\text{mm}$, $c=130\text{mm}$이고 왼쪽 용접선으로부터 용접선 중심의 위치 $\overline{x}=\dfrac{b^2}{(2b+c)}$, 필렛 용접선 전체에 대한 단위 극관성모멘트는 $I_o=\dfrac{(2b+c)^3}{12}-\dfrac{b^2(b+c)^2}{2b+c}$ 이다. 다음을 구하시오. (단, 필렛 용접부의 목 길이는 $t=10\text{mm}$이다)

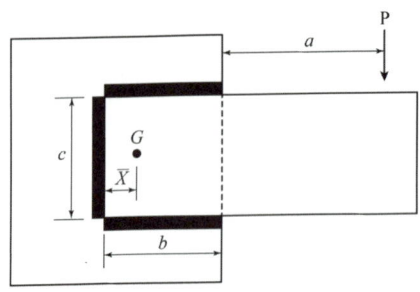

(1) 직접 전단응력 τ_1[MPa]

(2) 비틀림 최대전단응력 τ_2[MPa]

(3) 합성전단응력 τ[MPa]

정답분석 편심하중 P에 대한 총 전단응력(합성 전단응력)은 P에 의한 직접전단응력(τ_1)과 용접부에 작용하는 비틀림모멘트에 의한 비틀림전단(τ_2)을 따로 구한 다음 이를 더하여 구한다.

(1) 직접 전단응력(τ_1): $\tau_1 = \dfrac{P}{A} = \dfrac{P}{(2b+c)t} = \dfrac{12\times 10^3}{(2\times 110 + 130)\times 10} = 3.43\text{MPa}$

(2) 비틀림모멘트에 의한 비틀림전단응력(τ_2)

  1) 회전중심의 x좌표($\overline{x}$)

  $\overline{x} = \dfrac{b^2}{(2b+c)} = \dfrac{110^2}{(2\times 110 + 130)} = 34.57\text{mm}$

  2) 단위 극관성모멘트

  $I_o = \dfrac{(2b+c)^3}{12} - \dfrac{b^2(b+c)^2}{2b+c}$

  $= \dfrac{(2\times 110+130)^3}{12} - \dfrac{110^2\times(110+130)^2}{2\times 110+130} = 1{,}581{,}602.38\text{mm}^2$

  3) 비틀림모멘트와 전단응력

  $T = P(a+b-\overline{x}) = 12\times 10^3 \times (150+110-34.57) = 2{,}705{,}160\text{N}\cdot\text{mm}$

  $r = \sqrt{(110-\overline{x})^2 + (c/2)^2} = \sqrt{(110-34.57)^2 + (130/2)^2} = 99.57\text{mm}$

  $\tau_2 = \dfrac{Tr}{tI_o} = \dfrac{2{,}705{,}160\times 99.57}{10\times 1{,}571{,}602.38} = 17.14\text{MPa}$

(3) 합성전단응력 τ[MPa]

  1) $\cos\theta = \dfrac{b-\overline{x}}{r} = \dfrac{110-34.57}{99.57} = 0.76$

  2) $\tau = \sqrt{\tau_1^2 + \tau_2^2 + 2\tau_1\tau_2\cos\theta} = \sqrt{3.43^2 + 17.03^2 + 2\times 3.43\times 17.03\times 0.76} = 19.76\text{MPa}$

04 축지름 40mm, 길이 900mm, 축에 매달린 디스크의 무게 196N, 축을 지지하는 스프링의 스프링 상수 $k = 70 \times 10^6$N/m이다. 다음을 구하시오. (단, 축의 세로탄성계수는 206GPa이다).

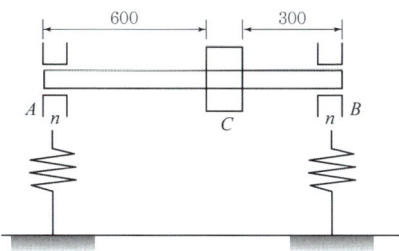

(1) 축의 처짐 δ[μm]를 구하시오. (단, 디스크의 처짐을 구하는 공식 $\delta_d = \dfrac{Wa^2b^2}{3EI(a+b)}$)

(2) 축의 자중을 무시할 때 구한 처짐에 의한 위험속도 N_{cr}[rpm]

 (1) 1) A, B단에 발생하는 직접 처짐량을 각각 δ_A, δ_B이라 하고 집중하중이 작용하는 단순보로 생각하면,

$\delta_A = \dfrac{R_A}{k} = \dfrac{1}{k} \times \dfrac{Wb}{l} = \dfrac{1}{70 \times 10^6} \times \dfrac{196 \times 0.3}{0.9} = 0.933 \times 10^{-6}$m

$\delta_B = \dfrac{R_B}{k} = \dfrac{1}{k} \times \dfrac{Wa}{l} = \dfrac{1}{70 \times 10^6} \times \dfrac{196 \times 0.6}{0.9} = 1.87 \times 10^{-6}$m

2) 디스크의 위치(C점)에서 스프링의 직접 처짐량은 아래의 그림과 같이 비례관계식을 적용해서 구한다.

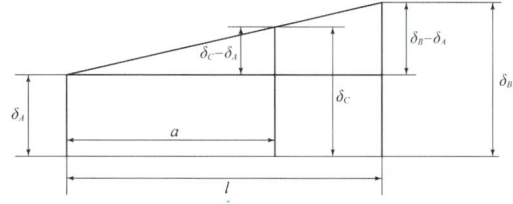

$a : (\delta_C - \delta_A) = l : (\delta_B - \delta_A)$

$\delta_C = \delta_A + \dfrac{a(\delta_B - \delta_A)}{l} = (0.933 \times 10^{-6}) + \dfrac{0.6 \times (1.87 - 0.933) \times 10^{-6}}{0.9}$

$= 1.56 \times 10^{-6}$m

3) 디스크 위치(C점)에서 디스크의 자중에 의한 스프링의 처짐량

$\delta_d = \dfrac{Wa^2b^2}{3EI(a+b)} = \dfrac{196 \times 0.6^2 \times 0.3^2}{3 \times 206 \times 10^9 \times \dfrac{\pi \times 0.04^4}{64} \times (0.6+0.3)} = 90.85 \times 10^{-6}$m

4) 디스크 위치(C점)에서의 전체 처짐량

$\delta = \delta_C + \delta_d = 1.56 \times 10^{-6} + 90.85 \times 10^{-6} = 92.41 \times 10^{-6}$m $= 92.41 \mu$m

(2) $N_{cr} = \dfrac{30}{\pi} \sqrt{\dfrac{g}{\delta}} = \dfrac{30}{\pi} \sqrt{\dfrac{9.8}{92.23 \times 10^{-6}}} = 3109.7$rpm

05

150rpm으로 49kN의 베어링 하중을 지지하는 엔드저널 베어링이 있다. 허용압력 속도계수가 1.96MPa·m/s이고 베어링 허용압력은 5.88MPa, 저널의 허용굽힘응력이 58.8MPa일 때 다음을 구하시오.

(1) 저널의 길이 l[mm]

(2) 저널의 지름[mm]

(3) 베어링의 압력을 구하고 안전성을 판단하시오.

정답분석

(1) $pv = \dfrac{\pi PN}{60 \times 1000 \times l}$,

$l = \dfrac{\pi PN}{60 \times 1000 \times pv} = \dfrac{\pi \times 49 \times 10^3 \times 150}{60 \times 1000 \times 1.96} = 196.35\,\text{mm}$

(2) $\sigma_b = \dfrac{M}{Z} = \dfrac{P\dfrac{l}{2}}{Z} = \dfrac{16Pl}{\pi d^3}$

$d = \sqrt[3]{\dfrac{16Pl}{\pi \sigma_b}} = \sqrt[3]{\dfrac{16 \times 49 \times 10^3 \times 196.35}{\pi \times 58.8}} = 94.1\,\text{mm}$

(3) $p = \dfrac{P}{dl} = \dfrac{49 \times 10^3}{94.1 \times 196.35} = 2.65\,\text{N/mm}^2 = 2.65\,\text{MPa}$

여기에서 구한 베어링 압력은 베어링 허용압력(5.88MPa)보다 작으므로 안전하다.

06

지름 120mm, 허용전단응력이 20.58MPa인 축에 플랜지 커플링이 300rpm으로 회전하고 있다. 다음을 구하시오. (단, 볼트지름 25.4mm, 6개를 사용하며 볼트 중심의 피치원 지름은 315mm, 플랜지 허브 바깥지름이 230mm, 플랜지 뿌리부의 두께가 40mm이다)

(1) 플랜지에 사용한 볼트의 전단응력 τ_B[MPa]

(2) 플랜지의 전단응력 τ_f[MPa]

(1) 1) 플랜지 커플링이 전달할 수 있는 토크를 T라 하면,

$T = \tau_a Z_P = \tau_a \times \dfrac{\pi D^3}{16} = 20.58 \times \dfrac{\pi \times 120^3}{16} = 6{,}982{,}629.5\,\text{N}\cdot\text{mm}$

2) 커플링이 전달할 수 있는 토크와 볼트에 걸리는 토크는 동일하므로,

$T = \tau_B A_B Z \dfrac{D_B}{2} = \tau_B \times \dfrac{\pi d^2}{4} Z \times \dfrac{D_B}{2}$,

$6{,}982{,}629.5\,\text{N}\cdot\text{mm} = \tau_B \times \dfrac{\pi \times 25.4^2}{4} \times 6 \times \dfrac{315}{2}$

$\tau_B = 14.58\,\text{N/mm}^2 = 14.58\,\text{MPa}$

(2) 플랜지의 전단응력(플랜지의 림(rim)뿌리에 작용하는 전단응력)을 τ_f, 뿌리의 둘레의 면적을 A_f, 축 중심에서 뿌리까지의 지름을 D_f라고 하면

$T = \tau_f A_f \dfrac{D_f}{2} = \tau_B \times \pi D_f t \times \dfrac{D_f}{2}$,

$6{,}982{,}629.5\,\text{N}\cdot\text{mm} = \tau_f \times \pi \times 230 \times 40 \times \dfrac{230}{2}$, $\tau_f = 2.1\,\text{N/mm}^2 = 2.1\,\text{MPa}$

07
매분 600회전하는 외접 원통마찰차가 있다. 이 마찰차의 지름이 450mm일 때 전달가능한 동력은 몇 kW인지 구하시오. (단, 접촉폭이 141mm, 접촉부 마찰계수는 0.25, 단위길이당 허용선압력은 14.7N/mm이다)

정답분석

허용선압력을 f라고 하면,
$$H = \mu Pv = \mu fbv = 0.25 \times 14.7 \times 141 \times \frac{\pi \times 450 \times 600}{60 \times 1000} \times 10^{-3} \cong 7.313\text{kW}$$

08
다음과 같은 한 쌍의 외접 스퍼기어가 있다. 다음을 구하시오. (단, 하중계수 $f_w = 1.0$)

항목 치차	모듈 m	압력각 $\alpha[°]$	잇수 Z	회전수 [rpm]	허용굽힘응력 σ_a[MPa]	치형계수 $Y(=\pi y)$	하용접촉면 응력계수 k[MPa]	치폭 b[mm]
피니언	4	20	25	600	294	0.363	0.78	40
기어			60	250	127.4	0.433		

(1) 굽힘강도를 고려한 최대 전달력 F_b[N]
(2) 면압강도를 고려한 전달력 F_p[N]
(3) 안전상 최대 전달동력 H[kW]

정답분석

(1) 1) 회전속도: $v = \frac{\pi D_1 N_1}{60 \times 1000} = \frac{\pi m Z_1 N_1}{60 \times 1000} = \frac{\pi \times 4 \times 25 \times 600}{60 \times 1000} = 3.14\text{m/s}$

2) 속도계수: $F_v = \frac{3.05}{3.05 + v} = \frac{3.05}{3.05 + 3.14} = 0.493$

3) 치형계수: $Y = \pi y = 0.363$

4) 하중계수: $f_w = 1.0$ (문제의 조건)

5) 문제의 표를 이용해서 피니언과 기어의 전달력(F)을 따로 구한다.
$F_p = \sigma_b bpy = f_v f_w \sigma_{b_1} b\pi my = 0.493 \times 1.0 \times 294 \times 40 \times 4 \times 0.363 = 8418.23\text{N}$
$F_g = \sigma_b bpy = f_v f_w \sigma_{b_2} b\pi my = 0.493 \times 1.0 \times 127.4 \times 40 \times 4 \times 0.433 = 4351.35\text{N}$
여기에서 전달력은 작은 값을 선택한다. $F_b = 4351.35\text{N}$

(2) $F_p = f_v kbm\left(\frac{2Z_1 Z_2}{Z_1 + Z_2}\right) = 0.493 \times 0.78 \times 40 \times 4 \times \left(\frac{2 \times 25 \times 60}{25 + 60}\right) = 2171.52\text{N}$

(3) $H(kW) = F_p v = 2171.52 \times 3.14 \times 10^{-3} = 6.82\text{kW}$

09
750rpm의 원동축으로부터 3m/s의 속도로 축간거리 800mm, 250rpm인 종동축에 전달하고자 하는 롤러체인 전동장치가 있다. 이 롤러체인의 원동축과 종동축의 스프로킷 휠의 잇수 Z_1과 Z_2는 각각 몇 개인지 구하시오. (단, 이 롤러체인의 호칭번호는 60번으로 피치가 19.05mm이다)

정답분석

$v = \frac{\pi D_1 N_1}{60 \times 1000} = \frac{pZ_1 N_1}{60 \times 1000}$, $Z_1 = \frac{60 \times 1000 v}{pN_1} = \frac{60 \times 1000 \times 3}{19.05 \times 750} = 12.6 \cong 13$(개)

$\varepsilon = \frac{N_2}{N_1} = \frac{Z_1}{Z_2}$, $Z_2 = \frac{N_1}{N_2} Z_1 = \frac{750}{250} \times 13 = 39$(개)

10 그림과 같은 내확브레이크에서 500rpm, 9.2kW의 동력을 제동하려고 한다. 다음을 구하시오. (단, 브레이크슈와 드럼 접촉부 간의 마찰계수는 0.25이고, 실린더 직경은 18mm이다)

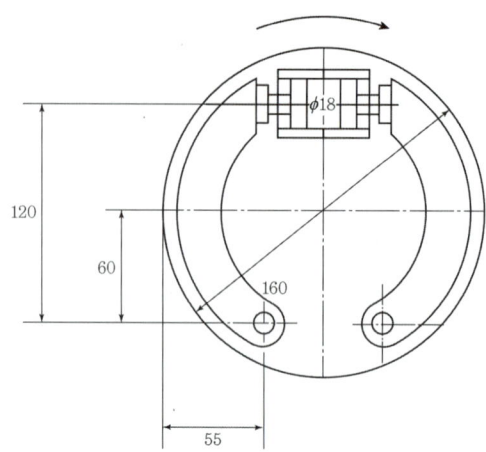

(1) 제동력 Q[N]

(2) 유압실린더 내부에서 브레이크슈를 밀어내는 힘 F[N]

(3) 유압실린더 내부에 걸리는 압력 q[MPa]

정답분석

(1) $H(kW) = T\omega$

$$T = \frac{H(kW)}{\omega} = \frac{9.2 \times 10^3}{\left(\frac{2\pi \times 500}{60}\right)} = 175.7 \text{N} \cdot \text{m}$$

$f = Q$, $T = Q \times \frac{D}{2}$

$$Q = \frac{2T}{D} = \frac{2 \times 175.7 \times 10^3}{160} = 2196.25 \text{N}$$

(2) $Q = f_1 + f_2 = \mu P_1 + \mu P_2 = \mu(P_1 + P_2)$,

$$P_1 + P_2 = \frac{Q}{\mu} = \frac{2196.25}{0.25} = 8785 \text{N}$$

문제에서 브레이크 드럼이 우회전하고 있으므로,

1) O_1을 기준으로 하는 모멘트의 평형방정식($\sum M_{O_1} = 0$)

$$P_1 \times 60 = \mu P_1 \times 55 + F \times 120, \; P_1 = \frac{F \times 120}{(60 - \mu \times 55)} = \frac{F \times 120}{(60 - 0.25 \times 55)} = 2.60F$$

2) O_2을 기준으로 하는 모멘트의 평형방정식($\sum M_{O_2} = 0$)

$$F \times 120 = \mu P_2 \times 55 + P_2 \times 60$$

$$P_2 = \frac{F \times 120}{(60 + \mu \times 55)} = \frac{F \times 120}{(60 + 0.25 \times 55)} = 1.63F$$

3) 앞에서 $P_1 + P_2 = 8785$N 이므로

$$2.6F + 1.63F = 4.23F = 8785, \; F = 2076.8 \text{N}$$

(3) $q = \frac{F}{A} = \frac{2076.8}{\frac{\pi}{4} \times 18^2} \approx 8.16 \text{MPa}$

11 스팬의 길이가 1500mm, 하중 14.7kN, 밴드 나비 100mm, 판의 폭이 100mm, 두께 12mm이고, 이 겹판스프링의 처짐은 93mm, 허용굽힘응력은 450MPa일 때 겹판스프링의 판수는 몇 장을 사용해야 하는지 구하시오. (단, 겹판스프링의 종탄성계수는 206GPa, 스프링의 유효길이는 $l_e = l - 0.6e$ 이다)

정답분석

$l_e = l - 0.6e$
$l_e = 1500 - 0.6 \times 100 = 1440 \text{mm}$

1) 처짐량을 기준으로 하는 스프링의 판수

$$\delta = \frac{3Pl_e^3}{8nbh^3E}$$

$$n = \frac{3Pl_e^3}{8bh^3E\delta} = \frac{3 \times 14.7 \times 10^3 \times 1440^3}{8 \times 100 \times 12^3 \times 206 \times 10^3 \times 93} = 4.972$$

2) 굽힘응력을 고려한 스프링의 판수

$$\sigma_{max} = \frac{M_{max}}{Z} = \frac{\dfrac{P}{2}\dfrac{l_e}{2}}{n\dfrac{bh^2}{6}} = \frac{3}{2}\frac{Pl_e}{nbh^2}$$

$$n = \frac{3}{2}\frac{Pl_e}{bh^2\sigma_{max}} = \frac{3}{2} \times \frac{14.7 \times 10^3 \times 1440}{100 \times 12^2 \times 450} = 4.9 \text{ (굽힘기준)}$$

처짐량과 굽힘을 모두 고려하면 n=5(장)이다.

12 8kW, 1500rpm의 4사이클 디젤기관에서 각속도변동율이 1/80이고 에너지 변동계수가 1.5일 때 플라이휠에 대해서 다음을 구하시오. (단, 내외경비 $x = D_1/D_2 = 0.6$, 비중량 $\gamma = 76.83 \text{kN/m}^3$, 림 두께는 50mm이다)

(1) 1사이클당 발생하는 평균에너지 $E[\text{N}\cdot\text{m}]$
(2) 질량 관성모멘트 $J[\text{N}\cdot\text{m}\cdot\text{s}^2]$
(3) 플라이 휠 바깥지름 $D_2[\text{mm}]$

(1) $H = T\omega$

$$T = \frac{H}{\omega} = \frac{8 \times 10^3}{\left(\dfrac{2\pi \times 1500}{60}\right)} = 50.93 \text{N}\cdot\text{m}$$

$E = 4\pi T = 4 \times \pi \times 50.93 = 640.0 \text{N}\cdot\text{m}$

(2) $\Delta E = qE = J\omega^2\delta$

여기에서 질량관성모멘트를 J, 각속도 변동율을 δ라 하면,

$$J = \frac{qE}{\omega^2\delta} = \frac{1.5 \times 640}{\left(\dfrac{2\pi \times 1500}{60}\right)^2 \times \dfrac{1}{80}} = 3.11 \text{N}\cdot\text{m}\cdot\text{s}^2$$

(3) $J = \dfrac{\gamma b\pi(D_2^4 - D_1^4)}{32g} = \dfrac{\gamma b\pi D_2^4(1-x^4)}{32g}$

$$D_2 = \sqrt[4]{\frac{32gJ}{\gamma b\pi(1-x^4)}} = \sqrt[4]{\frac{32 \times 9.8 \times 3.11}{76.83 \times 10^3 \times 0.05 \times \pi(1-0.6^4)}} = 0.552\text{m} = 552\text{mm}$$

2022년 기출문제

제1회

 안지름 500mm, 내압 980kPa의 압력용기가 16개의 볼트로 체결되어 있다. 볼트 재료의 허용인장응력은 47.04MPa이고 볼트의 강성계수가 8.4×10^9N/m, 가스켓의 강성계수는 9.4×10^9N/m일 때 다음을 구하시오. (단, 볼트에 가해지는 최대하중은 내압에 의해 볼트 1개에 가해지는 하중의 2/3배로 한다)

(1) 볼트의 골지름 d_1[mm]

(2) 볼트에 작용하는 초기하중 Q_1[N]

정답분석

(1) 1) 볼트의 체결력(Q): $Q = PA = P \times \dfrac{\pi D^2}{4} = 980 \times \dfrac{\pi \times 500^2}{4} \times 10^{-6} = 192.42 \text{kN}$

2) 최대 인장 하중(볼트 1개당, $W_{\max}$): $W_{\max} = \dfrac{2}{3} \dfrac{Q}{n} = \dfrac{2}{3} \times \dfrac{192.42 \times 10^3}{16} = 8017.5 \text{N}$

3) 볼트에 작용하는 인장응력: $\sigma_t = \dfrac{W_{\max}}{A} = \dfrac{W_{\max} \times 4}{\pi d_1^2}$

4) 골지름(d_1): $d_1 = \sqrt{\dfrac{4 W_{\max}}{\pi d_1^2}} = \sqrt{\dfrac{4 \times 8017.5}{\pi \times 47.04}} = 14.73 \text{mm}$

(2) 압력용기에 작용하는 초기하중(Q_1)은 최대하중($W_{\max}$)에서 볼트 하나에 작용하는 하중(Q_2)을 뺀 값으로 한다.
볼트 하나에 작용하는 하중
→ 볼트의 강성계수와 가스켓의 강성계수를 각각 k_b, k_g라고 하면,

$Q_2 = \dfrac{Q}{n} \dfrac{k_b}{k_b + K_g} = \dfrac{192.42 \times 10^3}{16} \times \dfrac{8.4 \times 10^9}{(8.4+9.6) \times 10^9} = 5612.25 \text{N}$

$W_{\max} = Q_1 + Q_2$, $Q_1 = W_{\max} - Q_2 = 8017.5 - 5612.25 = 2405.25 \text{N}$

 지름 50mm의 전동축으로 400rpm, 7.35kW를 전달할 때 묻힘키 $b \times h = 12\text{mm} \times 10\text{mm}$를 사용한다. 묻힘키의 허용전단응력 τ_a = 8MPa, 허용압축응력 σ_{c_a} = 20MPa이다. 다음을 구하시오. (단, 키의 묻힘깊이는 h/2이다)

(1) 축 토크 T[J]

(2) 묻힘키의 길이 L[mm]

정답분석

(1) $H(kW) = T\omega$, $T = \dfrac{H(kW)}{\omega} = \dfrac{7.35 \times 10^3}{\left(\dfrac{2\pi \times 400}{60}\right)} = 175.47 \text{N} \cdot \text{m} = 175.47 \text{J}$

(2) 1) 키에 작용하는 전단응력(τ_a)기준

$T = \tau_a A \times \dfrac{d}{2} = \tau_a b l_1 \times \dfrac{d}{2} \to l_1 = \dfrac{2T}{\tau_a b d} = \dfrac{2 \times 175.47}{8 \times 12 \times 50} \times 10^3 = 73.11 \text{mm}$

2) 키에 작용하는 압축응력(σ_a)기준

$T = \sigma_a A_\sigma \times \dfrac{d}{2} = \sigma_a \dfrac{h}{2} l_2 \times \dfrac{d}{2} \to l_2 = \dfrac{4T}{\sigma_{c_a} h d} = \dfrac{4 \times 175.47}{20 \times 10 \times 50} \times 10^3 = 70.19 \text{mm}$

∴ l_1과 l_2중에서 더 큰 값을 선택한다. 즉, $l = 73.11 \text{mm}$ 이다.

03 300rpm으로 8kW를 전달하는 스플라인 축이 있다. 이 측면의 허용면압을 35MPa로 하고 잇수는 6개, 이 높이는 2mm, 모따기는 0.15mm이다. 아래의 표를 적용하여 다음을 구하시오. (단, 접촉효율 75%, 보스의 길이는 58mm이다)

(1) 전달토크 T[J] (2) 스플라인의 규격(호칭지름) d[mm]

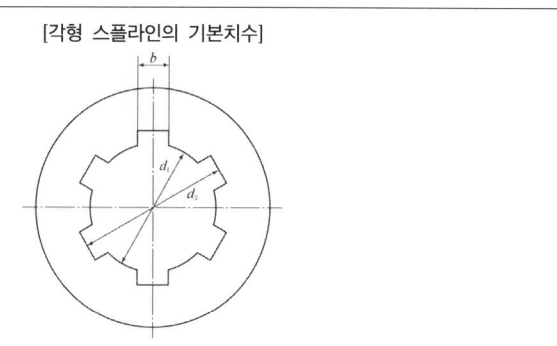

[각형 스플라인의 기본치수]

[스플라인의 규격]

[단위: mm]

형식	1형						2형					
잇수	6		8		10		6		8		10	
호칭지름 d	큰지름 d_2	나비 b	큰지름 d_2	나비 b	큰지름 d_2	나비 b	큰지름 d_2	나비 b	큰지름 d_2	나비 b	큰지름 d_2	나비 b
11	-	-	-	-	-	-	14	3	-	-	-	-
13	-	-	-	-	-	-	16	3.5	-	-	-	-
16	-	-	-	-	-	-	20	4	-	-	-	-
18	-	-	-	-	-	-	22	5	-	-	-	-
21	-	-	-	-	-	-	25	5	-	-	-	-
23	26	6	-	-	-	-	28	6	-	-	-	-
26	30	6	-	-	-	-	32	6	-	-	-	-
28	32	7	-	-	-	-	34	7	-	-	-	-
32	36	8	36	6	-	-	38	8	38	6	-	-
36	40	8	40	7	-	-	42	8	42	7	-	-
42	46	10	46	8	-	-	48	10	48	8	-	-
46	50	12	50	9	-	-	54	12	54	9	-	-
52	58	14	58	10	-	-	60	14	60	10	-	-
56	62	14	62	10	-	-	65	14	65	10	-	-
62	68	16	68	12	-	-	72	16	72	12	-	-
72	78	18	-	-	78	12	82	18	-	-	82	12
82	88	20	-	-	88	12	92	20	-	-	92	12
92	98	22	-	-	98	14	102	22	-	-	102	14
102	-	-	-	-	108	16	-	-	-	-	112	16
112	-	-	-	-	120	18	-	-	-	-	125	18

정답분석

(1) 1) 동력: $H(kW) = T\omega$

2) 전달토크: $T = \dfrac{H(kW)}{\omega} = \dfrac{8}{\left(\dfrac{2\pi \times 300}{60}\right)} = 254.65 \text{N} \cdot \text{m} = 254.65 \text{J}$

(2) 1) 스플라인 평균직경: $D_m = \dfrac{d_1 + d_2}{2}$,

2) 스플라인의 높이: $h = \dfrac{d_2 - d_1}{2}$

3) 전달토크: $T = qA_q \times Z \times \dfrac{D_m}{2}$

여기에서 접촉효율을 η, 모따기를 c라 하면,

$T = \eta qA_q \times Z \times \dfrac{D_m}{2} = \eta q(h - 2c)l \times Z \times \dfrac{D_m}{2}$,

$254.65 \times 10^3 = 0.75 \times 35 \times (2 - 2 \times 0.15) \times 58 \times 6 \times \dfrac{d_1 + d_2}{4}$

앞에서 스플라인의 평균지름과 높이의 관계에 의하면,

$d_1 + d_2 = 65.59 \text{mm}$, $h = \dfrac{d_2 - d_1}{2}$

$d_2 - d_1 = 2h = 2 \times 2 = 4 \text{mm}$

$\therefore d_2 = 34.8 \text{mm}$

04

1줄 겹치기 리벳이음에서 판두께 12mm, 리벳직경 25mm, 피치 50mm, 리벳중심에서 판끝까지의 길이 35mm이다. 1피치당 하중을 24.5kN로 할 때 다음을 구하시오.

(1) 판의 인장응력은 몇 N/mm2인가?

(2) 리벳의 전단응력은 몇 N/mm2인가?

(3) 리벳이음의 효율은 몇 %인가?

(1) $\sigma_t = \dfrac{P}{A_t} = \dfrac{P}{(p-d)t} = \dfrac{24.5 \times 10^3}{(50-25) \times 12} = 81.67 \text{N/mm}^2$

(2) $\tau = \dfrac{P}{A} = \dfrac{P}{\dfrac{\pi}{4}d^2 \times n} = \dfrac{24.5 \times 10^3}{\dfrac{\pi}{4} \times 25^2 \times 1} = 49.91 \text{N/mm}^2$

(3) 1) 리벳이음 효율: $\eta = \dfrac{\tau \dfrac{\pi}{4}d^2 \times n}{\sigma_t pt} = \dfrac{49.91 \times \dfrac{\pi}{4} \times 25^2 \times 1}{81.67 \times 50 \times 12} = 0.5 = 50\%$

2) 강판효율: $\eta_t = 1 - \dfrac{d}{p} = 1 - \dfrac{25}{50} = 0.5 = 50\%$

05 150rpm으로 49kN의 베어링 하중을 지지하는 엔드저널 베어링이 있다. 허용압력 속도계수 $p_a v =$ 1.96MPa·m/s, 저널의 허용굽힘응력 $\sigma_b = 58.8$MPa일 때 다음을 구하시오.

(1) 저널길이 l [mm]

(2) 저널직경 d [mm]

(3) 베어링 압력 p [MPa]

정답분석

(1) $p_a v = \dfrac{\pi P N}{60 \times 1000 \times l}$,

$l = \dfrac{\pi P N}{60 \times 1000 \times p_a v} = \dfrac{\pi \times 49 \times 10^3 \times 150}{60 \times 1000 \times 1.96} = 196.35 \text{mm}$

(2) $\sigma_b = \dfrac{M}{Z} = \dfrac{P\frac{l}{2}}{Z} = \dfrac{16Pl}{\pi d^3}$

$d = \sqrt[3]{\dfrac{16Pl}{\pi \sigma_b}} = \sqrt[3]{\dfrac{16 \times 49 \times 10^3 \times 196.35}{\pi \times 58.8}} = 94.1 \text{mm}$

(3) $p = \dfrac{P}{dl} = \dfrac{49 \times 10^3}{94.1 \times 196.35} = 2.65 \text{N/mm}^2 = 2.65 \text{MPa}$

---

 06 축지름 90mm의 클램프 커플링에서 볼트 6개를 사용하여 동력을 전달하고자 한다. 다음을 구하시오.(단, 마찰계수는 0.2, 볼트의 골지름은 22.2mm이다)

(1) 볼트의 허용인장응력이 34MPa일 때 최대 전달토크 T [J]

(2) 전달동력 27kW, 회전수 240rpm으로 클램프 커플링을 사용할 수 있는지 판단하시오.

정답분석

<커플링>

(1) $T = \mu \pi P \dfrac{d}{2} \dfrac{Z}{2} = \mu \pi \sigma_a \dfrac{\pi \delta^2}{4} \dfrac{d}{2} \dfrac{Z}{2}$

$= 0.2 \times \pi \times 34 \times \dfrac{\pi \times 22.2^2}{4} \times \dfrac{90}{2} \times \dfrac{6}{2} \times 10^{-3} \fallingdotseq 1116.32 \text{J}$

※ 참고 - 클램프 커플링은 분할원통형 커플링을 의미하고 체결력은 한쪽(볼트 수의 절반)에만 작용하는 것으로 본다(Z/2).

(2) $H(kW) = T\omega$

$T' = \dfrac{H(kW)}{\omega} = \dfrac{27 \times 10^3}{\left(\dfrac{2\pi \times 240}{60}\right)} = 1074.3 \text{J}$

앞에서 $T > T'$이므로 사용이 가능하다.

07 1500rpm, 2.2kW의 구동축과 30° 경사진 종동축을 갖는 유니버설조인트에서 다음을 구하시오. (단, 축의 전단응력은 30MPa이다)

(1) 종동축의 순간 최소회전수($N_{2_{min}}$ [rpm])와 최고회전수($N_{2_{max}}$ [rpm])를 구하라.

(2) 전달동력과 전단응력을 이용하여 종동축의 축지름 d[mm]를 구하라.

정답분석

(1) 1) 최소회전수: $N_{2_{min}} = N_1 \cos\alpha = 1500 \times \cos 30° = 1299.04 \mathrm{rpm}$

2) 최고회전수: $N_{2_{max}} = \dfrac{N_1}{\cos\alpha} = \dfrac{1500}{\cos 30°} = 1732.05 \mathrm{rpm}$

(2) $T = \dfrac{H(kW)}{\omega} = \dfrac{2.2 \times 10^3}{\left(\dfrac{2\pi \times 1299.04}{60}\right)} \times 10^3 = 16172.29 \mathrm{N \cdot mm}$

$T = \tau_a Z_P = \tau_a \dfrac{\pi d^3}{16} = 30 \times \dfrac{\pi d^3}{16}$

$d = \sqrt[3]{\dfrac{16T}{\pi \tau_a}} = \sqrt[3]{\dfrac{16 \times 16172.29}{\pi \times 30}} = 14 \mathrm{mm}$

08 그림과 같은 원판 무단변속장치에서 원동차의 지름 500mm, 회전수 1500rpm, 종동차의 폭 40mm, 지름 530mm, 종동차의 이동범위 40mm ≤ x ≤ 190mm, 마찰계수 μ = 0.2, 허용선압력 19.6N/mm로 할 때 다음을 구하시오.

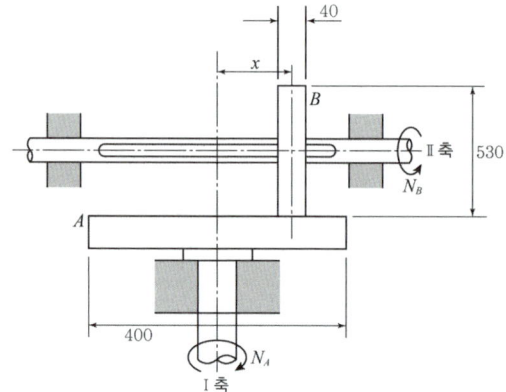

(1) 종동축의 순간 최소회전수 $N_{B_{min}}$ [rpm], $N_{B_{max}}$ [rpm]

(2) 최소 전달동력과 최대 전달동력 K_{min} [kW], K_{max} [kW]

정답분석

(1) 1) $\varepsilon = \dfrac{N_{B_{min}}}{N_A} = \dfrac{D_{A_{min}}}{D_B}$

$N_{B_{min}} = \dfrac{N_A}{D_B} D_{A_{min}} = \dfrac{N_A}{D_B} \times 2x_{min} = \dfrac{1500}{530} \times (2 \times 40) = 226.42 \mathrm{rpm}$

2) $\epsilon = \dfrac{N_{B_{max}}}{N_A} = \dfrac{D_{A_{max}}}{D_B}$

$N_{B_{max}} = \dfrac{N_A}{D_B} D_{A_{max}} = \dfrac{N_A}{D_B} \times 2x_{max} = \dfrac{1500}{530} \times (2 \times 190) = 1075.47 \mathrm{rpm}$

(2) 1) $v_{min} = \dfrac{\pi D_B N_{B_{min}}}{60 \times 1000} = \dfrac{\pi \times 530 \times 226.42}{60 \times 1000} = 6.28 \mathrm{m/s}$

2) $v_{max} = \dfrac{\pi D_B N_{B_{max}}}{60 \times 1000} = \dfrac{\pi \times 530 \times 1075.47}{60 \times 1000} = 29.85 \mathrm{m/s}$

$f = \dfrac{P}{b}$, $P = fb = 19.6 \times 40 = 784 \mathrm{N}$

3) 최소전달동력: $K(kW)_{min} = \mu P v_{min} = 0.2 \times 784 \times 10^{-3} \times 6.28 = 0.99 \mathrm{kW}$

4) 최대전달동력: $K(kW)_{max} = \mu P v_{max} = 0.2 \times 784 \times 10^{-3} \times 29.85 = 4.68 \mathrm{kW}$

09 공구압력각 14.5°, 작은 기어의 잇수 12개, 큰 기어의 잇수 28개, 2개의 기어가 서로 외접상태에 있는 전위기어를 제작하고자 한다. 모듈은 3이고 아래의 인벌류트 함수표를 참조하여 다음을 구하시오.

(1) 언더컷을 일으키지 않기 위한 2기어의 이론 전위계수 x_1과 x_2

  (단, 소수점 아래 5자리까지 계산하시오)

(2) 아래의 인벌류트 함수표를 이용하여 중심거리 C[mm]

(3) 기어의 총 이높이 H[mm] (단, 기어의 조립부 간격 $c_k = 0.25m$, m은 모듈이다)

[인벌류트 함수표]							
α	inv α	α	inv α	α	inv α	α	inv α
10.00	0.0017941	12.00	0.0031171	14.00	0.0049819	16.00	0.0074917
.05	0.0018213	.05	0.0031567	.05	0.0050364	.05	0.0075647
.10	0.0018489	.10	0.0031966	.10	0.0050912	.10	0.0076372
.15	0.0018767	.15	0.0032369	.15	0.0051465	.15	0.0077101
.20	0.0019048	.20	0.0032775	.20	0.0052022	.20	0.0077835
.25	0.0019332	.25	0.0033185	.25	0.0052582	.25	0.0078574
.30	0.0019619	.30	0.0033598	.30	0.0053147	.30	0.0078318
.35	0.0019909	.35	0.0034014	.35	0.0053716	.35	0.0080067
.40	0.0020201	.40	0.0034434	.40	0.0054290	.40	0.0080820
.45	0.0020496	.45	0.0034858	.45	0.0054867	.45	0.0081578
.50	0.0020795	.50	0.0035285	.50	0.0055448	.50	0.0082342
.55	0.0021096	.55	0.0035716	.55	0.0056034	.55	0.0083110
.60	0.0021400	.60	0.0036150	.60	0.0056624	.60	0.0083883
.65	0.0021707	.65	0.0036588	.65	0.0057218	.65	0.0084661
.70	0.0022017	.70	0.0037029	.70	0.0057817	.70	0.0085444
.75	0.0022330	.75	0.0037474	.75	0.0058420	.75	0.0086232
.80	0.0022646	.80	0.0037923	.80	0.0059027	.80	0.0087025
.85	0.0022966	.85	0.0038375	.85	0.0059638	.85	0.0087823
.90	0.0023288	.90	0.0038831	.90	0.0060254	.90	0.0088626
.95	0.0023613	.95	0.0039291	.95	0.0060874	.95	0.0089434
18.00	0.0107604	20.00	0.0149044	22.00	0.0200538	24.00	0.0263497
.05	0.0108528	.05	0.0150203	.05	0.0201966	.05	0.0265231
.10	0.0109458	.10	0.0151369	.10	0.0203401	.10	0.0266973
.15	0.0110393	.15	0.0152540	.15	0.0204844	.15	0.0268723
.20	0.0111334	.20	0.0153719	.20	0.0206294	.20	0.0270481
.25	0.0112280	.25	0.0154903	.25	0.0207750	.25	0.0272248
.30	0.0113231	.30	0.0156094	.30	0.0209215	.30	0.0274023
.35	0.0114189	.35	0.0157291	.35	0.0210686	.35	0.025806
.40	0.0115151	.40	0.0158495	.40	0.0212165	.40	0.0277598
.45	0.0116120	.45	0.0159705	.45	0.0213651	.45	0.0279398
.50	0.0117094	.50	0.0160922	.50	0.0215145	.50	0.0281206
.55	0.0118074	.55	0.0162145	.55	0.0216646	.55	0.0283023

정답분석

(1) 작은 기어의 전위계수: $x_1 = 1 - \dfrac{Z_1}{2}\sin^2\alpha = 1 - \dfrac{12}{2}\times \sin^2 14.5° = 0.62386$

큰 기어의 전위계수: $x_2 = 1 - \dfrac{Z_2}{2}\sin^2\alpha = 1 - \dfrac{28}{2}\times \sin^2 14.5° = 0.12234$

(2) 1) 표에서 $\alpha = 14.5°$ 일 때 $\mathrm{inv}\,\alpha = 0.0055448$이므로 아래 식에 대입한다.

$$\mathrm{inv}\,\alpha_b = \mathrm{inv}\,\alpha + 2\times \left(\dfrac{x_1+x_2}{Z_1+Z_2}\right)\tan\alpha$$

$$= 0.0055448 + 2\times \left(\dfrac{0.62386+0.12234}{12+28}\right)\times \tan 14.5° = 0.015194$$

2) 중심거리 증가계수(y): 함수표에서 0.015194 값은 $\alpha = 20.10°$와 20.15° 간에 보간법을 적용하면 더 정확한 값을 구할 수도 있다.

$$y = \dfrac{Z_1+Z_2}{2}\left(\dfrac{\cos\alpha}{\cos\alpha_b}-1\right) = \dfrac{12+28}{2}\left(\dfrac{\cos 14.5°}{\cos 20.15°}-1\right) = 0.62535$$

3) 중심거리(C)

$$C = \dfrac{D_1+D_2}{2} + ym = \dfrac{mZ_1+mZ_2}{2} + ym = \dfrac{3\times(12+28)}{2} + 0.62535\times 3 = 61.88\,\mathrm{mm}$$

(3) $H = (2m + c_k) - (x_1 + x_2 - y)m$

$$= (2\times 3 + 0.25\times 3) - (0.62386 + 0.12234 - 0.62535)\times 3 = 6.39\,\mathrm{mm}$$

10

50번 롤러체인을 사용해 스프로킷의 잇수 17, 750rpm의 구동축에서 250rpm의 종동축으로 동력을 전달하고자 한다. 축간거리가 820mm일 때 다음을 구하시오. (단, 체인의 피치는 15.88mm이다)

(1) 체인의 평균회전속도 v[m/s]

(2) 체인의 링크 수와 체인의 길이 (단, 링크 수는 짝수로 계산하시오)

정답분석

(1) $v = \dfrac{pZ_1 N_1}{60\times 1000} = \dfrac{15.88\times 17\times 750}{60\times 1000} = 3.37\,\mathrm{m/s}$

(2) $\varepsilon = \dfrac{N_2}{N_1} = \dfrac{Z_1}{Z_2}$, $Z_2 = Z_1\times \dfrac{N_1}{N_2} = 17\times \dfrac{750}{250} = 51$개

$$L_n = \dfrac{2C}{p} + \dfrac{Z_1+Z_2}{2} + \dfrac{0.0257p(Z_2-Z_1)^2}{C}$$

$$= \dfrac{2\times 820}{15.88} + \dfrac{17+51}{2} + \dfrac{0.0257\times 15.88(51-17)^2}{820} = 137.85 \cong 138\ (개)$$

$L = L_n p = 138\times 15.88 = 2191.44$

11 드럼축에 147J의 토크가 작용하는 그림과 같은 외 작용선용 블록 브레이크가 있다. 블록과 드럼의 접촉면 마찰계수가 0.25일 때 다음을 구하시오.(단, 드럼의 회전수는 300rpm, 브레이크 용량은 5.89MPa · m/s 이다)

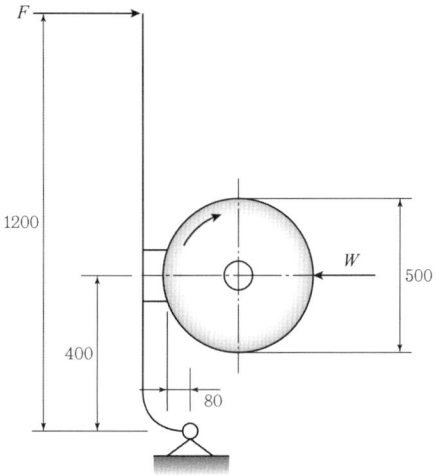

(1) 레버에 작용하는 힘 F[N]

(2) 브레이크 블록의 길이가 75mm일 때 브레이크 블록의 h[mm]

---

(1) 접촉부 마찰력은 $f = \mu W$이므로

$$T = f \times \frac{D}{2} = \mu W \times \frac{D}{2}$$

$$W = \frac{2T}{\mu D} = \frac{2 \times 147}{0.25 \times 500} \times 10^3 = 2352 \text{N}$$

문제의 블록브레이크는 2형식(c<0)이며 우회전을 하고 있으므로,

$$Fl - Wa + \mu Wb = 0, \quad F = \frac{Wa - \mu Wb}{l} = 0$$

$$F = \frac{2352 \times 400 - 0.25 \times 2352 \times 80}{1200} = 744.8 \text{N}$$

(2) $\mu qv = \mu \times \dfrac{W}{A} \times \dfrac{\pi DN}{60 \times 1000} = 5.89$

$$A = \frac{\mu W \pi DN}{60 \times 1000 \times 5.89} = \frac{0.25 \times 2352 \times \pi \times 500 \times 300}{60 \times 1000 \times 5.89} = 784.07 \text{mm}^2$$

12 180.42N의 최대하중을 받는 원통코일 스프링의 평균지름이 40mm, 스프링지수 8, 유효권수가 6일 때 다음을 구하시오. (단, 코일의 횡탄성계수 G = 78.4GPa이다)

(1) 코일 스프링의 허용가능한 최대전단응력 τ_{max} [MPa]

(2) 스프링상수 k [N/mm]

정답분석

(1) $C = \dfrac{D}{d}$, $d = \dfrac{D}{C} = \dfrac{40}{8} = 5\,\text{mm}$

$K = \dfrac{4C-1}{4C-4} + \dfrac{0.615}{C} = \dfrac{4 \times 8 - 1}{4 \times 8 - 4} + \dfrac{0.615}{8} = 1.184$

$T = \tau_a Z_p = P\dfrac{D}{2}$

$\tau_{max} = K\dfrac{PD}{2Z_p} = K\dfrac{PD}{2 \times \dfrac{\pi d^3}{16}} = K\dfrac{8PD}{\pi d^3} = 1.184 \times \dfrac{8 \times 180.42 \times 40}{\pi \times 5^3} = 174.07\,\text{MPa}$

(2) $P = k\delta = k\dfrac{8nD^3 P}{Gd^4}$

$k = \dfrac{Gd^4}{8nD^3} = \dfrac{78.4 \times 10^3 \times 5^4}{8 \times 6 \times 40^3} = 15.95\,\text{N/mm}$

제 2 회

01 수나사의 유효지름 65mm, 피치 10mm인 나사잭을 사용하여 13kN을 들어올릴 때 다음을 구하시오. (단, 나사부 마찰계수 0.15, 칼라부 마찰계수 0.11, 칼라부 유효직경은 80mm이다)

(1) 나사잭의 회전토크 T [J]

(2) 나사잭의 효율 η [%]

정답분석

(1) 여기에서 칼라부의 유효반경을 r_m이라 하면,

$T = T_1 + T_2 = \mu_1 Q r_m + Q\left(\dfrac{p + \mu \pi d_e}{\pi d_e - \mu p}\right) \cdot \dfrac{d_e}{2}$

$= (0.11 \times 13 \times 10^3 \times 0.04) + 13 \times 10^3 \times \left(\dfrac{0.01 + 0.15 \times \pi \times 0.065}{\pi \times 0.065 - 0.15 \times 0.01}\right) \times \dfrac{0.065}{2}$

$= 141.89 \text{N} \cdot \text{m} = 141.89 \text{J}$

(2) $\eta = \dfrac{Qp}{2\pi T} = \dfrac{13 \times 10^3 \times 0.01}{2\pi \times 141.89} = 0.1458 = 14.58\%$

02 코터이음에서 축에 작용하는 인장하중 39.24kN, 소켓의 바깥지름 130mm, 로드의 지름 65mm, 코터의 나비 65mm, 코터의 두께 20mm, 축지름 60mm일 때 다음을 구하시오.

(1) 코터 구멍부분의 소켓의 인장응력 σ_t [MPa]

(2) 코터의 굽힘응력 σ_b [MPa]

정답분석

(1) $\sigma_t = \dfrac{P}{\dfrac{\pi(D^2 - d_1^2)}{4} - (D - d_1)t} = \dfrac{39.24 \times 10^3}{\dfrac{\pi \times (130^2 - 65^2)}{4} - (130 - 65) \times 20} = 4.53 \text{MPa}$

(2) $M_{\max} = \sigma_b Z$

$\sigma_b = \dfrac{M_{\max}}{Z} = \dfrac{\left(\dfrac{PD}{8}\right)}{\left(\dfrac{tb^2}{6}\right)} = \dfrac{3PD}{4tb^2} = \dfrac{3 \times 39.24 \times 10^3 \times 130}{4 \times 20 \times 65^2} = 45.28 \text{MPa}$

03 그림과 같은 편심하중을 $W = 30\text{kN}$을 받는 리벳이음에서 다음을 구하시오.

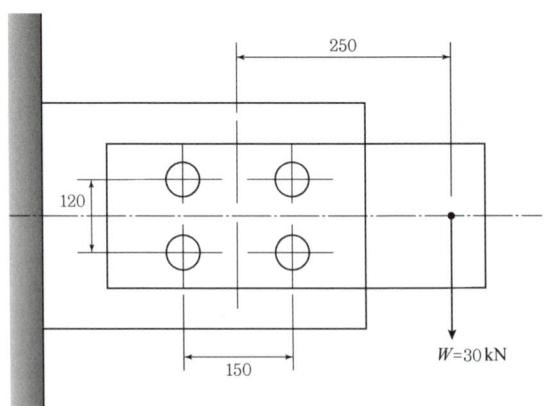

(1) 리벳에 작용하는 최대전단력 $F[\text{kN}]$

(2) 리벳의 최대전단응력 $\tau[\text{MPa}]$ (단, 리벳의 직경은 24mm이다)

정답분석

(1) 1) 직접전단력(F_1): $F_1 = \dfrac{W}{Z} = \dfrac{30}{4} = 7.5\text{kN}$

2) 비틀림모멘트에 의한 굽힘전단력(F_2)

$$T = Wl = 4F_2 r, \quad F_2 = \dfrac{Wl}{4r} = \dfrac{30 \times 250}{4 \times \sqrt{75^2 + 60^2}} = 19.52\text{kN}$$

3) 리벳이음의 최대전단력은

$$\cos\theta = \dfrac{75}{\sqrt{75^2 + 60^2}} = 0.78$$

$$F = \sqrt{F_1^2 + F_2^2 + 2F_1 F_2 \cos\theta} = \sqrt{7.5^2 + 19.52^2 + 2 \times 7.5 \times 19.52 \times 0.78} = 25.8\text{kN}$$

(2) $\tau = \dfrac{F}{A} = \dfrac{4F}{\pi d^2} = \dfrac{4 \times 25.8}{\pi \times 24^2 \times 10^3} = 57.03\text{MPa}$

04 150rpm으로 회전하는 깊은 홈 볼 베어링의 기본 동정격하중이 45kN일 때 레이디얼 하중이 8kN, 10kN, 12kN으로 주기적 반복 변동한다. 이때 다음을 구하시오. (단, 베어링 하중계수 $f_w = 1.3$이다)

(1) 베어링의 평균유효하중 $P_m[\text{kN}]$

(2) 베어링의 수명시간 $L_h[\text{hr}]$

정답분석

(1) 평균 유효하중(최대 등가하중)을 P_m이라 하면,

$$P_m = \dfrac{2P_{\max} + P_{\min}}{3} = \dfrac{2 \times 12 + 8}{3} = 10.67\text{kN}$$

(2) 볼 베어링 이므로 $r = 3$이면

$$L_h = 500 \times \dfrac{33.3}{N} \times \left(\dfrac{C}{f_w P}\right)^r = 500 \times \dfrac{33.3}{150} \times \left(\dfrac{45}{1.3 \times 10.67}\right)^3 = 3789.98\text{hr}$$

05

외경이 50mm인 중공축이 270J의 굽힘모멘트와 88J의 비틀림모멘트를 동시에 받고 있을 때 다음을 구하시오. (단, 축의 허용비틀림응력 τ_a = 0.8GPa이다)

(1) 상당 비틀림모멘트 T_e[J]

(2) 상당 굽힘모멘트 M_e[J]

(3) 중공축의 안지름 d_1[mm]

정답분석

(1) $T_e = \sqrt{M^2 + T^2} = \sqrt{270^2 + 88^2} = 283.98$J

(2) $M_e = \dfrac{1}{2}(M + T_e) = \dfrac{1}{2} \times (270 + 283.98) = 276.99$J

(3) $T_e = \tau_a Z_P = \tau_a \times \dfrac{\pi(d_2^4 - d_1^4)}{16 d_2}$

$d_1 = \sqrt[4]{d_2^4 - \dfrac{16 d_2 T_e}{\pi \tau_a}} = \sqrt[4]{50^4 - \dfrac{16 \times 50 \times 283.98}{\pi \times 0.8}} = 49.82$mm

06

300mm, 500rpm의 원통마찰차로 3kW의 동력을 전달하고자 한다. 다음을 구하시오. (단, 접촉부 마찰계수는 0.3, 허용선압은 12.5N/mm이다)

(1) 마찰차의 전달속도 v[m/s]

(2) 접촉 폭 b[mm]

정답분석

(1) $v = \dfrac{\pi D N}{60 \times 1000}$

$= \dfrac{\pi \times 300 \times 500}{60 \times 1000} = 7.85$m/s

(2) $H_{kW} = \mu P v$

$P = \dfrac{H_{kW}}{v \mu} = \dfrac{3 \times 10^3}{7.85 \times 0.3} = 1273.89$N

$f = \dfrac{P}{b}$

$b = \dfrac{P}{f} = \dfrac{1273.89}{12.5} = 101.91$mm

07

공구압력각이 14.5°, 소기어의 잇수 16, 대기어의 잇수 28인 2개의 기어가 외접상태에 있는 전위기어를 제작하고자 한다. 모듈은 4이고 아래의 인벌류트 함수표를 참고하여 다음을 구하시오.

(1) 언더컷을 일으키지 않기 위한 2기어의 이론 전위계수 x_1과 x_2

　(단, 답은 소수점 이하 5자리까지 쓰시오)

(2) 백래시(치면높이)가 0일 때 2기어의 중심거리 C[mm]

(3) 기어의 총 이 높이 H[mm] (단, 기어 조립부 간격이며, 여기서 m은 C_k = 0.25m 모듈이다)

[인벌류트 함수표]								
α	inv α	α	inv α	α	inv α	α	inv α
10.00	0.0017941	12.00	0.0031171	14.00	0.0049819	16.00	0.0074917
.05	0.0018213	.05	0.0031567	.05	0.0050364	.05	0.0075647
.10	0.0018489	.10	0.0031966	.10	0.0050912	.10	0.0076372
.15	0.0018767	.15	0.0032369	.15	0.0051465	.15	0.0077101
.20	0.0019048	.20	0.0032775	.20	0.0052022	.20	0.0077835
.25	0.0019332	.25	0.0033185	.25	0.0052582	.25	0.0078574
30	0.0019619	30	0.0033598	30	0.0053147	30	0.0078318
.35	0.0019909	.35	0.0034014	.35	0.0053716	.35	0.0080067
.40	0.0020201	.40	0.0034434	.40	0.0054290	.40	0.0080820
.45	0.0020496	.45	0.0034858	.45	0.0054867	.45	0.0081578
.50	0.0020795	.50	0.0035285	.50	0.0055448	.50	0.0082342
.55	0.0021096	.55	0.0035716	.55	0.0056034	.55	0.0083110
.60	0.0021400	.60	0.0036150	.60	0.0056624	.60	0.0083883
.65	0.0021707	.65	0.0036588	.65	0.0057218	.65	0.0084661
.70	0.0022017	.70	0.0037029	.70	0.0057817	.70	0.0085444
.75	0.0022330	.75	0.0037474	.75	0.0058420	.75	0.0086232
.80	0.0022646	.80	0.0037923	.80	0.0059027	.80	0.0087025
.85	0.0022966	.85	0.0038375	.85	0.0059638	.85	0.0087823
.90	0.0023288	.90	0.0038831	.90	0.0060254	.90	0.0088626
.95	0.0023613	.95	0.0039291	.95	0.0060874	.95	0.0089434
19.00	0.012711	21.00	0.0173449	23.00	0.0230491	25.00	0.0299754
.05	0.0128189	.05	0.0174738	.05	0.0232067	.05	0.0301655
.10	0.0129232	.10	0.0176034	.10	0.0233651	.10	0.0303566
.15	0.0130281	.15	0.0177337	.15	0.0235242	.15	0.0305485
.20	0.0131336	.20	0.0178949	.20	0.0236842	.20	0.0307413
.25	0.0132398	.25	0.0179963	.25	0.0238449	.25	0.0309350
30	0.0133645	30	0.0181286	30	0.0240063	30	0.0311295
.35	0.0134538	.35	0.0182616	.35	0.0241686	.35	0.0313250
.40	0.0135617	.40	0.0183953	.40	0.0243316	.40	0.0315213
.45	0.0136702	.45	0.0185296	.45	0.0244954	.45	0.0317185
.50	0.0137794	.50	0.0186647	.50	0.0246600	.50	0.0319166
.55	0.0138891	.55	0.0188004	.55	0.0248254	.55	0.0321156

정답분석

(1) 1) 작은 기어의 전위계수: $x_1 = 1 - \dfrac{Z_1}{2}\sin^2\alpha = 1 - \dfrac{16}{2}\times \sin^2 14.5° = 0.49848$

2) 큰 기어의 전위계수: $x_2 = 1 - \dfrac{Z_2}{2}\sin^2\alpha = 1 - \dfrac{28}{2}\times \sin^2 14.5° = 0.12234$

(2) 1) 표에서 $\alpha = 14.5°$일 때 $\operatorname{inv}\alpha = 0.00554448$이므로 아래 식에 대입한다.

$$\operatorname{inv}\alpha_b = \operatorname{inv}\alpha + 2\times\left(\dfrac{x_1+x_2}{Z_1+Z_2}\right)\tan\alpha$$
$$= 0.0055448 + 2\times\left(\dfrac{0.49848+0.12234}{16+27}\right)\times\tan 14.5° = 0.012843$$

2) 중심거리 증가계수(y): 함수표에서 0.012848 값은 $\alpha = 19.05°$와 19.10° 간에 보간법을 적용하면 더 정확한 값을 구할 수 있다.

$$y = \dfrac{Z_1+Z_2}{2}\left(\dfrac{\cos\alpha}{\cos\alpha_b}-1\right) = \dfrac{16+28}{2}\left(\dfrac{\cos 14.5°}{\cos 19.05°}-1\right) = 0.5333$$

3) 중심거리(C)

$$C = \dfrac{D_1+D_2}{2}+ym = \dfrac{mZ_1+mZ_2}{2}+ym$$
$$= \dfrac{4\times(16+28)}{2}+0.5333\times 4 = 90.13\,\text{mm}$$

(3) $H = (2m+c_k) - (x_1+x_2-y)m$
$= (2\times 4+0.25\times 4) - (0.49848+0.12234-0.5333)\times 4 = 8.65\,\text{mm}$

08
축각 80°, 모듈 $m = 5$, 피니언의 잇수 20, 기어의 잇수 60인 베벨기어에서 다음을 구하시오.

(1) 기어의 바깥지름 D_{o2}[mm]

(2) 피니언의 원추모선의 길이 L[mm]

(3) 피니언의 상당 스퍼기어 잇수 Z_e

정답분석

(1) $\varepsilon = \dfrac{N_2}{N_1} = \dfrac{Z_1}{Z_2} = \dfrac{20}{60} = \dfrac{1}{3}$

$\tan\gamma_1 = \dfrac{\sin\Sigma}{\dfrac{1}{i}+\cos\Sigma}$, $\gamma_1 = \tan^{-1}\left(\dfrac{\sin 80°}{3+\cos 80°}\right) = 17.24°$

$\gamma_2 = \Sigma - \gamma_1 = 80° - 17.24° = 62.76°$

$D_{o2} = m(Z_2+2\cos\gamma_2) = 5\times(60+2\times\cos 62.76°) = 304.58\,\text{mm}$

(2) $L\sin\gamma_1 = \dfrac{D_1}{2}$

$L = \dfrac{D_1}{2\sin\gamma_1} = \dfrac{mZ}{2\sin\gamma_1} = \dfrac{5\times 20}{2\times\sin 17.24°} = 168.71\,\text{mm}$

(3) $Z_e = \dfrac{Z_1}{\cos\gamma_1} = \dfrac{20}{\cos 17.24°} = 20.94 \cong 21$

09 회전수 350rpm, 풀리의 지름 450mm인 원동풀리로부터 축간거리 4m의 종동풀리에 가죽벨트로 3.8kW를 전달하는 평벨트 전동장치가 있다. 다음을 구하시오. (단, 종동풀리의 지름은 650mm, 장력비 1.86, 가죽벨트의 허용인장응력 2.0MPa, 이음효율 80%, 벨트의 두께가 9mm이다)

(1) 벨트의 유효장력 T_e[N]

(2) 벨트의 폭 b[mm]

정답분석

(1) $v = \dfrac{\pi D_1 N_1}{60 \times 1000} = \dfrac{\pi \times 450 \times 350}{60 \times 1000} = 8.25 \text{m/s}$

$H = P_e v$

$P_e = \dfrac{H}{v} = \dfrac{3.8 \times 10^3}{8.25} = 460.6 \text{N}$

(2) $T_t = \dfrac{e^{\mu\theta}}{e^{\mu\theta}-1} \times P_e = \dfrac{1.86}{1.86-1} \times 460.6 = 996.2 N$

$\sigma_a = \dfrac{T_t}{bt\eta}$

$b = \dfrac{T_t}{\sigma_a t \eta} = \dfrac{996.18}{2 \times 9 \times 0.8} = 69.18 \text{mm}$

10 50번 롤러체인(파단하중 21.67kN, 피치 15.88mm) 스프라켓 휠의 잇수 Z_1 = 18, Z_2 = 60이고 중심거리 800mm이며 구동 스프라켓 휠의 회전수는 800rpm이다. 다음을 구하시오. (단, 안전율은 15로 한다)

(1) 전달동력 H[kW]

(2) 링크 수 L_n[개]

정답분석

(1) $v = \dfrac{pZ_1 N_1}{60 \times 1000} = \dfrac{15.88 \times 18 \times 800}{60 \times 1000} = 3.81 \text{m/s}$

$H(kW) = Fv = \dfrac{F_u}{S}v = \dfrac{21.67}{15} \times 3.81 = 5.504 \text{kW}$

(2) $L_n = \dfrac{2C}{p} + \dfrac{Z_1+Z_2}{2} + \dfrac{0.0257p(Z_2-Z_1)^2}{C}$

$= \dfrac{2 \times 800}{15.88} + \dfrac{18+60}{2} + \dfrac{0.0257 \times 15.88 \times (60-18)^2}{900} = 140.56 \cong 142$개

11 그림과 같은 블록 브레이크에서 a는 900mm, b는 200mm, c는 24mm이고 드럼의 직경은 200mm이다. 다음을 구하시오. (단, 제동동력은 2.3kW이고 드럼의 회전수는 360rpm이다)

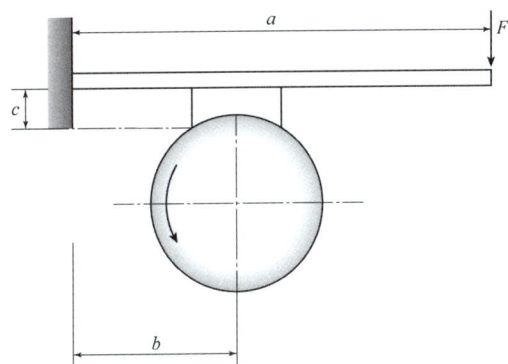

(1) 브레이크의 제동토크 T[J]

(2) 레버에 작용하는 조작력 F[N] (단, 블록과 드럼 사이의 마찰계수는 0.25이다)

정답분석

(1) $H(kW) = T\omega$

$$T = \frac{H(kW)}{\omega} = \frac{2.3 \times 10^3}{\left(\frac{2\pi \times 360}{60}\right)} = 61.0 \text{N} \cdot \text{m} = 61.0 \text{J}$$

(2) $T = f \times \dfrac{D}{2}$

$$f = \frac{2T}{D} = \frac{2 \times 61.0}{0.2} = 610 \text{N}$$

문제에서 1형식($c > 0$) 드럼이 좌회전하는 블록브레이크로 보고 수직반력을 P라고 하면,

$Fa - Pb + \mu Pc = 0$

$$F = \frac{P}{a}(b - \mu c) = \frac{f}{\mu a}(b - \mu c) = \frac{610}{0.25 \times 900} \times (200 - 0.25 \times 24) = 525.96 \text{N}$$

※ 참고 - $f = \mu P$

---

12 원통코일 스프링에 25N의 하중이 작용하여 늘어난 길이 10mm, 평균 원통코일 직경이 10mm, 소선의 직경이 2mm일 때 다음을 구하시오. (단, 코일의 횡탄성계수는 8×10^4MPa이다)

(1) 코일의 유효권수 n

(2) 코일에 사용하는 최대전단응력 τ_{max}[MPa]

정답분석

(1) $\delta = \dfrac{8nD^3W}{Gd^4} = \dfrac{8nD^3P}{Gd^4}$,

$$n = \frac{Gd^4\delta}{8D^3P} = \frac{8 \times 10^4 \times 2^4 \times 10}{8 \times 10^3 \times 25} = 64 (권)$$

(2) $C = \dfrac{D}{d} = \dfrac{10}{2} = 5$

$$K = \frac{4C-1}{4C-4} + \frac{0.615}{C} = \frac{4 \times 5 - 1}{4 \times 5 - 4} + \frac{0.615}{5} = 1.3105$$

$T = \tau_a Z_p = P\dfrac{D}{2}$

$$\tau_{max} = K\frac{PD}{2Z_p} = K\frac{PD}{2 \times \frac{\pi d^3}{16}} = K\frac{8PD}{\pi d^3} = 1.3105 \times \frac{8 \times 25 \times 10}{\pi \times 2^3} = 104.29 \text{MPa}$$

제 4 회

01 미터 사다리꼴 나사잭의 바깥지름이 57mm, 유효지름이 51.5mm, 피치가 10mm의 1줄나사에 축 하중 W = 4톤일 때 다음을 구하시오. (단, 나사부 마찰계수는 0.15, 나사산의 각도는 30°이다)

(1) 나사부 전단력 P[N]

(2) 비틀림모멘트 T[J]

(3) 나사잭의 효율

정답분석

(1) 미터 사다리꼴 나사의 나사산 각도를 $\beta = 30°$, 상당마찰계수를 μ'라 하면,

$$\mu' = \frac{\mu}{\cos\frac{\beta}{2}} = \frac{0.15}{\cos\frac{30°}{2}} = 0.1553$$

$$P = Q\left(\frac{p + \mu'\pi d_e}{\pi d_e - \mu'p}\right) = 4 \times 10^3 \times 9.8 \times \left(\frac{10 + 0.1553 \times \pi \times 51.5}{\pi \times 51.5 - 0.1553 \times 10}\right) = 8593.11\text{N}$$

(2) $T = P \cdot \dfrac{d_e}{2}$

$\qquad = 8593.11 \times \dfrac{51.5 \times 10^{-3}}{2} = 221.27$ J

(3) $\eta = \dfrac{Qp}{2\pi T}$

$\qquad = \dfrac{4 \times 10^3 \times 9.38 \times 10}{2\pi \times 221.27 \times 10^3} = 0.282 = 28.2\%$

02

3kW, 250rpm을 전달하는 전동축이 있다. 묻힘키의 폭 7mm, 높이 8mm이고 허용전단응력이 25MPa, 허용압축응력은 50MPa이다. 키홈이 없을 때 축 지름은 30mm, 키 홈붙이 축과 키홈이 없는 축의 탄성한도에 있어서 비틀림강도의 비(Moore 계수) $\beta = 1 + 0.2\left(\dfrac{b}{d_0}\right) + 1.1\left(\dfrac{t}{d_0}\right)$ 이고 키홈을 고려한 축지름이다. 다음을 구하시오. (단, 묻힘깊이 t는 묻힘키 높이의 1/2이다)

(1) 묻힘키의 길이 l[mm]

(2) 묻힘깊이를 고려한 축의 비틀림응력 τ[MPa]

정답분석

(1) 1) 동력

$H(kW) = T\omega$

$T = \dfrac{H(kW)}{\omega} = \dfrac{3 \times 10^3}{\left(\dfrac{2\pi \times 250}{60}\right)} = 114.59 \text{N} \cdot \text{m}$

2) Moore계수를 적용한 축의 직경

$d_1 = \beta d_0 = \left(1 + 0.2\dfrac{b}{d_0} + 1.1 \times \dfrac{t}{d_0}\right)d_0 = \left(1 + 0.2 \times \dfrac{7}{30} + 1.1 \times \dfrac{4}{30}\right) \times 30 = 35.8 \text{mm}$

3) 키에 발생하는 전단응력을 기준으로 하는 키의 길이

$T = \tau A \times \dfrac{d_1}{2} = \tau b l_1 \times \dfrac{d_1}{2}$

$l_1 = \dfrac{2T}{\tau b d_1} = \dfrac{2 \times 114.59}{25 \times 7 \times 35.8} \times 10^3 = 36.58 \text{mm}$

4) 키에 발생하는 압축응력을 기준으로 하는 키의 길이

$T = \sigma A_\sigma \times \dfrac{d_1}{2} = \sigma \dfrac{h}{2} l_2 \times \dfrac{d_1}{2}$

$\sigma = \dfrac{4T}{hld_0}$, $l_2 = \dfrac{4T}{\sigma h d_0} = \dfrac{4 \times 114.59}{50 \times 8 \times 35.8} \times 10^3 = 32.0 \text{mm}$

l_1과 l_2중 더 긴 것을 선택한다.

(2) $T = \tau Z_p = \tau \times \dfrac{\pi d_1^3}{16}$

$\tau = \dfrac{16T}{\pi d_1^3} = \dfrac{16 \times 114.59}{\pi \times 36.58^3} \times 10^3 = 11.92 \text{MPa} < 25 \text{MPa}(= \tau_a)$

03

1줄 겹치기 리벳이음의 강판두께 10mm, 리벳직경 19mm, 피치 48mm, 1피치당 하중 10kN일 때 다음을 구하시오.

(1) 강판의 인장응력 σ_t[MPa]

(2) 리벳의 전단응력 τ_r[MPa]

정답분석

(1) $\sigma_t = \dfrac{P}{A_1} = \dfrac{P}{(p-d)t}$

$= \dfrac{10 \times 10^3}{(48-19) \times 10} = 34.48 \text{MPa}$

(2) $\tau = \dfrac{P}{A_2} = \dfrac{P}{\dfrac{\pi}{4}d^2 \times n}$

$= \dfrac{10 \times 10^3}{\dfrac{\pi}{4} \times 19^2 \times 1} = 35.27 \text{MPa}$

04 직경 48mm, 길이 0.5m의 축에 500N의 회전체가 0.3m와 0.5m 사이에 매달려 있을 때 다음을 구하시오. (단, 축의 종탄성계수는 E = 206GPa이고 비중은 7.8이다)

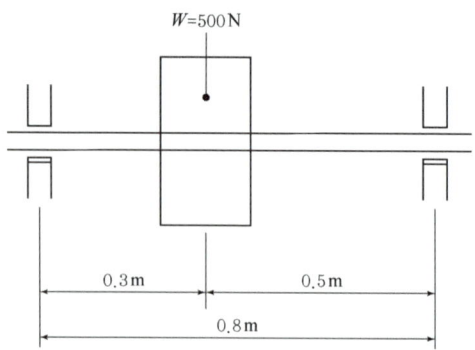

(1) 축의 자중만 고려시 위험속도 N_0[rpm]

(2) 축의 하중만 작용시 위험속도 N_1[rpm]

(3) 던커레이 식을 이용하여 위험속도 N[rpm]

정답분석

(1) 1) 축을 등분포하중이 작용하는 단순보로 보면 자중에 의한 처짐량은

$$\omega = \gamma A = 7.8 \times 9800 \times 10^{-6} \times \frac{\pi \times 48^2}{4} = 138.323 \text{N/m}$$

$$\delta_1 = \frac{5wl^4}{384EI} = \frac{5 \times 138.323 \times 0.8^4}{384 \times 206 \times 10^9 \times \frac{\pi \times 0.048^4}{64}} \times 10^3 \cong 0.0137 \text{mm}$$

2) 축의 위험속도

$$N_1 = \frac{30}{\pi}\sqrt{\frac{g}{\delta_0}} = \frac{30}{\pi}\sqrt{\frac{9800}{0.0137}} \cong 8076.5 \text{rpm}$$

(2) 1) 축을 집중하중이 작용하는 단순보로 보고 a, b를 좌측 지지점으로부터의 거리라고 하면 자중에 의한 처짐량은,

$$\delta_2 = \frac{Pa_1^2 b_1^2}{3lEI} = \frac{500 \times 0.3^2 \times 0.5^2}{3 \times 0.8 \times 206 \times 10^9 \times \frac{\pi \times 0.048^4}{64}} \times 10^3 \cong 0.087 \text{mm}$$

2) 축의 위험속도

$$N_2 = \frac{30}{\pi}\sqrt{\frac{g}{\delta_1}} = \frac{30}{\pi}\sqrt{\frac{9800}{0.087}} \fallingdotseq 3204.98 \text{rpm}$$

(3) 던커레이 식을 이용한 위험속도

$$\frac{1}{N^2} = \frac{1}{N_0^2} + \frac{1}{N_1^2}$$

$$N = \frac{1}{\sqrt{\frac{1}{N_0^2} + \frac{1}{N_1^2}}} = \frac{1}{\sqrt{\frac{1}{8076.5^2} + \frac{1}{3204.98^2}}} \cong 2979.00 \text{rpm}$$

05 150rpm, 5톤의 베어링 하중을 지지하는 엔드저널 베어링이 있다. 저널의 허용 굽힘응력이 58.8MPa이고, 허용압력속도계수가 $1.47\text{N/m}^2 \cdot \text{m/s}$일 때 다음을 구하시오

(1) 저널의 길이 l[mm]

(2) 저널의 지름 d[mm]

(3) 베어링 압력 p[MPa]를 구하고 허용 베어링 압력이 2.0MPa일 때 안전성을 판단하시오.

정답분석

(1) $p_a v = \dfrac{\pi PN}{60 \times 1000 l}$

$l = \dfrac{\pi PN}{60 \times 1000 \times p_a v} = \dfrac{\pi \times 5 \times 10^3 \times 9.8 \times 150}{60 \times 1000 \times 1.47} = 261.8\text{mm}$

(2) $\sigma_a = \dfrac{M}{Z} = \dfrac{P\dfrac{l}{2}}{Z} = \dfrac{16Pl}{\pi d^3}$

$d = \sqrt[3]{\dfrac{16Pl}{\pi \sigma_a}} = \sqrt[3]{\dfrac{16 \times 5 \times 10^3 \times 9.8 \times 261.8}{\pi \times 58.8}} = 103.57\text{mm}$

(3) $p = \dfrac{P}{A} = \dfrac{P}{dl} = \dfrac{5 \times 10^3 \times 9.8}{103.57 \times 261.8} = 1.807\text{MPa}$

이 값이 허용베어링 압력(2MPa)보다 작으므로 안전하다.

---

 06 300mm, 500rpm의 원통마찰차로 3kW의 동력을 전달하고자 한다. 다음을 구하시오. (단, 접촉부 마찰계수는 0.27, 마찰차의 접촉 폭은 120mm이다)

(1) 마찰차를 밀어붙이는 힘 W[N]

(2) 접촉선 압력 f[N/mm]

정답분석

(1) $v = \dfrac{\pi DN}{60 \times 1000} = \dfrac{\pi \times 300 \times 500}{60 \times 1000} = 7.85\text{m/s}$

$H_{kW} = \mu W v$

$W = \dfrac{H_{kW}}{v \mu} = \dfrac{3 \times 10^3}{7.85 \times 0.27} = 1415.43\text{N}$

(2) $f = \dfrac{W}{b} = \dfrac{1415.43}{120} = 11.8\text{N/mm}$

07

공구압력각이 14.5°, 소기어의 잇수 20, 대기어의 잇수 30인 2개의 기어가 외접상태에 있는 전위기어를 제작하고자 한다. 모듈은 4이고 아래의 인벌류트 함수표를 참조하여 다음을 구하시오.

(1) 구동기어와 피동기어의 이론 전위계수 x_1과 x_2

(단, 답은 소수점 이하 5자리까지 쓰시오)

(2) 언더컷을 일으키지 않는 최소 중심거리 C[mm]

[인벌류트 함수표]

$\alpha[°]$	0	0.2	0.5	0.6	0.8
14.000	0.00498	0.00520	0.00543	0.00566	0.00590
15.000	0.00615	0.00640	0.00677	0.00693	0.00721
16.000	0.00749	0.00778	0.00808	0.00839	0.00870
17.000	0.00902	0.00936	0.00969	0.01004	0.01040
18.000	0.01076	0.01113	0.01152	0.01191	0.01231
19.000	0.01272	0.01313	0.01356	0.01400	0.01445
20.00k	0.01490	0.01537	0.01585	0.01634	0.01684
21.000	0.01734	0.01786	0.01840	0.01894	0.01949
22.000	0.02005	0.02063	0.02122	0.02182	0.02243
23.000	0.02305	0.02368	0.02433	0.02499	0.02566

정답분석

(1) 1) 작은 기어의 전위계수 :
$$x_1 = 1 - \frac{Z_1}{2}\sin^2\alpha = 1 - \frac{20}{2}\times \sin^2 14.5° = 0.37310$$

2) 큰 기어의 전위계수 :
$$x_2 = 1 - \frac{Z_2}{2}\sin^2\alpha = 1 - \frac{30}{2}\times \sin^2 14.5° = 0.05965$$

(2) 1) 표에서 $\alpha = 14.5°$일 때 $\operatorname{inv}\alpha = 0.00543$이다.
$$\operatorname{inv}\alpha_b = \operatorname{inv}\alpha + 2\times\left(\frac{x_1+x_2}{Z_1+Z_2}\right)\tan\alpha$$
$$= 0.00543 + 2\times\left(\frac{0.37310+0.05965}{20+30}\right)\times \tan 14.5° = 0.01002$$

2) 중심거리 증가계수(y): 표에서 0.01002 값은 $\alpha = 17.5°$와 17.6° 사이에서 보간법으로 구할 수 있다.
$$y = \frac{Z_1+Z_2}{2}\left(\frac{\cos\alpha}{\cos\alpha_b}-1\right) = \frac{20+30}{2}\left(\frac{\cos 14.5°}{\cos 17.6°}-1\right) = 0.39229$$

3) 중심거리(C)
$$C = \frac{D_1+D_2}{2}+ym = \frac{mZ_1+m_2}{2}+ym = \frac{4\times(20+30)}{2}+0.39229\times 4 = 101.57\mathrm{mm}$$

08

1350rpm으로 12kW 전달하는 V-벨트 전동장치가 있다. 사용하는 풀리는 B형으로 허용장력 980N, 단위길이 당 벨트 무게 3.6kg/m이고 주동 풀리의 직경은 200mm이다. 다음을 구하시오. (단, 벨트 접촉각은 140°, 벨트 및 풀리 사이의 마찰계수는 0.15, 접촉각 수정계수 K_1 = 0.94, 부하 수정계수 K_2 = 0.7, 홈각 2α = 40°이다)

(1) 벨트의 부가장력 F_G[N]

(2) V-벨트 1가닥이 전달할 수 있는 동력 H_0[kW]

(3) V-벨트의 가닥수 Z

정답분석

(1) $v = \dfrac{\pi D_1 N_1}{60 \times 1000} = \dfrac{\pi \times 200 \times 1350}{60 \times 1000} = 14.14 \text{m/s}$

$\varepsilon = \gamma A = \rho g A$

이때 벨트의 단위길이당 무게를 w라고 하면,

$F_G = ma = \dfrac{wv^2}{g} = \dfrac{3.6 \times 9.8 \times 14.14^2}{9.8} = 719.78 \text{N}$

(2) $\mu' = \dfrac{\mu}{\sin\dfrac{\alpha}{2} + \mu\cos\dfrac{\alpha}{2}} = \dfrac{0.5}{\sin 20° + 0.15 \times \cos 20°} = 0.31$

$\theta = 140 \times \dfrac{\pi}{180} = 2.44$, $e^{\mu'\theta} = e^{0.31 \times 2.44} = 2.13$

$H_1 = P_e v = (T_t - F_G)\left(\dfrac{e^{\mu'\theta}-1}{e^{\mu'\theta}}\right)v$

$= (980 - 719.78) \times \left(\dfrac{2.13-1}{2.13}\right) \times 14.14 \times 10^{-3} = 1.95 \text{kW}$

(3) 접촉각 수정계수, 부하 수정계수를 각각 K_1, K_2라 하면,

$Z = \dfrac{H}{K_1 K_2 H_0} = \dfrac{12}{0.94 \times 0.75 \times 1.75} = 9.72 \cong 10$가닥

09

50번 롤러체인 스프라켓 휠의 피치원 지름 D_1 = 220mm, D_2 = 780mm이고 중심거리 1300mm이며 구동 스프라켓 휠의 회전수는 800rpm이다. 다음을 구하시오. (단, 파단하중 21kN, 피치 15.88mm, 안전율은 14로 한다)

(1) 전달동력 H[kW]

(2) 링크 수 L_n[개]

정답분석

(1) $v = \dfrac{\pi D_1 N_1}{60 \times 1000} = \dfrac{\pi \times 220 \times 800}{60 \times 1000} = 9.22 \text{m/s}$

$H_{kW} = Fv = \dfrac{F_B}{S}v = \dfrac{21}{14} \times 9.22 = 13.83 \text{kW}$

(2) $L = 2C + \dfrac{\pi(D_1 + D_2)}{2} + \dfrac{(D_2 - D_1)^2}{4C}$

$= 2 \times 1300 + \dfrac{\pi \times (220 + 780)}{2} + \dfrac{(780 - 220)^2}{4 \times 1300} = 4231.1 \text{mm}$

$L_n = \dfrac{L}{p} = \dfrac{4231.1}{15.88} = 266.4 \cong 267$(개)

10 나선형 원추코일 스프링의 상단부 유효직경 D_1 = 26mm, 하단부 유효직경은 D_2 = 48mm, 가해지는 하중 P = 10kN일 때, 스프링의 전단변형량 δ는 몇 mm인지 구하시오. (단, 스프링 소선직경은 10mm, 횡탄성 계수 G = 81GPa, 유효감김수 n = 8이다)

정답분석

$$\delta = \frac{16n(R_1^2 + R_2^2)(R_1 + R_2)P}{Gd^4}$$

$$= \frac{16 \times 8 \times (0.013^2 + 0.024^2) \times (0.013 + 0.024) \times 10 \times 10^3}{81 \times 10^9 \times 0.01^4} \times 10^3 = 43.55\mathrm{mm}$$

11 0.3m³/s의 유향이 흐르는 이음매 없고 두께가 얇은 파이프에서 4MPa의 내압이 작용하고 있을 때 다음을 구하시오. (단, 관 재료의 인장강도는 80MPa이고 유속은 12m/s, 안전율 2, 부식여유 $C = 6\left(1 - \dfrac{PD}{66000}\right)$이다)

(1) 관의 안지름 D[mm]

(2) 허용 인장강도를 고려하여 관의 최소 바깥지름 D_o[mm]

정답분석

(1) 여기에서 유량을 Q라고 하면,

$$Q = AV = \frac{\pi D^2}{4}V$$

$$D = \sqrt{\frac{4Q}{\pi V}} = \sqrt{\frac{4 \times 0.3}{\pi \times 12}} \times 10^3 = 178.41\mathrm{mm}$$

(2) $t = \dfrac{pdS}{2\sigma_a} + C$

$$= \frac{4 \times 178.41 \times 2}{2 \times 80} + 6 \times \left(1 - \frac{4 \times 178.41}{66000}\right) = 14.86\mathrm{mm}$$

$$D_0 = D + 2t = 178.41 + 2 \times 14.86 = 208.13\mathrm{mm}$$

12 그림과 같은 밴드 브레이크에서 W = 230kg, D_1 = 500mm, D_2 = 300mm, b = 50mm, a = 20mm, t = 200mm이다. 그리고 밴드 두께 t = 4mm, 밴드의 허용 인장응력 σ_a = 60MPa, 밴드접촉각 220°, 밴드 접촉부 마찰계수 0.33일 때 다음을 구하시오.

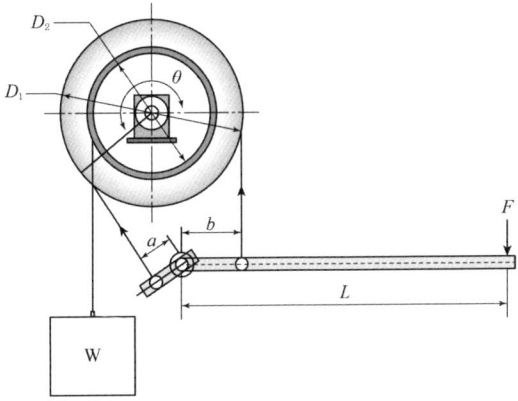

(1) 화물 W의 낙하방지를 위해 드럼에 필요한 제동력 Q[N]

(2) 제동을 위해 레버에 가해야 할 힘 F[N]

(3) 밴드의 폭 B[mm]

정답분석

(1) 제동력 Q는 $T = W\dfrac{D_2}{2} = Q\dfrac{D_1}{2}$

$Q = W\dfrac{D_2}{D_1} = 230 \times 9.8 \times \dfrac{300}{500} = 1352.4\text{N}$

(2) $\theta = 220 \times \dfrac{\pi}{180} = 3.84$

$e^{\mu\theta} = e^{0.33 \times 3.84} = 3.55$

$T_s = \dfrac{Q}{e^{\mu\theta} - 1} = \dfrac{1352.4}{3.55 - 1} = 530.4\text{N}$

$T_t = T_s e^{\mu\theta} = 530.4 \times 3.55 = 1882.75\text{N}$

문제는 차동식 밴드 브레이크로 볼 수 있으므로 모멘트의 평형방정식에 의해서

$T_s a + Fl = T_t b$

$F = \dfrac{T_t b - T_s a}{l} = \dfrac{1882.75 \times 50 - 530.4 \times 20}{200} = 417.64\text{N}$

(3) $\sigma_a = \dfrac{T_t}{Bt}$

$B = \dfrac{T_t}{\sigma_a t} = \dfrac{1882.75}{60 \times 4} = 7.84\text{mm}$

2021년 기출문제

제1회

01 그림과 같이 2.3kW, 1800rpm의 전동기에 직결된 기어 감속장치에 640N의 하중이 중앙에 걸려있다. 축의 재료는 기계구조용 탄소강으로 허용전단응력 34.3MPa, 허용굽힘응력 68.6MPa, 굽힘모멘트의 동적효과계수 $K_m = 1.7$, 비틀림모멘트의 동적효과계수 $K_t = 1.3$으로 다음을 구하시오. (단, 축은 중공축으로 바깥지름은 20mm이다.) [5점]

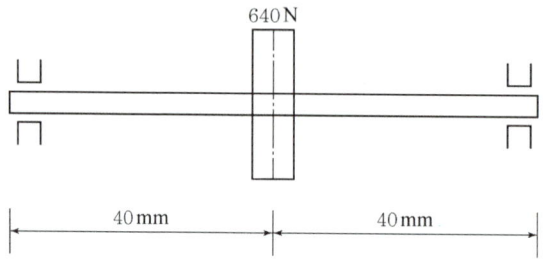

(1) 상당 굽힘모멘트 M_e [J]

(2) 상당 비틀림모멘트 T_e [J]

(3) 중공축의 안지름 d_1 [mm]

정답분석

(1) $M = \dfrac{P\ell}{4} = \dfrac{640 \times 0.08}{4} = 12.8(\text{J})$

$T = 974 \times 9.8 \times \dfrac{H_{kW}}{N} = 974 \times 9.8 \times \dfrac{2.3}{1800} = 12.2(\text{J})$

따라서 동적효과계수(K_m, K_t)를 반영한 상당굽힘모멘트는 다음과 같다.

$M_e = \dfrac{1}{2}[(K_m M) + \sqrt{(K_m M)^2 + (K_t T)^2}]$

$\dfrac{1}{2} \times [(1.7 \times 12.8) + \sqrt{(1.7 \times 12.8)^2 + (1.3 \times 12.2)^2}] = 24.34(\text{J})$

(2) 상당굽힘모멘트와 같이 동적효과계수(K_m)를 반영해서 상당비틀림 모멘트를 구한다.

$T_e = \sqrt{(K_m M)^2 + (K_t T)^2} = \sqrt{(1.7 \times 12.8)^2 + (1.3 \times 12.2)^2} = 26.93(\text{J})$

(3) $M_e = \sigma_a \dfrac{\pi d_2^3}{32}(1 - x^4)$

$24.34 \times 10^3 = 68.6 \times \dfrac{\pi \times 20^3}{32} \times (1 - x^4)$

여기에서 $x = 0.86048$이며

$d_2 = d_2 x = 0.86048 \times 20 = 17.21\,\text{mm}$

또한 상당비틀림모멘트에서

$T_e = \tau_a \dfrac{\pi d_2^3}{16}(1 - x^4)$

$26.93 \times 10^3 = 34.3 \times \dfrac{\pi \times 20^3}{16} \times (1 - x^4)$

$x = 0.84097$이다.

$d_1 = d_2 x = 0.84097 \times 20 = 16.82\,\text{mm}$

여기에서 허용전단응력과 허용굽힘응력 모두를 만족하는 지름은 $d_1 = 16.82\,\text{mm}$이다.

02 150rpm을 5ton의 베어링 하중을 지지하는 엔드저널베어링이 있다. 허용베어링 압력이 2MPa이고 저널의 허용굽힘응력이 58.8MPa일 때, 다음을 구하시오. (단, 마찰계수는 0.02 이다.) [5점]

(1) 저널의 지름 d [mm]

(2) 저널의 길이 L [mm]

(3) 저널의 마찰손실 일량[kW]

정답분석

(1) $\sigma_b = \dfrac{PL/2}{\pi d^3/32}$

$L = \dfrac{\pi d^3 \sigma_a}{16P} = \dfrac{58.8 \times \pi \times d^3}{16 \times 5000 \times 9.8} = 2.36 \times 10^{-4} d^3$

$p = \dfrac{p}{dl} = \dfrac{P}{2.3562 \times 10^{-4} d^4}$, $d^4 = \dfrac{5000 \times 9.8}{2.3562 \times 10^{-4} \times 2}$

∴ $d \cong 101 \mathrm{mm}$

(2) $l = 2.3562 \times 10^{-4} \times d^3 = 2.3562 \times 10^{-4} \times 101^3 = 242.8 \mathrm{mm}$

(3) $H_{kW} = \mu Pv = \mu P \dfrac{\pi dN}{60 \times 1000}$

$\dfrac{0.02 \times 5000 \times \pi \times 100.98 \times 150}{102 \times 60 \times 1000} = 0.78 \mathrm{kW}$

03 11kW, 회전수 1800rpm의 전동모터에 의하여 250rpm의 산업용기계를 V-벨트로 운전하고자 한다. 축간거리가 1.2m, 모터 축 풀리의 지름이 150mm일 때, 다음을 구하시오. (단, 이벨트의 안전상 허용 가능한 장력은 490N이고 단위 길이당 벨트의 무게는 2.74N/m, 마찰계수는 0.3이다.) [5점]

(1) 벨트의 길이 L [mm]

(2) 1가닥에 대한 부가장력 T_g [N]

(3) 풀리의 홈의 수 Z[개] (단, 부하수정계수는 0.75이다.)

정답분석

(1) $\varepsilon = \dfrac{N_2}{N_1} = \dfrac{D_1}{D_2}$, $D_2 = N_1 \dfrac{D_1}{N_2} = \dfrac{1800 \times 150}{250} = 1080 \mathrm{mm}$

$L = 2C + \dfrac{\pi}{2}(D_1 + D_2) + \dfrac{(D_1 + D_2)^2}{4C}$

$= 2 \times 1.2 \times 1000 + \dfrac{\pi}{2} \times (150 + 1080) + \dfrac{(1080 - 150)^2}{4 \times .12 \times 1000} = 4512.27 \mathrm{mm}$

(2) $v = \dfrac{\pi D_1 N_1}{60 \times 1000} = \dfrac{\pi \times 150 \times 1800}{60 \times 1000} = 14.14 \mathrm{m/sec}$

$T_g = \dfrac{\omega v^2}{g} = \dfrac{2.74 \times 14.14^2}{9.8} = 55.9 \mathrm{N}$

(3) $\mu' = \dfrac{\mu}{\mu \cos\alpha + \sin\alpha} = \dfrac{0.3}{0.3 \times \cos 20° + \sin 20°} = 0.48$

$\theta = 180 - 2\sin^{-1}(\dfrac{D_2 - D_1}{2C}) = 180 - 2 \times \sin^{-1}(\dfrac{1080 - 150}{2 \times 1.2 \times 1000}) = 134.4°$

$\theta_{rad} = 134.4 \times \dfrac{\pi}{180} = 2.35$

$e^{\mu'\theta} = e^{0.48 \times 2.35} = 3.1$

$H_{kW} = \dfrac{(T_t - T_g)(e^{\mu'\theta} - 1)V}{e^{\mu'\theta}} = \dfrac{(490 - 55.90) \times (3.1 - 1)}{3.1} \times 14.14 \times 10^{-3} = 4.2 \mathrm{kW}$

$Z = \dfrac{H_{0kW}}{H_{kW} \times k} = \dfrac{11}{4.2 \times 0.75} = 3.53 \cong 4$

04

홈마찰차에서 주동차의 평균직경과 회전수가 250mm, 750rpm, 종동차의 평균직경은 500mm, 접촉허용 선압력이 29.4N/mm일 때, 다음을 구하시오. (단, 홈의 각도는 40°, 마찰계수는 0.15이다.) [4점]

(1) 주동축 전달토크가 63.63J일 때, 밀어붙이는 하중 P[N]

(2) 홈의 수 Z[개] (단, 홈의 높이 $h=0.28\sqrt{\mu'P}$이다.)

정답분석

(1) $\mu'=\dfrac{\mu}{\mu\cos\alpha+\sin\alpha}=\dfrac{0.15}{0.15\times\cos20\times\sin20}=0.31$

$T=\mu'P\dfrac{D}{2}$

$63.63\times1000=0.31\times P\times\dfrac{250}{2}$

$P=1642.1\text{N}$

(2) $Q=\dfrac{P}{\mu\cos\alpha+\sin\alpha}=\dfrac{1642.06}{0.15\times\cos20\times\sin20}=3399.89\text{N}\cong3400\text{N}$

$h=0.28\sqrt{\mu'P}=0.28\times\sqrt{0.31\times1642.1}=6.33\text{mm}$

$f_a=\dfrac{Q}{2hZ'}$

$29.4=\dfrac{3400}{2\times6.33\times Z'}$

$Z=9.15\cong10$

05

그림과 같은 너클핀에서 5,000N의 하중이 작용할 때, 다음을 구하시오. (단, 핀 재료의 허용전단응력은 12MPa, 허용굽힘응력은 300MPa이고 $a=14\text{mm}$, $b=18\text{mm}$이다.) [4점]

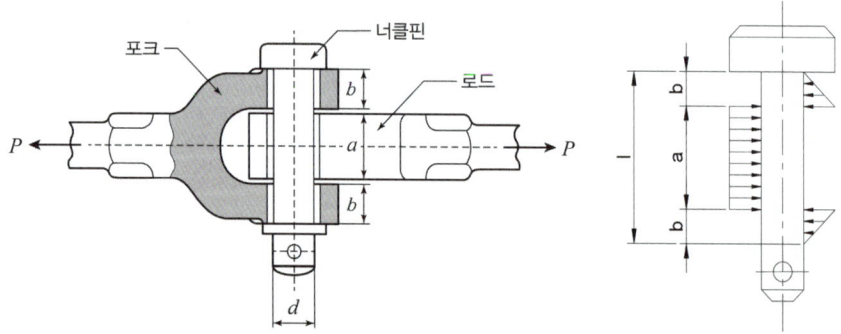

(1) 전단응력만 고려한 경우 핀 지름 d[mm]

(2) 굽힘응력만 고려한 경우 핀 지름 d[mm]

정답분석

(1) $\tau=\dfrac{P}{2\times\dfrac{\pi d^2}{4}}$

$12=\dfrac{5000}{2\times\dfrac{\pi d^2}{4}}$

$d=16.29\text{mm}$

(2) $\sigma_b=\dfrac{pl/8}{\pi d^3/32}$

$300=\dfrac{5000\times(14+2\times18)\times32}{\pi\times d^3\times8}$

$d=10.2\text{mm}$

06 직경 90mm 축의 체결에 볼트 8개의 클램프 커플링을 사용한다. 36kW, 250rpm의 동력을 마찰력만으로 전달할 때, 다음을 구하시오. (단, 마찰계수는 0.25, 볼트의 인장응력은 33.4MPa이다.) [4점]

(1) 커플링을 조이는 힘 P[kN]

(2) 볼트 골지름 d_1[mm]

정답분석

(1) $T = 974000 \times 9.8 \times \dfrac{H_{kW}}{N} = \pi \mu P \dfrac{d}{2}$

$974000 \times 9.8 \times \dfrac{3.6}{250} = \pi \times 0.25 \times P \times \dfrac{90}{2}$

$P = 38.9 \text{kN}$

(2) $W = Q\dfrac{Z}{2}, \ \sigma_t = \dfrac{Q}{\dfrac{\pi d_1^2}{4}} = \dfrac{8P}{Z\pi d_1^2}$

$33.4 = \dfrac{8 \times 38.9 \times 1000}{8 \times \pi \times d_1^2}$

$d_1 = 19.3 \text{mm}$

07 웜과 웜휠의 동력장치에서 감속비 1/15, 웜축의 회전수 1500rpm, 웜휠의 압력각 20°, 모듈 3, 웜의 줄수 4, 피치원 지름 56mm, 웜휠의 치폭 45mm, 유효 이나비는 36mm이다. 다음을 구하시오. (단, 웜의 재질은 담금질강, 웜휠은 인청동을 사용한다. 이 때 내마멸계수 $K = 548.8 \times 10^{-3} \text{N/mm}^2$, 웜휠의 굽힘응력 $\sigma_a = 166.6 \text{N/mm}^2$, 치형계수 $y = 0.125$, 웜의 리드각에 의한 계수 $\psi = 1.25(\beta = 10 \sim 25°)$, 속도계수 $f_v = \dfrac{6.1}{6.1 + v_g}$ 이다.) [5점]

(1) 웜의 리드각 λ[°]

(2) 웜휠의 굽힘강도 고려 시 전달하중 F_1[N]

(3) 웜휠의 면압강도 고려 시 전달하중 F_2[N]

(4) 최대 전달동력 H_{kW}[kW]

정답분석

(1) $\lambda = \tan^{-1}\left(\dfrac{Z_w \pi m}{\pi D_w}\right) = \tan^{-1}\left(\dfrac{4 \times 3}{56}\right) \cong 12°$

(2) $\varepsilon = \dfrac{N_g}{N_w} = \dfrac{Z_w}{Z_g}$

$Z_g = 15 \times 4 = 60, \ D_g = mZ_g = 3 \times 60 = 180 \text{mm}$

$N_g = \dfrac{1500}{15} = 100 \text{rpm}$

$v_g = \dfrac{\pi D_g N_g}{60 \times 1000} = \dfrac{\pi \times 180 \times 100}{60 \times 1000} = 0.94 \text{m/sec}$

$p_n = p_s \cos \lambda = \pi \times 3 \times \cos(12) = 9.2 \text{mm}$

$F_1 = f_v \sigma_b p_n by = \left(\dfrac{6.1}{6.1 + 0.94}\right) \times 166.6 \times 9.2 \times 45 \times 0.125 = 7486.6 \text{N}$

(3) $F_2 = f_v \varnothing D_g b_e K = \left(\dfrac{6}{6 + 0.94}\right) \times 1.25 \times 180 \times 36 \times 548.8 \times 10^{-3} = 3851.7 \text{N}$

(4) $H_{kW} = F_2 V_g = 3851.73 \times 0.94 \times 10^{-3} = 3.62 \text{kW}$

08

그림과 같은 1줄 겹치기 리벳이음에서 리벳의 허용전단응력이 49MPa, 강판의 허용인장응력이 18MPa일 때, 다음을 구하시오. [4점]

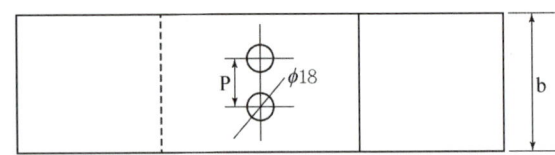

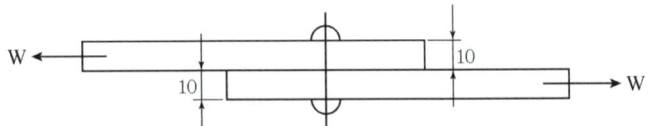

(1) 리벳의 허용전단응력을 고려하여 가할 수 있는 최대하중 W[kN]
(2) 리벳의 허용하중과 강판의 허용하중이 같다고 할 때, 강판의 너비 b [mm]

정답 분석

(1) $W = \tau \dfrac{\pi d^2}{4} n = 49 \times \dfrac{\pi \times 18^2}{4} \times 2 = 24937.9\text{N}$

$W = 24.96\text{kN}$

(2) $W = \sigma_a (b - 2d) t$

$24.96 \times 10^3 = 18 \times (b - 2 \times 18) \times 10$

$b = 174.54 \text{mm}$

09

보일러 원통의 내압이 90MPa, 내경 $D = 500\text{mm}$이다. 강판의 최대인장강도는 30GPa, 안전율은 5, 이음효율이 58%이고 부식여유가 1mm일 때, 강판의 두께는 몇 mm인가? [2점]

정답 분석

$t = \dfrac{PDS}{2\sigma_t \eta} + C = \dfrac{90 \times 500 \times 5}{2 \times 30 \times 10^3 \times 0.58} + 1 = 7.4\text{mm}$

10 재료가 강인 그림과 같은 원통코일스프링이 압축하중을 받고 있다. 하중 $W=225.4\text{N}$, 유효권수 8, 스프링의 전단탄성계수 $G=80.36\text{GPa}$, 코일의 평균직경 $D=100\text{mm}$, 소선의 직경 $d=10\text{mm}$일 때 다음을 구하시오. (단, 왈의 응력수정계수 $K=\dfrac{4C-1}{4C-4}+\dfrac{0.612}{C}$, $C=\dfrac{D}{d}$이다.) [4점]

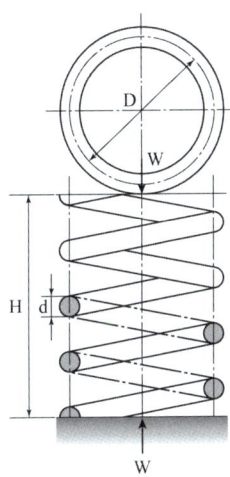

(1) 스프링의 최대전단응력 $\tau_{\max}$ [MPa]

(2) 스프링의 수축량 δ [mm]

정답분석

(1) $C=\dfrac{D}{d}=\dfrac{100}{10}=10$

$K=\dfrac{4C-1}{4C-4}+\dfrac{0.615}{C}=\dfrac{4\times10-1}{4\times10-4}+\dfrac{0.615}{10}=1.14$

$\tau_{\max}=K\dfrac{16PR}{\pi d^3}=1.14\times\dfrac{16\times225.4\times50}{\pi\times10^3}=65.43\text{N/mm}^2$

(2) $\delta=\dfrac{64nPR^3}{Gd^4}=\dfrac{64\times8\times225.4\times50^3}{80.36\times10^3\times10^4}=17.95\text{mm}$

---

11 나사잭에서 막대에 가하는 힘 300N, 막대의 유효길이 700mm, 나사의 유효지름 14.7mm, 나사부 마찰계수 0.1, 피치 2mm일 때, 다음을 구하시오. [4점]

(1) 나사의 체결력 P[N]

(2) 나사가 받는 축방향의 하중 Q[N]

정답분석

(1) $T=FL=P\dfrac{d_2}{2}$

$300\times700=P\times\dfrac{14.7}{2}$

$P=28571.4\text{N}$

(2) $P=Q\dfrac{\mu\pi d_2+p}{\pi id_2-\mu p}$

$28571.4=Q\dfrac{0.1\times\pi\times14.7+2}{\pi\times14.7-0.1\times2}$

$Q=198,508.1\text{N}$

제 2 회

01 그림과 같은 풀리 축의 지름 6cm에 묻힘키의 치수 $b \times h \times l = 15 \times 10 \times 50 \text{mm}$를 설치하고 길이 480mm인 토크 렌치로 작용시키기고 있다. 다음을 구하시오. (단, 키의 허용전단응력 $\tau_a = 70\text{MPa}$, 키의 허용압축응력 $\sigma_{ca} = 100\text{MPa}$이다.) [5점]

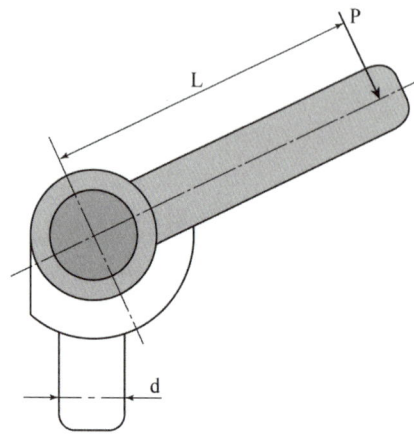

(1) 키의 허용전단응력을 고려한 비틀림모멘트 T [J]

(2) 키의 허용압축응력을 고려한 비틀림모멘트 T [J] (단, 키의 묻힘 깊이는 키의 높이의 $\frac{1}{2}$이다.)

(3) 렌치를 돌릴 수 있는 허용 가능한 최대 힘 P [N]

정답 분석

(1) $\tau = \dfrac{2T}{bld}$

$70 \times 10^6 = \dfrac{2T}{0.015 \times 0.005 \times 0.06}$

$T = 1575 \text{J}$

(2) $\sigma = \dfrac{4T}{bld}$

$100 \times 10^6 = \dfrac{4T}{0.01 \times 0.05 \times 0.06}$

$T = 750 \text{J}$

(3) $T = P \times L$

$750 \times 10^3 = P \times 480$

$P = 1562.5 \text{N}$

02 1500rpm, 15kW를 전달하는 바로걸기 평벨트 전동장치에서 원동차 지름 300mm, 종동차의 회전수 300rpm일 때, 다음을 구하시오. (단, 벨트의 단위 길이당 무게는 0.02345kg/m, 축간거리는 2.0m, 마찰계수는 0.25이다.) [5점]

(1) 벨트의 길이 L [m]

(2) 유효장력 P_e [N]

(3) 긴장측 장력 T_t [N]

정답분석

(1) $\dfrac{N_2}{N_1} = \dfrac{D_1}{D_2}$

$D_2 = \dfrac{N_1}{N_2} D_1 = \dfrac{1500 \times 300}{300} = 1500 \text{mm}$

$L = 2C + \dfrac{\pi(D_1 + D_2)}{2} + \dfrac{(D_2 + D_1)^2}{4C}$

$L = (2 \times 2.0) + \dfrac{\pi \times (0.3 + 1.5)}{2} + \dfrac{(1.5 - 0.3)^2}{4 \times 2.0} = 7\text{m}$

(2) $v = \dfrac{\pi D_1 N_1}{60 \times 1000} = \dfrac{\pi \times 300 \times 1500}{60 \times 1000} = 23.56 \text{m/sec}$

$H_{kW} = P_e v$

$P_e = 15 \times \dfrac{1000}{23.56} = 636.67 \text{N}$

(3) $\theta = 180 - 2\sin^{-1}\left(\dfrac{D_2 - D_1}{2C}\right) = 180 - 2\sin^{-1}\left(\dfrac{1.5 - 0.3}{2 \times 2.0}\right) \cong 145°$

$\theta_{rad} = 145 \times \dfrac{\pi}{180} = 2.53$

$e^{\mu\theta} = e^{(0.25 \times 2.53)} = 1.88$

$T_g = \dfrac{\omega v^2}{g} = \dfrac{(0.02345 \times 9.8) \times 23.56^2}{9.8} = 13.02 \text{N}$

$T_t = P_e \dfrac{e^{\mu\theta}}{e^{\mu\theta} - 1} + T_g = 636.67 \times \dfrac{1.88}{(1.88 - 1)} + 13.02 = 1373.18 \text{N}$

03 200rpm, 3.68kW를 전달하는 축을 설계하고자 한다. 축의 길이는 2m이고 1m에 대하여 1/4 비틀림이 발생할 때 축직경 d [mm]는? (단, 축의 횡탄성계수는 81.42GPa이다.) [3점]

정답분석

$\theta = \dfrac{TL}{GI_p} = \dfrac{974 \times 9.8 \times \dfrac{H_{kW}}{N} \times L}{G \times \dfrac{\pi d^4}{32}}$

$\dfrac{1}{4} \times \dfrac{\pi}{180} = \dfrac{974 \times 9.8 \times 3.68 \times 1 \times 32}{200 \times 81.42 \times 10^9 \times \pi \times d^4}$

$\therefore d = 47.3 (\text{mm})$

04

400rpm으로 회전하고 있는 엔드저널베어링의 베어링 하중이 400N, 저널의 지름이 $d=25\text{mm}$ 폭 $l=25\text{mm}$일 때, 다음을 구하시오. [4점]

(1) 평균베어링압력 p [MPa]

(2) 압력속도계수를 계산하고 안전성 여부를 판단하시오. (단, 허용압력속도계수는 2MPa m/sec이다.)

정답분석

(1) $p = \dfrac{P}{dl} = 4\dfrac{400}{25\times 25} = 0.64\text{MPa}$

(2) $v = \dfrac{\pi dN}{60\times 1000} = \dfrac{\pi\times 25\times 400}{60\times 1000} = 0.52\text{m/sec}$

$pv = 0.64\times 0.52 = 0.3328\text{MPa}\cdot\text{m/sec} < 2.0\text{MPa}\cdot\text{m/sec}$

허용압력속도계수 2.0MPa·m/sec보다 작으므로 안전하다.

05

3000N의 하중을 받는 겹판스프링이 있다. 스팬의 길이는 750mm이고 판 두께는 6mm, 폭은 60mm, 조임 폭 $e=100\text{mm}$일 때, 다음을 구하시오. (단, 이 겹판스프링의 세로탄성계수는 210GPa이고 허용굽힘응력은 170MPa, 스프링의 유효길이 $l_e = l - 0.5e$이다.) [5점]

(1) 판의 매수 n

(2) 처짐 δ [mm]

(3) 스프링의 고유주파수 f [Hz]

정답분석

(1) $l_e = l - 0.5e = 750 - 0.5\times 100 = 700\text{mm}$

$\sigma = \dfrac{3pl_e}{2nbh^2}$

$170 = \dfrac{3\times 3000\times 700}{2\times n\times 60\times 6^2}$

$n = 8.85 \fallingdotseq 9$

(2) $\delta = \dfrac{3pl_e^3}{8nEbh^3} = \dfrac{3\times 3000\times 700^3}{8\times 9\times 210\times 10^3\times 60\times 6^3} = 15.8\text{mm}$

(3) $f = \dfrac{\omega}{2\pi} = \dfrac{\sqrt{\dfrac{g}{\delta}}}{2\pi} = \dfrac{\sqrt{9.8}}{\sqrt{0.0158}\times 2\times \pi} = 3.97\text{Hz} \cong 4\text{Hz}$

06

축하중 3000kg을 들어 올리는 사다리꼴 나사잭이 있다. 나사의 호칭지름 50mm, 유효지름이 46mm, 골지름 42mm, 피치가 8mm이고 이 사다리꼴 나사의 상당마찰계수는 0.12이다. 다음을 구하시오. (단, 자리면의 평균지름과 마찰계수는 60mm, 0.15이다.) [6점]

(1) 비틀림모멘트 $T[\text{N}\cdot\text{m}]$

(2) 나사잭의 효율 $\eta[\%]$

(3) 너트의 높이 $H[\text{mm}]$ (단, 너트의 허용접촉면압력은 10MPa이다.)

(4) 1min당 3m 올라갈 때 소요동력 $L[\text{kW}]$

정답분석

(1) $T = T_B + T_f$

$$T = Q\left(\frac{\mu'\pi d_2 + p}{\pi d_2 - \mu' p}\cdot\frac{d_2}{2} + \mu_f\frac{d_f}{2}\right)$$

$$= 3000\times 9.8\times\left(\frac{0.12\times\pi\times 46 + 8}{\pi\times 46 - 0.12\times 8}\times\frac{46}{2} + 0.15\times\frac{60}{2}\right) = 251{,}670.22\text{N}\cdot\text{m}$$

$\therefore T = 252\text{kN}\cdot\text{m}$

(2) $\eta = \dfrac{Qp}{2\pi t} = \dfrac{3000\times 9.8\times 8}{2\times\pi\times 252\times 10^3}\times 100 = 14.85\%$

(3) $H = \dfrac{Qp}{\dfrac{\pi}{4}(d^2 - d_1^2)q_a} = \dfrac{3000\times 9.8\times 8}{\dfrac{\pi}{4}(50^2 - 42^2)\times 10} = 40.69\text{mm}$

(4) $H_{(kW)} = \dfrac{QV}{\eta} = \dfrac{3000\times 9.8\times 3}{60\times 0.1485}\times 10^{-3} = 9.90\text{kW}$

07

웜과 웜휠의 동력장치에서 감속비(1/15), 웜휠의 압력각 20°, 웜 축방향의 모듈 3, 웜의 줄수 4, 피치원 지름 56mm, 웜휠의 치폭 45mm, 유효 이나비는 36mm이다. 다음을 구하시오. (단, 웜의 재질은 담금질강, 웜휠은 인청동이고 마찰계수는 0.1이다. 이 때 내마멸계수 $K = 548.8\times 10^{-3}\text{N/mm}^2$, 웜휠의 굽힘응력 $\sigma_b = 166.6\text{N/mm}^2$, 치형계수 $y = 0.125$, 웜의 리드각에 의한 계수 $\phi = 1.25(\beta = 10\sim 25°)$, 속도계수 $f_v = \dfrac{6.1}{6.1 + V_g}$ 이며, 웜의 회전수는 1500rpm이다.) [5점]

(1) 웜의 리드각 $\beta[\%]$

(2) 웜휠의 회전력 $F[\text{N}]$

(3) 웜휠의 치면의 수직력 $F_n[\text{N}]$

(1) $\beta = \tan^{-1}\left(\dfrac{Z_w p_s}{\pi D_w}\right) = \tan^{-1}\left(\dfrac{4\times\pi\times 3}{\pi\times 56}\right) = 12.09°$

(2) $\varepsilon = \dfrac{N_g}{N_w} = \dfrac{Z_w}{Z_g}$

$Z_g = 15\times 4 = 60$

$V_g = \dfrac{\pi D_g N_g}{60\times 1000} = \dfrac{\pi\times 3\times 60\times 1500}{60\times 1000\times 15} = 0.94\text{m/sec}$

$p_n = p_s\cos\beta = \pi\times 3\times\cos 12.09 = 9.22\text{mm}$

① 굽힘강도가 기준

$$F_1 = f_v\sigma_b p_n by = \dfrac{6}{6 + 0.94}\times 166.6\times 9.22\times 45\times 0.125 = 7486.62\text{N}$$

② 면압강도가 기준

$$F_2 = f_v\phi D_g b_e K = \dfrac{6.1}{6.1 + 0.94}\times 1.25\times 3\times 60\times 36\times 548.8\times 10^{-3} = 3851.73\text{N}$$

이중에서 작은 값($= 3851.73\text{N}$)이 웜휠의 회전력이 된다.

(3) $F = F_n(\cos\alpha\cdot\cos\beta - \mu\sin\beta)$

$F_n = \dfrac{3851.73}{\cos 20\times\cos 12.90 - 0.1\times\sin 12.09} = 4289.7\text{N}$

08 그림과 같은 1줄 겹치기리벳이음에서 허용인장응력과 허용압축응력이 100MPa, 허용전단응력 70MPa일 때, 다음을 구하시오. (단, 강판의 두께는 4mm이다.) [6점]

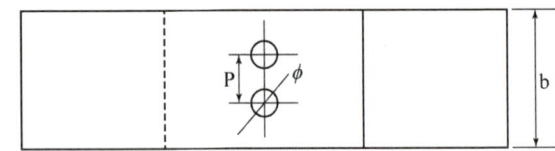

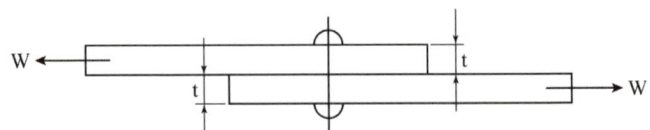

(1) 리벳의 전단저항과 압축저항이 같을 때 리벳의 지름 d [mm]
(2) 강판의 인장저항과 리벳의 전단저항이 같을 때 피치 p [mm]
(3) 강판의 효율 η_t [%]
(4) 리벳의 효율 η [%]

(1) $d = \dfrac{4\sigma t}{\pi t} = \dfrac{4 \times 1000 \times 4}{\pi \times 70} = 7.3 \,\text{mm}$

(2) $d + \dfrac{\pi d^2 \tau}{4\sigma_t t} = 7.28 + \dfrac{\pi \times 7.3^2 \times 70}{4 \times 100 \times 4} = 14.7 \,\text{mm}$

(3) $\eta_t = 1 - \dfrac{d}{p} = \left(1 - \dfrac{7.28}{14.7}\right) \times 100 = 50\%$

(4) $\eta = \dfrac{\pi d^2 \tau}{4\sigma_t p t} = \dfrac{\pi \times 7.28^2 \times 70}{4 \times 100 \times 14.56 \times 4} \times 100 = 50\%$

09 래칫 휠의 래칫에 작용하는 토크가 250N·m, 피치원의 지름이 120mm, 이의 높이 $h = 0.35p$, $e = 0.5p$ 이고 허용굽힘응력 $\sigma_a = 40\text{MPa}$, 휠의 잇수는 12개이다. 다음을 구하시오. [4점]

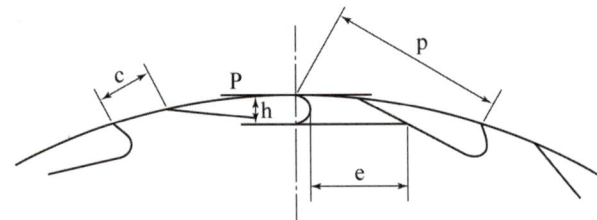

(1) 래칫 휠의 피치(p)
(2) 래칫 휠의 최소 폭(b)

(1) $p = \dfrac{\pi D}{Z} = \dfrac{\pi \times 120}{12} = 31.42 \,\text{mm}$

(2) $P = \dfrac{2T}{D} = \dfrac{2 \times 250}{0.12} = 4166.67 \,\text{N}$

$M = Ph = \dfrac{be^2 \sigma_a}{6}$

$4166.67 \times (0.35 \times 31.42) = \dfrac{b \times (0.5 \times 31.42)^2 \times 40}{6}$

$b = 27.9 \,\text{mm}$

$d=8\text{cm}$인 중실축과 비틀림강도가 같은 종공축의 내외경비가 0.8이고, 두 축의 재질이 동일하며 축의 길이도 같을 때, 다음을 구하시오.[3점]

(1) 중공축의 외경 d_2(mm)와 내경 d_1(mm)

(2) 중실축에 대한 중공축의 중량비[%]

정답분석

(1) $T = \tau \times \dfrac{\pi d^3}{16}$

$\dfrac{T}{\tau} = \dfrac{\pi \times 80^3}{16} \cong 100531 \text{mm}^3$

$T = \tau \times \dfrac{\pi d_2^3 (1-x^4)}{16}$

$100531 = \dfrac{\pi \times d_2^3}{16} \times (1 - 0.8^4)$

$d_2 = 95.36 \text{mm}$

$d_1 = d_2 \times x = 95.36 \times 0.8 = 76.29 \text{mm}$

(2) 중공축을 첨자 P로, 중실축을 첨자 S로 표시하면 다음과 같다.

$\dfrac{W_P}{W_S} = \dfrac{A_P}{A_S} = \dfrac{(d_2^2 - d_1^2)}{d^2} = \dfrac{95.36^2 - 76.29^2}{80^2} \times 100 = 51.15\%$

 축간거리가 400mm, 주동차가 300rpm, 종동차가 100rpm으로 회전하는 외접원통마찰차가 있다. 전달동력이 1.23kW이고 허용접촉선압력이 98N/mm일 때, 다음을 구하시오. (단, 마찰계수는 0.2이다.) [4점]

(1) 마찰차를 밀어붙이는 힘 P[N]

(2) 마찰차의 폭 b[mm]

정답분석

(1) $\varepsilon = \dfrac{N_2}{N_1} = \dfrac{D_1}{D_2}$

$C = \dfrac{D_1 + D_2}{2} = \dfrac{D_1}{2}\left(1 + \dfrac{N_1}{N_2}\right)$

$400 = \dfrac{D_1}{2} \times \left(1 + \dfrac{300}{100}\right)$

$D_1 = 200 \text{mm}$

$H_{kW} = \mu P v$

$1.23 \times 1000 = 0.2 \times P \times \dfrac{\pi \times 200 \times 300}{60 \times 1000}$

$P = 1957.61 \text{N}$

(2) $f = \dfrac{P}{b}$

$b = \dfrac{P}{f} = \dfrac{1957.61}{98} = 19.98 \text{mm}$

제 4 회

01 600rpm으로 2.7kW를 전달하는 중공축이 있다. 이 축에 작용하는 굽힘모멘트는 600N·m이고 허용전단응력은 60MPa, 허용굽힘응력은 120MPa이다. 다음을 구하시오. (단, 동적효과계수는 각각 $K_m = 1.8$, $K_t = 1.2$이고 내외경비 $x = 0.7$이다.) [4점]

(1) 상당굽힘모멘트 M_e[N·m]와 상당비틀림모멘트 T_e[N·m]

(2) 위의 값을 이용하여 중공축의 최소 외경 d_2[mm]를 구하시오.

정답분석

(1) $T = 974 \times 9.8 \times \dfrac{H_{kW}}{N} = 974 \times 9.8 \times \dfrac{2.7}{600} \cong 43 \text{N} \cdot \text{m}$

$M_e = \dfrac{1}{2}[(K_m M) + T_e] = \dfrac{1}{2} \times [*1.8 \times 600) + 1081.23] = 1080.6 \text{N} \cdot \text{m}$

$T_e = \sqrt{(K_m M)^2 + (K_t T)^2} = \sqrt{(1.8 \times 600)^2 + (1.2 \times 42.95)^2} = 1081.2 \text{N} \cdot \text{m}$

(2) $M_e = \sigma_a \times \dfrac{\pi d_2^3}{32} \times (1 - x^4)$

$1080.62 \times 10^{-3} = 120 \times \dfrac{\pi d_2^3}{32} \times (1 - 0.7^4)$

$d_2 = 49.4 \text{mm}$

문제에서 최소 외경을 구하라고 하였으므로 T_e보다 작은 M_e를 선택한다.

02 나사의 유효지름이 27mm, 피치 6mm의 나사잭으로 500kg의 중량을 들어 올리려 한다. 나사부 마찰계수 0.08, 칼라와 접촉부와의 마찰계수는 0.05이고 칼라부 유효평균지름은 40mm이다. 다음을 구하시오. (단, 길이 280mm의 레버를 사용한다.) [4점]

(1) 나사를 올리는데 필요한 힘 F_1[N]

(2) 나사를 내리는데 필요한 힘 F_2[N]

정답분석

(1) $\alpha = \tan^{-1}\left(\dfrac{p}{\pi d_2}\right) = \tan^{-1}\dfrac{6}{\pi \times 27} = 4.05°$

$\rho = \tan^{-1}(\mu) = \tan^{-1}(0.08) = 4.57°$

$T_1 = Q\left[\tan(\alpha + \beta)\dfrac{d_2}{2} + \mu_m \dfrac{d_m}{2}\right] = F_1 l$

$500 \times 9.8 \times \left[\tan(4.05 + 4.57) \times \dfrac{27}{2} + 0.05 \times \dfrac{40}{2}\right] = F_1 \times 280$

$F_1 = 53.31 \text{N}$

(2) $T_2 = Q\left[\tan(\alpha + \beta) \times \dfrac{d_2}{2} + \mu_m \dfrac{d_m}{2}\right] = F_2 l$

$500 \times 9.8 \times \left[\tan(4.57 + 4.05) \times \dfrac{27}{2} + 0.05 \times \dfrac{40}{2}\right] = F_1 \times 280$

$F_2 = 19.64 \text{N}$

03

원통코일 스프링의 평균지름이 40mm, 스프링지수가 5이고 2.9kN의 하중을 받아 15mm의 처짐이 발생한다. 다음을 구하시오. (단, 전단탄성계수는 84.24GPa, 왈의 응력수정계수 $K = \dfrac{4C-1}{4C-4} + \dfrac{0.615}{C}$ 이다.)
[4점]

(1) 정수로 유효권수 n [개]

(2) 최대전단응력 $\tau_{\max}$ [N/mm^2]

정답분석

(1) $d = \dfrac{D}{C} = \dfrac{40}{5} = 8\,\mathrm{mm}$

$R = \dfrac{D}{2} = \dfrac{40}{2} = 20\,\mathrm{mm}$

$\delta = \dfrac{64nPR^3}{Gd^4}$

$15 = \dfrac{64 \times n \times 2.9 \times 10^3 \times 20^3}{84.24 \times 10^3 \times 4^4}$

$n = 3.49 \cong 4$개

(2) $K = \dfrac{4C-1}{4C-4} + \dfrac{0.615}{C} = \dfrac{4 \times 5 - 1}{4 \times 5 - 4} + \dfrac{0.615}{5} = 1.31$

$\tau_{\max} = K\dfrac{16PR}{\pi d^3} = 1.31 \times \dfrac{16 \times 2.9 \times 10^3 \times 20}{\pi \times 8^3} = 755.79\,\mathrm{N/mm^2}$

04

2.5kW, 1500rpm으로 회전하는 헬리컬기어의 치직각 모듈 4, 원동기어 잇수 20, 종동기어 잇수 45, 비틀림각 25°, 공구압력각 20°일 때, 다음을 구하시오. [6점]

(1) 헬리컬기어의 전달하중 F[N] (단, 헬리컬기어는 축의 중앙에 직각으로 매달려 있다.)

(2) 이 헬리컬기어에 걸리는 추력 F_t[N]와 축의 수직력 F_p[N]

(3) 아래 조건으로 종동축에 사용할 단열 레이디얼 볼베어링을 선정하시오.

[단열 레이디얼 볼베어링]
1) 수명시간 90,000hr
2) 속도계수 $V = 1.0$
3) 레이디얼계수 $X = 0.55$
4) 스러스트계수 $Y = 1.13$

No	6201	6202	6203	6204
기본동적 부하용량 C(kN)	20	24	26	32

(1) $D_1 = \dfrac{mZ_1}{\cos\beta} = \dfrac{4 \times 20}{\cos 25°} = 88.27 \text{mm}$

$H_{kW} = Fv = F \times \dfrac{\pi D_1 N_1}{60 \times 1000}$

$2.5 \times 1000 = F \times \dfrac{\pi \times 88.27 \times 1500}{60 \times 1000}$,

$F = 360.6 \text{N}$

(2) $F_t = F \tan\beta = 360.6 \times \tan 25° = 168.2 \text{N}$

$F_p = F \cdot \dfrac{\tan\alpha}{\cos\beta} = 360.6 \times \dfrac{\tan 20°}{\cos 25°} = 144.8 \text{N}$

(3) ① 스러스트 베어링하중
$F_t = 168.2 \text{N}$

② 레이디얼 베어링하중
$F_r = \dfrac{\sqrt{F_p^2 + F^2}}{2} = \dfrac{\sqrt{144.8^2 + 360.6^2}}{2} = 194.3 \text{N}$

③ 등가(레이디얼) 베어링하중
$P_r = XVF_r + YF_t$
$\quad = (0.55 \times 1.0 \times 194.3) + (1.13 \times 168.2) = 296.9 \text{N}$

④ 속도비, 회전수
$\epsilon = \dfrac{N_2}{N_1} = \dfrac{Z_1}{Z_2}, \quad \dfrac{N_2}{1500} = \dfrac{20}{45}, \quad N_2 = 666.7 \text{rpm}$

$L_h = 500 \left(\dfrac{C}{P_r}\right)^r \times \dfrac{33.3}{N_2}, \quad 90000 = 500 \times \left(\dfrac{C}{296.9}\right)^3 \times \dfrac{33.3}{666.7}$

$C = 4551.9 \text{N} = 4.6 \text{kN}$

기본동적 부하용량은 4.6kN 이상이면 안전하고 표에서는 6201베어링을 선정하면 된다.

05

그림과 같은 밴드브레이크가 좌회전할 때 조작력이 $F=250\text{N}$, 제동동력 5kW, 600rpm으로 회전하는 드럼의 직경은 400mm이다. 다음을 구하시오. (단, 밴드의 두께는 1mm, 강판과 밴드의 접촉 시 마찰계수는 0.35, 접촉각은 4rad, 밴드의 허용인장응력은 78.4MPa, $a=15\text{cm}$이다.) [5점]

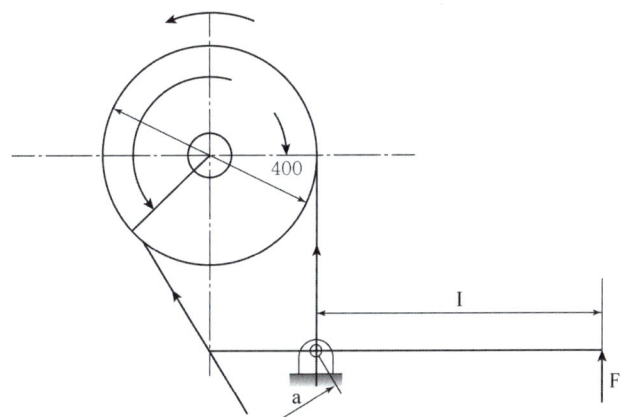

(1) 긴장측 장력 T_t [N]

(2) 레버의 길이 l [mm]

(3) 밴드 폭 b [mm]

정답분석

(1) $H_{kW} = Qv = Q \times \dfrac{\pi DN}{60 \times 100}$

$5 \times 1000 = Q \times \dfrac{\pi \times 400 \times 600}{60 \times 1000}$

$e^{\mu\theta} = e^{0.35 \times 4} = 4.06$

$T_y = Q\dfrac{e^{\mu\theta}}{e^{\mu\theta}-1} = 397.89 \times \dfrac{4.06}{4.06-1} = 527.9\text{N}$

(2) $FL = T_s a = (T_t - Q)a$

$250 \times L = (527.92 - 397.89) \times 150$

$L = 78.02\text{mm}$

(3) $\sigma_t = \dfrac{T_t}{bt}$

$b = \dfrac{527.92}{78.4 \times 1} = 6.73\text{mm}$

06
50번 롤러체인의 피치 15.875mm, 원동 스프라킷의 잇수 25, 회전수 900rpm, 안전율 15, 축간거리 900mm, 종동 스프라킷의 회전수는 300rpm이다. 다음을 구하시오. (단, 파단하중은 22.5kN이다.) [5점]

(1) 최대 전달동력 H[kW]

(2) 종동축 피치원 지름 D_2[mm]

(3) 링크 개수 L_n[개] (단, 짝수로 결정하시오.)

정답분석

(1) $H_{kW} = \dfrac{Q}{S} \times \dfrac{pZ_1 N_1}{60 \times 1000} = \dfrac{22.5}{15} \times \dfrac{15.875 \times 25 \times 900}{60 \times 1000} = 8393 \text{kW}$

(2) $\varepsilon = \dfrac{N_2}{N_1} = \dfrac{N_2}{N_1}$

$\dfrac{300}{900} = \dfrac{25}{Z_2}$

$Z_2 = \dfrac{25 \times 900}{300} = 75$

$D_2 = \dfrac{p}{\sin\left(\dfrac{180°}{Z_2}\right)} = \dfrac{15.875}{\sin\left(\dfrac{180°}{75}\right)} = 379.1 \text{mm}$

(3) $L_n = \dfrac{3C}{p} + \dfrac{(Z_1 + Z_2)}{2} + \dfrac{0.0257p(Z_2 - Z_1)^2}{C}$

$= \dfrac{2 \times 900}{15.875} + \dfrac{(25 + 75)}{2} + \dfrac{0.0257 \times 15.875 \times (75 - 25)^2}{900} = 164.52$

$L_n = 166$

07 아래 그림과 같은 편심하중을 받고 있는 리벳이음에 대하여 다음을 구하시오. (단, 허용전단응력 80MPa, 안전계수는 1.5이다.) [4점]

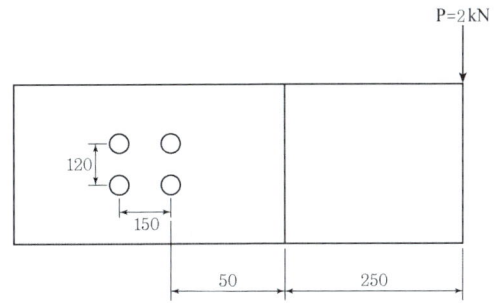

(1) 최대전단력 $F_{\max}$ [N]

(2) 허용 전단력을 고려한 리벳의 지름 d [mm]

(1) ① 직접전단하중
$$F_1 = \frac{P}{Z} = \frac{2000}{4} = 500\text{N}$$
② 비틀림에 의한 전단하중
$$T = PL = 4F_2 r$$
$$2000 \times (75+50+250) = 4 \times F_2 \times \sqrt{75^2 + 60^2}$$
$$F_2 = 1952.17\text{N}$$
$$\cos\theta = \frac{75}{\sqrt{75^2+60^2}} = 0.78$$
$$F_{\max} = \sqrt{F_1^2 + F_2^2 + 2F_1 F_2 \cos\theta}$$
$$= \sqrt{500^2 + 1952.17^2 + 2\times 500 \times 1952.17 \times 0.78} = 2362.98\text{N}$$

(2) $S = \dfrac{\tau_{\max}}{\tau_a}$,

$$\tau_a = \frac{\tau_{\max}}{S} = \frac{\frac{4\times F_{\max}}{\pi d^2}}{1.5} = \frac{4\times 2362.98}{1.5 \times \pi \times d^2}$$

$$d = \sqrt{\frac{4\times 2362.98}{1.5\times \pi \times 80}} = 5\,(\text{mm})$$

08 200rpm으로 3.5kW를 전달하고자 하는 축이 있다. 이 축에 $b\times h = 11\text{mm} \times 8\text{mm}$의 묻힘 키를 사용하고자 할 때, 다음을 구하시오. (단, 축의 허용전단응력 110MPa, 키의 허용전단응력 80MPa, 키의 허용압축응력 120MPa이다.) [4점]

(1) 축의 강도를 고려한 축 직경 d [mm]

(2) 키의 전단과 압축을 고려했을 때 키의 길이 l [mm] (단, 키의 묻힘깊이는 $h/2$이다.)

(1) $T = 974000 \times 0 = 9.8 \times \dfrac{H_{kW}}{N} = 974000 \times 9.8 \times \dfrac{3.5}{200} = 167041\text{N/mm}$

$$T = \tau_a Z_p = \tau_a \frac{\pi d^3}{16}$$

$$167041 = 110 \times \frac{\pi \times d^3}{16}$$

$$d = 19.8\text{mm}$$

(2) $\tau = \dfrac{2T}{bld}$, $80 = \dfrac{2\times 167041}{11\times l \times 19.8}$, $l = 19.19\text{mm}$

$\sigma = \dfrac{4T}{hld}$, $120 = \dfrac{4\times 167041}{8\times l \times 19.8}$, $l = 35.19\text{mm}$

여기에서 더 큰 값을 선택한다.

∴ $l = 35.19\text{mm}$

09 회전수 1500rpm, 풀리의 지름 150mm인 원동 풀리로부터 축간거리 500mm의 종동 풀리에 가죽 벨트로 3.5kW를 전달하는 바로걸기 평벨트 전동장치가 있다. 이 벨트의 허용인장응력은 10MPa이고 마찰계수는 0.2, 단위 길이당 질량이 0.14kg/m이고 이음효율이 0.88일 때, 다음을 구하시오. (단, 종동 풀리의 지름이 450mm, 벨트의 두께 $t=2$mm이다.) [5점]

(1) 원동 풀리의 접촉각 θ [°]

(2) 긴장측 장력 T_t [mm]

(3) 벨트의 폭 b [mm]

정답분석

(1) $\theta = 180 - 2\sin^{-1}\left(\dfrac{D_2 - D_1}{2C}\right) = 180 - 2\sin^{-1}\left(\dfrac{450 - 150}{2 \times 500}\right) \cong 145.1°$

(2) $v = \dfrac{\pi D_1 N_1}{60 \times 1000} = \dfrac{\pi \times 150 \times 1500}{60 \times 1000} = 11.78 \text{m/sec}$

$T_g = \dfrac{\omega v^2}{g} = 0.14 \times 11.78^2 = 19.42\text{N}$

$\theta_{\text{rad}} = 145.1 \times \dfrac{\pi}{180} = 2.53$

$e^{\mu\theta} = e^{0.2 \times 2.53} = 1.65$

$H_{kW} = (T_t - T_g)\dfrac{(e^{\mu\theta} - 1)}{e^{\mu\theta}}v$

$3.5 \times 10^3 = (T_t - 19.42) \times \dfrac{0.65}{1.65} \times 11.78$

$T_t = 766.71\text{N}$

(3) $\sigma_t = \dfrac{T_t}{bt\eta}$, $10 = \dfrac{76.71}{b \times 2 \times 0.88}$, $b = 4.36\text{mm}$

10 베어링 하중 15kN를 지지하는 엔드저널베어링이 있다. 베어링의 허용압력은 6MPa이고 허용굽힘 응력은 50MPa일 때, 다음을 구하시오. (단, 저널의 직경은 40mm이다.) [5점]

(1) 저널의 길이 l [mm]

(2) 위에서 구한 저널의 길이를 이용하여 허용굽힘응력의 만족 여부를 판단하고, 만약 만족하지 않으면 허용굽힘응력을 만족하는 저널의 지름을 구하시오.

정답분석

(1) $p_a = \dfrac{P}{dl}$, $6 = \dfrac{15 \times 10^3}{40 \times l}$, $l = 62.5\text{mm}$

(2) $\sigma_{\max} = \dfrac{32 \times 15 \times 10^3 \times 62.5}{2 \times \pi \times 40^3} = 74.06\text{N/mm}^2 > 50\text{MPa}$

① 최대굽힘응력이 허용굽힘응력보다 크다. 그러므로 적용할 수 없다.

② 허용굽힘응력을 만족하는 지름을 구하면 다음과 같다.

$50 = \dfrac{32 \times 15 \times 10^3 \times 62.5}{2 \times \pi \times d^3}$, $d = 45.7\text{mm}$

11 지름 150mm, 1500rpm으로 회전하는 외접원통 마찰차에서 2.2kW를 전달하려고 한다. 다음을 구하시오. (단, 마찰계수 0.1, 접촉 허용선압 10.0N/mm이다.) [4점]

(1) 원통 마찰차를 밀어 붙이는 힘 $W[N]$

(2) 마찰차의 접촉 폭 $b\,[\text{mm}]$

정답분석

(1) $H_{kW} = \mu P v = \mu P \dfrac{\pi DN}{60 \times 1000}$

$2.2 \times 1000 = 0.1 \times P \times \dfrac{\pi \times 150 \times 1500}{60 \times 1000}$

$W = 1867.42\,\text{N}$

(2) $f = \dfrac{P}{b}$, $b = \dfrac{1867.42}{10.0} = 186.74\,\text{mm}$

2020년 기출문제

제1회

01 홈각 40°의 홈붙이 마찰차에서 원동차의 평균지름이 250mm, 회전수 750rpm, 종동차의 지름 500mm로 하여 5kW를 전달할 때 다음을 구하시오. (단, 허용접촉선압력 =30N/mm, 마찰계수 =0.15이다.)

(1) 밀어 붙이는 힘 W[N]

(2) 홈의 수 Z를 구하시오. (단, 홈의 깊이 $h = 0.3\sqrt{\mu' W}$ 이다.)

정답분석

(1) $\mu' = \dfrac{\mu}{\mu\cos\alpha + \sin slpha} = \dfrac{0.15}{0.15 \times \cos 20 + \sin 20} = 0.3$

$v = \dfrac{pDN}{60 \times 1000} = \dfrac{\pi \times 250 \times 750}{60 \times 1000} = 9.8 \text{m/sec}$

$H_{kW} = \mu' W v$, $5 \times 1000 = 0.3 \times W 9.8$

$W = 1642.5\text{N}$

(2) $W = Q(\sin\alpha + \mu\cos\alpha)$

$Q = \dfrac{1642.5}{0.15 \times \cos 20 + \sin 20} = 3400.7\text{N}$

$h = 0.3\sqrt{\mu' W} = 0.3\sqrt{0.3 \times 1642.5} = 6.8\text{mm}$

$f = \dfrac{Q}{L} = \dfrac{Q}{2hZ}$

$30 = \dfrac{3400.7}{2 \times 6.8 \times Z}$

$Z = 9$

02 어떤 나사잭 수나사봉의 바깥지름이 50mm, 25mm를 전진시키는데 2.5회전이 요구되며 나사부 마찰계수가 0.15, 칼라와 접촉부의 마찰계수가 0.13, 칼라부 평균지름 80mm, 수나사봉을 돌리는 레버의 길이 800mm, 레버에 가해지는 힘이 1700N일 때, 다음을 구하시오.

(1) 수나사의 피치 p[mm]와 유효지름 d_2[mm]

(2) 나사잭이 들어 올릴 수 있는 축 하중 Q[kN]

(3) 나사잭의 효율 η[%]

정답분석

(1) $p = \dfrac{25}{2.5} = 10\text{mm}$, $d_2 = d - \dfrac{p}{2} = 50 - \dfrac{10}{2} = 45\text{mm}$

(2) $\tan\lambda = \dfrac{p}{\pi d_2}$,

$\lambda = \tan^{-1}\left(\dfrac{10}{\pi \times 45}\right) = 4.05°$

$\rho = \tan^{-1}\mu = \tan^{-1}0.15 = 8.53°$

$T = T_B + T_C$

$FL = Q\left[\tan(\lambda + \rho) \times \dfrac{d_2}{2} + \mu_c \dfrac{d_c}{2}\right]$

$1700 \times 800 = Q\left[\tan(4.05 + 8.53) \times \dfrac{45}{2} + 0.13 \times \dfrac{80}{2}\right]$

$Q = 133.1\text{kN}$

(3) $\eta = \dfrac{Qp}{2\pi T} = \dfrac{133.1 \times 10^3 \times 10}{2 \times \pi \times 1700 \times 800} \times 100 = 15.6\%$

03

다음 그림과 같은 59.5kN의 하중을 받는 코터이음이있다. 다음을 구하시오. (단, $d=50$mm, $D=90$mm, $h=65$mm, $b=15$mm이다.) [4점]

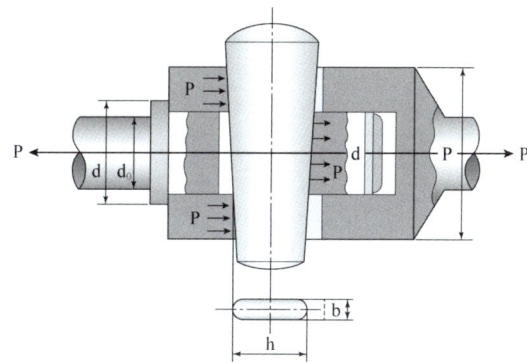

(1) 로드와 코터 사이의 압축응력 σ_{c1}[MPa]

(2) 소켓의 코터 구멍부 압축응력 σ_{c2}[MPa]

정답분석

(1) $\sigma_{c1} = \dfrac{p}{db} = \dfrac{59.5 \times 1000}{50 \times 15} = 79.33$MPa

(2) $\sigma_{c2} = \dfrac{P}{(D-d)b} = \dfrac{59.5 \times 1000}{(90-50) \times 15} = 99.17$MPa

04

572J, 400rpm으로 회전하는 축에 묻힘키를 사용한다. 회전축의 허용전단응력이 250MPa일 때, 다음을 구하시오. (단, 축과 묻힘키의 허용전단응력은 동일하고 허용압축응력은 허용전단응력의 2.5배로 묻힘깊이는 키 높이의 1/2로 한다.) [5점]

(1) 최대동력 H[kW]

(2) 축지름 d[mm]

(3) 묻힘키의 $\times b$[mm] $\times h$[mm] (단, 묻힘키의 길이 $l = 0.5d$이다.)

정답분석

(1) $T = 974 \times 9.8 \times \dfrac{H_{kW}}{N}$

$572 = 974 \times 9.8 \times \dfrac{H_{kW}}{400}$

$H_{kW} = 24$kW

(2) $T = \tau Z_p$

$T = \tau \dfrac{\pi d^3}{16}$

$572 \times 10^3 = 250 \times \dfrac{\pi \times d^3}{16}$

$d = 22.3$mm

(3) $\tau = \dfrac{2T}{bld}$, $250 = \dfrac{2 \times 572 \times 10^3}{b \times 1.5 \times 22.3^2}$, $b = 5.94$mm

$\sigma = \dfrac{4T}{hld}$, $205 \times 2.5 = \dfrac{4 \times 572 \times 10^3}{h \times 1.5 \times 22.3^2}$, $h = 4.75$mm

05 어떤 기계장치에 사용되고 있는 원통코일스프링의 평균지름이 40mm이고 초기하중 400N이 작용하고 있다. 그 기계장치의 스프링 변위의 최대 양정이 35mm일 때, 최대하중은 560N이다. 코일 스프링의 소선에 작용하는 최대 전단응력은 510MPa일 때, 다음을 구하시오. (단, 횡탄성계수 $G = 80360 \text{MPa}$, 왈의 응력수정계수 $K = 1.0$이다.) [5점]

(1) 소선의 직경 d [mm]

(2) 유효권수 n

(3) 초기하중이 작용할 때 변형량 δ_0 [mm]

정답분석

(1) $\tau = K \dfrac{16PR}{\pi d^3}$

$510 = 1.0 \times \dfrac{16 \times 560 \times 20}{\pi \times d^3}$

$d = 4.8 \text{mm}$

(2) $\delta = \dfrac{64n(P - P_1)R^3}{Gd^4}$

$35 = \dfrac{64 \times n \times (560 - 400) \times 20^3}{80360 \times 4.8^4}$

$n = 19$

(3) $\delta_0 = \dfrac{64nP_1R^3}{Gd^4} = \dfrac{64 \times 19 \times 400 \times 20^3}{80360 \times 4.8^4} = 89.71 \text{mm}$

06 200rpm으로 13kW를 전달하는 원추클러치가 있다. 접촉면의 평균지름이 300mm, 원추면의 경사각이 11°, 마찰계수 0.2, 접촉면의 허용압력 0.3MPa일 때, 다음을 구하시오. [4점]

(1) 접촉폭 b [mm]

(2) 추력 W [N]

정답분석

(1) $T = 974000 \times 9.8 \times \dfrac{H_{kW}}{N} = \mu Q \dfrac{D}{2}$

$974000 \times 9.8 \times \dfrac{13}{200} = 0.2 \times Q \times \dfrac{300}{2}$

$Q = 20681 \text{N}$

$q_a = \dfrac{Q}{\pi D b}$

$0.3 = \dfrac{20681}{\pi \times 300 \times b}$

$b = 73.15 \text{mm}$

(2) $W = Q(\sin\alpha + \mu\cos\alpha) = 20681 \times (\sin 11 + 0.2 \times \cos 11) = 8006.43 \text{N}$

07

표준스퍼기어의 피니언회전수 600rpm, 기어의 회전수 200rpm, 기어의 굽힘강도 127.4MPa, 치형계수 0.12, 중심거리 300mm, 압력각 14.5°, 전달동력 18.5kW일 때, 다음을 구하시오. (단, 치폭 $b=2p$로 계산하시오.) [5점]

(1) 전달하중 F[N]

(2) 루이스 굽힘강도식을 이용하여 모듈(m)을 구하고 다음 표에서 선정하시오.

모듈(m)	3, 3.5, 3.8, 4, 4.5, 5, 5.5, 6, 6.5

정답분석

(1) $\varepsilon = \dfrac{N_2}{N_1} = \dfrac{D_2}{D_1}$, $D_2 = \dfrac{600}{200}D_1 = 3D_1$

$C = \dfrac{D_1 + D_2}{2} = \dfrac{4D_1}{2}$, $D_1 = \dfrac{300}{2} = 150\mathrm{mm}$

$H_{kW} = Fv = F\dfrac{\pi DN}{60 \times 1000}$

$18.5 \times 1000 = F \times \dfrac{\pi \times 150 \times 600}{60 \times 1000}$

$F = 3925.8\mathrm{N}$

(2) $v = \dfrac{\pi DN}{60 \times 1000} = \dfrac{\pi \times 150 \times 600}{60 \times 1000} = 4.71\mathrm{m/sec}$

$F = f_v \sigma_b b p y = f_v \sigma_b (2\pi^2 m^2) y$

$3925.82 = \left(\dfrac{3.05}{3.05 + 4.71}\right) \times 127.4 \times 2 \times \pi^2 \times m^2 \times 0.12$

$m = 5.75$

표에서 5.75와 가장 근사한 모듈 값을 찾는다.

$m = 6$

08

6kW의 동력을 9.5m/sec의 속도로 전달하는 가죽벨트를 사용하는 평벨트 전동장치가 있다. 이 벨트의 허용인장응력은 2.5N/mm²이고 이음효율이 80%일 때, 다음을 구하시오. (단, 벨트의 두께는 5mm, 장력비 $e^{\mu\theta} = 2.0$이다.) [4점]

(1) 긴장측 장력 T_t[N]

(2) 벨트의 폭 b[mm]

정답분석

(1) $H_{kW} = \dfrac{T_t(e^{\mu\theta} - 1) \cdot v}{e^{\mu\theta}}$

$6 \times 1000 = \dfrac{T_t \times (2.0 - 1) \times 9.5}{2.0}$

$T_t = 1263.2\mathrm{N}$

(2) $\sigma_a = \dfrac{T_t}{bt\eta}$

$b = \dfrac{1263.2}{2.5 \times 5 \times 0.8} = 126.4\mathrm{mm}$

09 No.6210 단열깊은홈베어링에 레이디얼 하중 2940N, 스러스트 하중 980N이 작용하고 150rpm으로 회전한다. 다음을 구하시오. (단, 내륜회전 베어링이고 베어링 하중계수 1.0, 기본정정격 하중 $C_0 = 20678$N 일 때, 베어링수명시간 $L_h = 55000h$ 이다.) [5점]

(1) 등가레이디얼하중 P_r [N]

(2) 기본동정격하중 C [N]

베어링 형식		내륜회중 하중	외륜회중 하중	단열		복열			e
				$F_a/VF_r > e$		$F_a/VF_r \leq e$		$F_a/VF_r > e$	
		V		X	Y	X	Y	X	Y	
깊은 홈 볼 베어링	F_a/C_0 = 0.014 = 0.028 = 0.056 = 0.084 = 0.11 = 0.17 = 0.28 = 0.42 = 0.56	1	12	0.56	2.30 1.99 1.71 1.55 1.45 1.31 1.15 1.04 1.00	1	0	0.56	2.30 1.99 1.71 1.55 1.45 1.31 1.15 1.04 1.00	0.19 0.22 0.26 0.28 0.30 0.34 0.38 0.42 0.44

(1) $v = 1.0$, $\dfrac{F_a}{C_0} = \dfrac{980}{20678} = 0.047$

$X = 0.56$

$\dfrac{1.71 - 1.99}{0.056 - 0.028} = \dfrac{1.71 - Y}{0.056 - 0.041}$

$Y = 1.8$

$P_r = XVF_r + YF_r = 0.56 \times 1.0 \times 2940 + 1.8 \times 890 = 3410.4$N

(2) $L_h = 500 \left(\dfrac{C}{f_w P_r}\right)^r \dfrac{33.3}{N}$

$55000 = 500 \times \left(\dfrac{C}{1.0 \times 3410.4}\right)^3 \times \dfrac{33.3}{150}$

$C = 26,986.83$N

10 다음의 설명이 의미하는 것을 적으시오. [3점]

(1) 랙 공구나 호브로 기어를 창성할 때 이의 간섭이 일어나도록 두면 기어의 이뿌리를 깎아내어 이가 꺾이는 현상

(2) 한 쌍의 기어가 물고 돌아갈 때 윤활유의 유막두께, 기어의 치수오차, 중심거리의 변동, 열팽창, 부하에 의한 이의 변형 등에 의해 물림상태에서 이의 뒷면에 발생하는 틈새

(3) 이의 간섭을 피하기 위해 공구랙의 기준피치선을 기어의 피치원으로부터 어느 거리만큼 이동시켜 절삭한 기어

(1) 언더컷
→ 공구의 날끝 직선부에서 기어의 이 뿌리에 있어서의 치형곡선 일부분이 잘라지는 현상을 의미한다.

(2) 백래시
→ 한 쌍의 기어를 맞물렸을 때 치면 사이의 틈새를 의미한다.

(3) 전위기어
→ 표준 보통이 기어의 치형 곡선을 피하면서 이 끝원과 이 뿌리원을 크거나 작게 만든 것을 전위기어라 한다.

11 다음 그림과 같은 7.5kN의 편심하중을 받는 리벳이음이 있다. 그림에서 $p = 55\text{mm}$, $e = 300\text{mm}$, 리벳의 허용전단응력은 54.8MPa일 때 리벳의 최소지름 d[mm]를 구하시오. [5점]

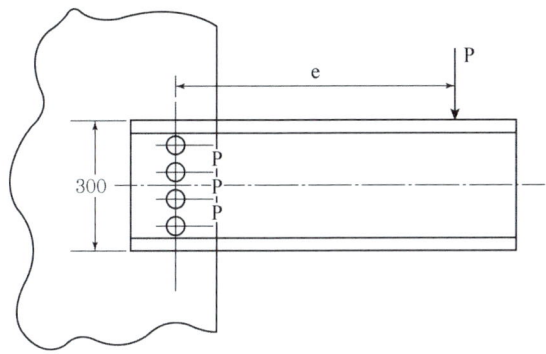

정답분석

① 직접전단하중(F1)

$$Q_1 = \frac{P}{Z} = \frac{7.5}{4} = 1.88\text{kN}$$

② 비틀림 최대전단력(F2)

$$P_e = K(N_1 r_1^2 + N_2 r_2^2)$$

$$7.5 \times 1000 \times 300 = K(2 \times 27.5^2 + 2 \times 82.5^2)$$

$$K = 147.76\text{N/mm}$$

$$Q_2 = Kr_2 = 148.76 \times 82.5 = 12272.7 = 12.3\text{kN}$$

③ 리벳의 지름

$$F = \sqrt{F_1^2 + F_2^2} = \sqrt{1.88^2 + 12.3^2} = 12.4\text{kN}$$

$$\tau = \frac{4F}{\pi d^2}$$

$$54.8 = \frac{4 \times 12.41 \times 1000}{\pi \times d^2}$$

$$d = 17\text{mm}$$

제 2 회

01 지름이 40mm인 축의 회전수 900rpm, 동력 30kW를 전달시키고자 할 때, 다음을 구하시오. (단, 키의 호칭치수는 $b \times h = 12 \times 8$이고 키의 허용전단응력 $\tau_a = 30\text{MPa}$, 키의 허용압축응력 $\sigma_{ca} = 80\text{MPa}$이다.) [4점]

(1) 축 토크 T [kJ]

(2) 키의 길이 l [mm]

정답분석

(1) $T = 974 \times 9.8 \times \dfrac{H_{kW}}{N} = 974 \times 9.8 \times \dfrac{30}{900} = 318.2\text{kJ}$

(2) $\tau = \dfrac{2T}{bld}$, $30 = \dfrac{2 \times 311118.17 \times 10^3}{12 \times l \times 40}$, $l = 44.19\text{mm}$

$\sigma = \dfrac{4T}{bld}$, $80 = \dfrac{4 \times 318.17 \times 10^3}{8 \times l \times 40}$, $l = 49.71\text{mm}$

둘 중에서 더 큰 값을 적용한다.

$l = 49.71\text{m}$

---

02 기어에서 언더컷이 일어나지 않기 위한 방법 3가지를 적으시오. [3점]

정답분석

(1) 이의 높이를 낮게 제작한다.
(2) 전위기어를 사용한다.
(3) 압력각을 증가시켜서 물림률을 향상시킨다.
(4) 작은 기어(피니언)의 뿌리면을 더 깊게 가공한다.
(5) 기어의 이 끝을 깎아낸다.

---

03 축간거리 20m의 로프 풀리에서 로프가 0.5m 처졌다. 다음을 구시오. (단, 로프 단위 무게 $\omega = 4.9\text{N/m}$이다.) [4점]

(1) 로프에 생기는 인장력 T [N]

(2) 접촉점에서 접촉점까지의 로프 길이 L [m]

정답분석

(1) $T = \dfrac{\omega l^2}{8h} + \omega h = \dfrac{4.9 \times 20^2}{8 \times 0.5} + 4.9 \times 0.5 = 492.5\text{N}$

(2) $L = l\left(1 + \dfrac{8}{3}\dfrac{h^2}{l^2}\right) = 20 \times \left(1 + \dfrac{8}{3}\dfrac{0.5^2}{20^2}\right) = 20\text{m}$

04

2kW, 1750rpm의 동력을 웜기어 장치로 1/12.25로 감속시키려 한다. 웜은 4줄나사로 축방향 방식으로 압력각 20°, 모듈 3.5, 중심거리 110mm로 할 때, 다음을 구하시오. (단, 잇면의 마찰계수는 0.1이다.) [6점]

(1) 웜휠의 전달효율 η [%]

(2) 웜휠의 피치원상의 전달력 F [N]

정답분석

(1) $Z_g = \dfrac{Z_w}{\varepsilon} = 4 \times 12.25 = 49$

$D_g = m Z_g = 3.5 \times 49 = 171.5 \text{mm}$

$C = \dfrac{D_w + D_g}{2}$, $D_w = 2 \times 110 - 171.5 = 48.5 \text{mm}$

$l = Z_w \cdot p_s = Z_w \pi m = 4 \times \pi \times 3.5 = 43.9 \text{mm}$

$\tan \beta = \dfrac{l}{\pi D_w}$, $\beta = \tan^{-1}\left(\dfrac{43.9}{\pi \times 48.5}\right) = 16.1°$

$\tan \rho = \dfrac{\mu}{\cos \alpha}$, $\rho = \tan^{-1}\left(\dfrac{0.1}{\cos 20°}\right) = 6°$

$\eta = \dfrac{\tan \beta}{\tan(\beta + \rho)} = \dfrac{\tan 16.1}{\tan(16.1 + 6)} \times 100 = 70.83\%$

(2) $v_g = \dfrac{\pi D_g N_g}{60 \times 1000} = \dfrac{\pi \times 171.5 \times \dfrac{1750}{12.25}}{60 \times 1000} = 1.28 \text{m/sec}$

$H_{kW} = \dfrac{F V_g}{\eta}$, $2 \times 10^3 = \dfrac{F \times 1.28}{0.7083}$, $F = 1106.7 \text{N}$

05

선박용 디젤기관의 칼라베어링이 450rpm으로 추력 8330N을 받고 있다. 이 축의 직경은 100mm, 칼라의 바깥지름이 180mm라고 할 때 다음을 구하시오. (단, 허용발열계수는 $52.95 \times 10^{-2} \text{MPa} \cdot \text{m/sec}$ 베어링마찰계수는 0.015이다.) [6점]

(1) 칼라베어링의 칼라수 Z [개]

(2) 베어링 압력 p [MPa]

(3) 칼라베어링 부의 마찰동력 H [kW]

정답분석

(1) $pv = \dfrac{4P}{\pi(d_2^2 - d_1^2)Z} \times \dfrac{\pi(d_1 + d_2)N}{2 \times 60 \times 1000}$

$52.92 \times 10^{-2} = \dfrac{4 \times 8330}{\pi \times (180^2 - 100^2) \times Z} \times \dfrac{\pi \times (180 + 100) \times 450}{2 \times 60 \times 1000}$

$Z = 3$

(2) $p = \dfrac{4P}{\pi(d_2^2 - d_1^2)Z} = \dfrac{4 \times 8330}{\pi \times (180^2 - 100^2) \times 3} = 0.16 \text{MPa}$

(3) $H_{kW} = \mu P V = 0.015 \times 8330 \times \dfrac{\pi \times (180 + 100) \times 450}{2 \times 60 \times 1000} \times 10^{-3} = 0.41 \text{kW}$

06

어떤 겹판스프링의 허용굽힘응력이 343MPa이고, 종탄성계수는 210GPa, 판의 수는 8, 폭은 65m, 높이는 2.07mm이다. 그리고 어떤 코일스프링에 작용하는 인장하중이 2.94kN, 코일의 평균지름은 70mm, 스프링지수 5, 횡탄성계수 78.48GPa일 때, 다음을 구하시오. [4점]

(1) 겹판스프링의 변형량 δ[mm] (단, 스팬의 길이는 450mm이다.)

(2) 코일스프링의 처짐이 겹판스프링의 변형량과 같을 때 코일스프링의 유효권수 n [개]

정답분석

(1) $P = \dfrac{2nbh^2\sigma_a}{3l} = \dfrac{2 \times 8 \times 65 \times 2.07^2 \times 343}{3 \times 45} = 1132.2 \text{N}$

$\delta = \dfrac{3Pl^3}{8E_nbh^3} = \dfrac{3 \times 1132.23 \times 450^2}{8 \times 210 \times 10^3 \times 8 \times 65 \times 2.07^3} \cong 40 \text{mm}$

(2) $\delta = \dfrac{64nPR^3}{Gd^4}$, $d = \dfrac{D}{C} = \dfrac{40}{5} = 14 \text{mm}$

$40 = \dfrac{64 \times n \times 2.94 \times 10^3 \times (70/2)^3}{78.48 \times 10^3 \times 14^4}$

$n = 14.93 \cong 15$

07

외접원통마찰차에서 작은 원통의 회전수 550rpm, 중심거리 $C = 600\text{mm}$, 속도비 일때, 다음을 구하시오. [4점]

(1) 각각 원통의 지름 D_1[mm], D_2[mm]

(2) 작은 원통의 속도 v[m/s]

정답분석

(1) $\varepsilon = \dfrac{D_1}{D_2}$, $D_2 = \dfrac{D_1}{\varepsilon} = \dfrac{5}{3} \times D_1$

$C = \dfrac{D_1 + D_2}{2}$, $600 = \dfrac{D_1}{2}\left(1 + \dfrac{5}{3}\right)$

$D_1 = 450 \text{mm}$, $D_2 = 750 \text{mm}$

(2) $v = \dfrac{\pi D_1 N_1}{60 \times 1000} = \dfrac{\pi \times 450 \times 550}{60 \times 1000} \cong 13 \text{m/sec}$

08

바깥지름 36mm, 골지름 32mm, 피치 4mm인 한줄 사각나사의 연강제 나사봉을 갖는 나사잭으로 9800N의 하중을 올리려고 한다. 다음을 구하시오. [6점]

(1) 나사봉을 돌리는 레버의 유효길이가 770mm, 나사산의 마찰계수 0.2일 때 레버 끝에 작용하는 힘 F [N]

(2) 나사산의 허용면압이 4MPa이라면 너트의 최소 높이 H [mm]

(3) 나사잭으로 하중을 들어 올리는 동력이 12kW일 때 들어 올리는 속도 v [m/s]

정답분석

(1) $d_m = \dfrac{d_1 + d_2}{2} = \dfrac{32 + 36}{2} = 34\,\text{mm}$

$T = F \cdot L = Q \dfrac{\mu \pi d_2 + p}{\pi d_2 - \mu p} \cdot \dfrac{d_m}{2}$

$F \times 770 = 9800 \times \dfrac{0.2 \times \pi \times 34 + 4}{\pi \times 34 - 0.2 \times 4} \times \dfrac{34}{2}$

$F \cong 51.8\,\text{N}$

(2) $h = \dfrac{d_2 - d_1}{2} = \dfrac{36 - 32}{2} = 2\,\text{mm}$

$Z = \dfrac{Q}{\pi d_m h q} = \dfrac{9800}{\pi \times 34 \times 2 \times 4} = 11.47 \cong 12$

$H = Zp = 12 \times 4 = 48\,\text{mm}$

(3) $H_{(kW)} = Qv,\ 12 \times 10^3 = 9800 \times v$

$v = 1.22\,\text{m/sec}$

09

그림과 같은 단동식 밴드브레이크에서 밴드 두께 및 폭이 4mm, 76mm, 밴드의 허용인장응력 40MPa이라 할 때 다음을 구하시오. (단, 마찰계수는 0.3이고 접촉각은 225°이다.) [5점]

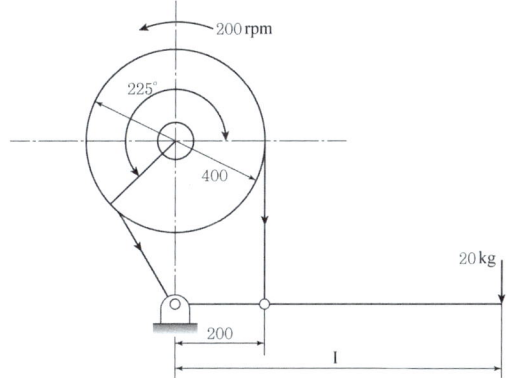

(1) 긴장측 장력 T_t [N]

(2) 제동력 Q [N]

(3) 레버의 길이 l [mm]

정답분석

(1) $\sigma = \dfrac{T_t}{bt},\ T_t = 40 \times 4 \times 76 = 12160\,\text{N}$

(2) $\theta_{\text{rad}} = 225 \times \dfrac{\pi}{180} = 3.9$

$e^{\mu\theta} = e^{(0.3 \times 3.9)} = 3.22$

$Q = \dfrac{T_t(e^{\mu\theta} - 1)}{e^{\mu\theta}} = \dfrac{12160 \times 2.22}{3.22} = 8383.6\,\text{N}$

(3) $F \cdot L = T_t a$

$l = \dfrac{12160 \times 200}{20 \times 9.8} = 12,408.2\,\text{mm}$

유량 0.28m³/sec, 수압 2.5MPa에서 상온으로 사용하는 이음매 없는 강관 속을 평균 유속 3m/sec로 흐르고 있을 때 다음을 구하라. (단, 이음효율 100%, 허용응력 80MPa 부식여유 1mm이다.) [4점]

(1) 강관의 내경 D [mm]

(2) 강관의 두께 t [mm]

정답분석

(1) $Q = AV = \dfrac{\pi D^2}{4}V$, $0.28 = \dfrac{\pi D^2}{4} \times 3$

$D = 0.34473\text{m} = 344.73\text{mm}$

(2) $t = \dfrac{PD}{2\sigma_a \eta} + C = \dfrac{2.5 \times 344.73}{2 \times 80 \times 1} + 1 = 6.39\text{mm}$

 한줄 양쪽 덮개판 맞대기 리벳이음에서 피치가 56mm, 리벳의 지름이 16mm, 강판의 두께가 10mm, 리벳의 전단강도가 강판의 인장강도의 80%일 때 다음을 구하시오. [4점]

(1) 강판효율 η_t [%]

(2) 리벳의 효율 η [%]

정답분석

(1) $\eta_t = 1 - \dfrac{d}{p} = 1 - \dfrac{16}{56} = 0.7143$

$\eta_t \cong 71.4\%$

(2) $\eta = \dfrac{1.8\pi d^2 \tau}{4\sigma_t p t} = \dfrac{1.8 \times \pi \times 16^2 \times 0.8}{4 \times 56 \times 10} = 0.517$

$\eta = 51.7\%$

pass.Hackers.com

2019년 기출문제

제 1 회

01 나사의 유효지름 63.5mm, 피치 4mm의 나사잭으로 3ton의 중량물을 들어올리기 위해 레버를 돌리는 힘은 245N, 마찰계수는 0.15이다. 다음을 구하시오. [4점]

(1) 나사잭을 돌리는 토크 T[J]

(2) 레버의 유효길이 L[mm]

정답분석

(1) $\lambda = \tan^{-1}\left(\dfrac{p}{\pi d_2}\right) = \tan^{-1}\left(\dfrac{4}{\pi \times 63.5}\right) = 1.15°$

$\rho = \tan^{-1}(\mu) = \tan^{-1}(0.15) = 8.53°$

$T = Q\tan(\lambda+\alpha)\dfrac{d_2}{2} = 3 \times 9.8 \times \tan(1.15+8.53) \times \dfrac{63.5}{2} = 159.22\text{J}$

(2) $T = FL$

$159.22 \times 10^3 = 245 \times L$

$\therefore L = 649.9\text{mm}$

02 100번 롤러 체인용 스프로킷휠의 잇수가 30, 40이고 중심거리가 520mm로 동력을 전달할 때 다음을 구하시오. [4점]

(1) 각 스프로킷휠의 피치원 지름 D_1[mm], D_2[mm]

(2) 링크 수 L_n

롤러체인의 호칭번호	피치[mm]	파단하중(kN)
40	12.70	14.2
50	15.88	22.1
60	19.05	32
80	25.40	56.5
100	31.75	88.5
120	38.10	128
140	44.45	174
160	50.80	227
200	63.50	354

정답분석

(1) $D_1 = \dfrac{p}{\sin\left(\dfrac{180}{Z_1}\right)} = \dfrac{31.75}{\sin\left(\dfrac{180}{30}\right)} = 303.75\text{mm}$

$D_2 = \dfrac{p}{\sin\left(\dfrac{180}{Z_2}\right)} = \dfrac{31.75}{\sin\left(\dfrac{180}{40}\right)} = 404.67\text{mm}$

(2) $L_n = \dfrac{2C}{p} + \dfrac{(Z_1+Z_2)}{2} + \dfrac{0.0257p(Z_2-Z_1)^2}{C}$

$= \dfrac{2 \times 520}{31.75} + \dfrac{(30+40)}{2} + \dfrac{0.0257 \times 31.75 \times (40-30)^2}{520} = 67.9$

$\therefore L_n = 68$

03
그림과 같은 단식 블록브레이크를 가진 풀리의 중량물의 자유낙하를 방지하려고 한다. 레버에 작용하는 하중은 200N이고 드럼의 직경은 400mm이며 다음을 구하시오. (단, 드럼과 블록 사이의 마찰 계수는 0.3이다.) [4점]

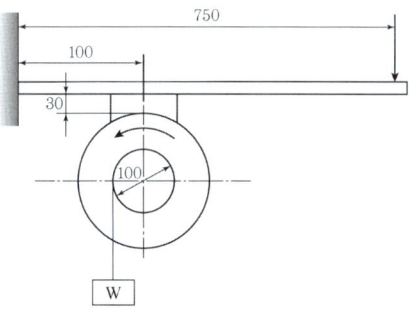

(1) 브레이크의 제동력 Q[N]
(2) 풀리 중량물의 무게 W[N]

정답분석

(1) $200 \times 750 - P \times 100 + 0.3 \times R \times 30 = 0$
$P = 1648.35\text{N}$
$Q = \mu P = 0.3 \times 1648.35 = 494.5\text{N}$

(2) $T = Q\dfrac{D}{2} = W\dfrac{d}{2}$

$494.51 \times \dfrac{400}{2} = W \times \dfrac{100}{2}$

$\therefore W = 1978.04\text{N}$

04
750rpm, 5kW를 전달하는 홈각 40°의 홈붙이 마찰차가 있다. 원동차의 직경 250mm, 종동차의 직경 500mm일 때 다음을 구하시오. (단, 허용선압력 $f = 30\text{N/mm}$이고 마찰계수는 0.15이다). [5점]

(1) 홈붙이 마찰차를 밀어 붙이는 힘 W[N]
(2) 홈의 수 Z? (단, 홈의 깊이 $h = 0.28\sqrt{\mu' W}$이다)

정답분석

(1) $\mu' = \dfrac{\mu}{\sin\alpha + \mu\cos\alpha} = \dfrac{0.15}{\sin 20 + 0.15 \times \cos 20} = 0.31$

$H_{kW} = \mu' Wv = \dfrac{0.31 \times W \times \pi \times 250 \times 750}{60 \times 1000} = 5 \times 10^3$

$W = 1645.9\text{N}$

(2) $h = 0.28\sqrt{\mu' W} = 0.28 \times \sqrt{0.31 \times 1642.89} = 6.32\text{mm}$

$P = \dfrac{W}{\sin\alpha + \mu\cos\alpha} = \dfrac{1642.89}{\sin 20 + 0.15 \times \cos 20} = 3401.6\text{N}$

$f = \dfrac{P}{2hZ}$

$30 = \dfrac{3401.61}{2 \times 6.32 \times Z}$

$Z = 9$

05 600rpm, 30kW를 전달하는 다판클러치가 있다. 접촉면의 수는 4개이고 내외경비가 0.6일 때 다음을 구하시오. (단, 마찰계수는 0.2, 허용접촉면압력이 0.2MPa이다). [5점]

(1) 클러치의 바깥지름 D_2[mm]

(2) 클러치의 안지름 D_1[mm]

(3) 클러치를 밀어붙이는 추력 W[kN]

정답분석

(1) $T = 974000 \dfrac{H_{kW}}{N} = \mu q_m \dfrac{\pi(D_2^2 - D_1^2)}{4} \times Z \dfrac{D_1 + D_2}{4}$

$= \mu q_m \dfrac{\pi(1-x^2)D_2^2}{4} Z \dfrac{(1+x)D_2}{4}$

$974000 \times 9.8 \times \dfrac{30}{600} = 0.2 \times 0.2 \times \dfrac{\pi \times (1-0.6^2)}{4} \times 4 \times \dfrac{(1+0.6)}{4} \times D_2^3$

$D_2^3 = 14835368.85$

$D_2 = 245.715 \text{mm}$

(2) $D_1 = 0.6 \times 245.715 = 147.42 \text{mm}$

(3) $T = 974000 \times 9.8 \times \dfrac{H_{kW}}{N} = \mu W \dfrac{D_1 + D_2}{4}$

$974000 \times 9.8 \times \dfrac{30}{600} = 0.2 \times W \times \dfrac{147.43 + 245.72}{4}$

$W = 24.28 \text{kN}$

06 14.7kW, 300rpm을 전달하는 전동축이 있다. 묻힘키의 폭 $b = 6$mm, 높이 $h = 7$mm이고 허용전단응력은 80MPa, 허용압축응력은 100MPa이다. 키홈이 없을 때 축의 지름은 30mm, 키홈 붙이축과 키홈이 없는 축의 탄성한도에 있어서 비틀림강도의 비 $\beta = 1 + 0.2 \dfrac{b}{d_0} + 1.1 \dfrac{t}{d_0}$이고 키홈을 고려한 축지름 $d = \beta d_0$이다. 다음을 구하시오. (단, 묻힘 깊이는 $t = 3.5$mm이다). [5점]

(1) 묻힘키의 길이 l[mm]

(2) 묻힘 깊이를 고려한 축의 비틀림전단응력 τ[MPa]

정답분석

(1) $d = \beta d_0 = \left(1 + 0.2 \times \dfrac{6}{30} + 1.1 \times \dfrac{3.5}{30}\right) \times 30 = 35.1 \text{mm}$

$\tau = \dfrac{2T}{bld}$

$80 = \dfrac{2 \times 974000 \times 9.8 \times 14.7}{6 \times l \times 35.1 \times 300}$

$l = 55.6 \text{mm}$

$\sigma = \dfrac{4T}{hld}$

$100 = \dfrac{4 \times 974000 \times 9.8 \times 14.7}{7 \times l \times 35.1 \times 300}$

$l = 76.25 \text{mm}$

이중 안전길이를 고려하면 $l = 76.25 \text{mm}$

(2) $\tau = \dfrac{T}{Z_p} = \dfrac{974000 \times 9.8 \times 14.7 \times 16}{\pi \times 35.1^3 \times 300} = 55.32 \text{MPa}$

07 두께 10mm의 판을 지름 20mm의 리벳으로 1줄 겹치기이음을 했을 때, 다음을 구하시오. (단, 판의 허용인장응력 49MPa, 리벳의 허용전단응력 39.2MPa이다). [4점]

(1) 피치 p [mm]

(2) 리벳이음의 효율 η [%]

정답분석

(1) $p = d + \dfrac{\pi d^2 \tau}{4t\sigma} = 20 + \dfrac{\pi \times 20^2 \times 39.2}{4 \times 10 \times 49} = 45.1\,\text{mm}$

(2) $\eta_t = 1 - \dfrac{d}{p} = \left(1 - \dfrac{20}{45.13}\right) \times 100 = 55.7\%$

$\eta_s = \dfrac{\pi d^2 \tau}{4\sigma_t pt} = \dfrac{\pi \times 20^2 \times 39.2}{4 \times 49 \times 45.13 \times 10} \times 100 = 55.7\%$

 08 치직각 모듈 4.0, 피니언 잇수 45, 기어의 잇수 75, 공구압력각 20°, 치폭 36mm, 비틀림각 25°, 회전수 300rpm인 헬리컬 기어로 20kW의 동력을 전달하고자 한다. 다음을 구하시오. (단, 하중계수는 1.18이고 피니언과 기어는 주동축과 종동축의 중앙에 위치한다). [5점]

(1) 피니언의 최대굽힘응력 σ_b [MPa] (단, 상당수정치형계수 $Y_e = \pi y_e = 0.414$이다.)

(2) 상당비틀림모멘트를 고려하여 종동축의 크기를 결정하시오. (단, 종동축의 길이는 1000mm이고 허용전단응력은 50MPa, 굽힘모멘트의 동적효과계수 1.7이고 비틀림모멘트의 동적효과계수 1.3이다.)

정답분석

(1) $F = f_w f_v \sigma_b b m Y_e$

$D = \dfrac{mZ}{\cos\beta} = \dfrac{4.0 \times 45}{\cos 25°} = 198.6\,\text{mm}$

$v = \dfrac{\pi D N}{60 \times 1000} = \dfrac{\pi \times 198.6 \times 300}{60 \times 1000} = 3.2\,\text{m/sec}$

$H_{kW} = Fv$

$F = \dfrac{20 \times 1000}{3.2} = 6410.3\,\text{N}$

$f_v = \dfrac{3.05}{3.05 + v}$

$6410.3 = 1.18 \times \dfrac{3.05}{3.05 + 3.2} \times \sigma_b \times 36 \times 4.0 \times 0.414$

$\sigma_b = 184.3\,[\text{MPa}]$

(2) $\varepsilon = \dfrac{N_2}{N_1} = \dfrac{Z_1}{Z_2}$

$N_2 = \dfrac{300 \times 45}{75} = 180\,\text{rpm}$

$T = 974 \times 9.8 \times \dfrac{H_{kW}}{N_2} = 974 \times 9.8 \times \dfrac{20}{180} \times 9.8 = 1060.58\,\text{J}$

① F_n = 치면에 수직으로 작용하는 힘

$F_n = \dfrac{F}{\cos\alpha \times \cos\beta} = \dfrac{6410.26}{\cos 20° \times \cos 25°} = 7526.9\,\text{N}$

② F_s = 축에 수직으로 작용하는 힘

$F_s = F_n \sin\alpha = 7526.9 \times \sin 20° = 2574.4\,\text{N}$

$M = \dfrac{\left(\sqrt{F^2 + F_s^2}\right)L}{4} = \dfrac{\left(\sqrt{6410.3^2 + 2574.4^2}\right) \times 1000 \times 10^{-3}}{4} = 1727\,\text{J}$

$T_e = \sqrt{(K_m M)^2 + (K_t T)^2} = \sqrt{(1.7 \times 1727)^2 + (1.3 \times 1060.58)^2} = 3243.5\,\text{J}$

$\tau = \dfrac{T_e}{Z_p} = \dfrac{16 T_e}{\pi d^3}$

$50 = \dfrac{16 \times 3243.5 \times 10^3}{\pi \times d^3}$

$d = 69.16\,\text{mm}$

09 3.2mm의 피아노 선재로 코일스프링을 만들 압축하중 392N을 가했을 때 다음을 구하시오. (단, 스프링상수는 24.5N/mm, 원통코일의 평균지름은 18mm, 전단탄성계수는 $82.32 \times 10^3 \text{N/mm}^3$이다.). [4점]

(1) 스프링의 변형량 δ[mm]

(2) 유효권수 n (단, 정수로 결정하시오.)

(1) $\delta = \dfrac{P}{k} = \dfrac{392}{24.5} = 16 \text{mm}$

(2) $\delta = \dfrac{64nPR^3}{Gd^4}$

$16 = \dfrac{64 \times n \times 392 \times 9^3}{82.32 \times 10^3 \times 3.2^4}$

$n = 8$

10 3.6kN의 압축하중이 작용하는 겹판스프링에서 스팬이 1400mm, 강판의 나비 80mm, 두께 15mm, 밴드의 폭 100mm일 때 다음을 구하시오. (단, 스프링의 굽힘응력 $\sigma_b = 93 \text{MPa}$, 스팬의 유효길이 $l_e = l - 0.6e$, 스프링의 종탄성계수 $E = 20.58 \times 10^4 \text{N/mm}^2$이다.) [5점]

(1) 겹판의 수(n)

(2) 겹판 스프링의 수축량 δ[mm]

(3) 고유진동수 f[Hz]

(1) $l_e = l - 0.6e = (1400 - 0.6 \times 100) = 1340 \text{mm}$

$\sigma = \dfrac{3Pl_e}{2nbh^2}$

$93 = \dfrac{3 \times 3600 \times 1340}{2 \times n \times 80 \times 15^2}$

$n = 5$

(2) $\delta = \dfrac{3Pl_e^3}{8Enbh^3} = \dfrac{3 \times 3600 \times 1340^3}{8 \times 20.58 \times 10^4 \times 5 \times 80 \times 15^3} = 11.7 \text{mm}$

(3) $f = \dfrac{\omega}{2\pi} = \dfrac{1}{2\pi}\sqrt{\dfrac{g}{\delta}} = \dfrac{1}{2\pi} \times \sqrt{\dfrac{9.8}{11.7 \times 10^{-3}}} = 4.6 \text{Hz}$

11 420rpm으로 17640N을 지지하는 엔드저널베어링이 있다. 허용베어링압력은 2MPa, 허용굽힘응력은 58.8MPa이다. 다음을 구하시오. (단, 저널과 베어링 사이의 마찰계수는 0.08이다.) [5점]

(1) 베어링 저널의 길이 l[mm]

(2) 베어링 저널 직경 d[mm]

(3) 저널부 마찰손실동력 H_{kW}[kW]

(1) $d = \dfrac{P}{lp}$

$\sigma_b = \dfrac{32Pl}{2\pi d^3} = \dfrac{16p^3 l^4}{\pi P}$

$58.8 = \dfrac{16 \times 2^3 \times l^4}{\pi \times 17640^2}$

$l = 145.6 \text{mm}$

(2) $d = \dfrac{17640}{145.57 \times 2} = 60.59 \text{mm}$

(3) $H_{kW} = \mu Pv = 0.08 \times 17640 \times \dfrac{\pi \times 60.59 \times 420}{60 \times 1000} \times 10^{-3} = 1.88 \text{kW}$

제 2 회

 무단 원판 변속마찰차에서 원동차의 지름이 500mm, 1500rpm으로 회전한다. 종동차의 나비가 80mm, 지름이 530mm이고 종동차의 이동범위 x = 40~190mm라 할 때 다음을 구하시오. (단, 마찰계수 0.2, 허용접촉 선압력 19.6N/mm이다). [4점]

(1) 최저, 최대 속도[m/sec]

(2) 최저, 최대 동력[kW]

정답분석

(1) $x_{min} = 40\,\text{mm}$

$$v_{min} = \frac{\pi \cdot 2x_{min} \cdot N_1}{60 \times 1000} = \frac{\pi \times 80 \times 1500}{60 \times 1000} = 6.3\,\text{m/sec}$$

$x_{max} = 190\,\text{mm}$

$$v_{max} = \frac{\pi \cdot 2x_{max} \cdot N_1}{60 \times 1000} = \frac{\pi \times 380 \times 1500}{60 \times 1000} = 29.9\,\text{m/sec}$$

(2) $H_{min} = \mu f b v_{min} = 0.2 \times 19.6 \times 80 \times 6.28 \times 10^{-3} = 1.97\,\text{kW}$

$H_{max} = \mu f b v_{max} = 0.2 \times 19.6 \times 80 \times 29.85 \times 10^{-3} = 9.36\,\text{kW}$

 M22 볼트에 하중 10kN이 작용하면서 추가로 0~20kN의 하중이 작용하고 있다. 볼트의 강성계수(탄성률, 등가 스프링상수)가 10^9N/m, 체결된 부재의 강성계수(탄성률, 등가 스프링상수)가 2.5×10^9N/m일 때 다음을 구하시오. (단, 볼트의 골지름은 18.7mm이다) [4점]

(1) 볼드에 길리는 최대하중 Q_{max}[kN]

(2) 볼트에 최대 인장응력 σ_{max}[MPa]

정답분석

(1) 볼트에 작용하는 하중을 Q_b라 하고 여기에 추가로 작용하는 하중을 Q_s라 하면 다음과 같다.

Q = 볼트에 작용하는 직접하중, Q_a = 추가로 작용하는 하중, Q_0 = 초기하중, k_1 = 볼트의 강성계수, k_2 = 부재(강판)의 강성계수라 하면

$$Q = \frac{k_1}{k_1 + k_2} Q_a = \frac{10^9}{10^9 + 2.5 \times 10^9} \times 20 = 5.7\,\text{kN}$$

$Q_{max} = Q_0 + Q = 10 + 5.71 = 15.7\,\text{kN}$

(2) $\sigma_{max} = \dfrac{4Q_{max}}{\pi d_1^2} = \dfrac{4 \times 15.7 \times 10^3}{\pi \times 18.7^2} = 57.2\,\text{MPa}$

03

제2형식 차동식 밴드브레이크에서 조작력 $F=220\text{N}$(조작력은 조작대에 위에서 아래로 가해지고 있음), 힌지지점까지 거리 $L=800\text{mm}$, 왼쪽 밴드에서 힌지지점까지 $a=80\text{mm}$, 오른쪽 밴드에서 힌지지점까지 $b=150\text{mm}$, 드럼의 직경은 $D=400\text{mm}$이다. 다음을 구하시오. (단, 밴드의 허용인장응력은 78.4MPa이고 마찰계수는 0.3, 밴드의 접촉각은 225°이다) [5점]

(1) 드럼이 좌회전하고 있을 때 제동력 $Q[\text{N}]$

(2) 400rpm으로 회전할 때 제동동력 $H[\text{kW}]$

(3) 밴드의 두께 2mm, 폭 8mm일 때 작용하는 인장응력 $\sigma_t[\text{MPa}]$를 구하고 안전성 여부를 판단하시오.

정답분석

(1) $FL - T_t b + T_s a = 0$

$\theta_{rad} = 225 \times \dfrac{\pi}{180} = 3.93$

$e^{\mu\theta} = e^{(0.3 \times 3.93)} = 3.25$

$FL - Q \dfrac{(be^{\mu\theta} - a)}{(e^{\mu\theta} - 1)} = 0$

$220 \times 800 - Q \times \dfrac{(150 \times 3.25 - 80)}{(3.25 - 1)} = 0$

$Q = 971.8\text{N}$

(2) $H = Q \times \dfrac{\pi DN}{60 \times 1000} = 971.8 \times 10^{-3} \times \dfrac{\pi \times 400 \times 400}{60 \times 1000} = 8.14\text{kW}$

(3) $T_t = Q \dfrac{e^{\mu\theta}}{(e^{\mu\theta} - 1)} = 971.78 \times \dfrac{3.25}{2.25} = 1403.68\text{N}$

$\sigma_t = \dfrac{T_t}{bt} = \dfrac{1403.68}{2 \times 8} = 87.7\text{MPa}$

허용인장응력 = 78.4MPa을 초과하므로 불안정하다.

04

접촉면의 안지름 285mm, 바깥지름 315mm, 접촉면의 폭 75mm, 원추면의 경사각이 11°인 원추 클러치가 200rpm으로 회전할 때 다음을 구하시오. (단, 마찰계수는 0.2, 접촉면압력이 0.294MPa이다) [4점]

(1) 전달토크 $T[\text{J}]$

(2) 전달동력 $H[\text{kW}]$

(1) $D_m = \dfrac{D_1 + D_2}{2} = \dfrac{285 + 315}{2} = 300\text{mm}$

$T = \mu q \pi D_m b \dfrac{D}{2} = 0.2 \times 0.294 \times \pi \times 300 \times 75 \times \dfrac{300}{2} \times 10^{-3} = 623.45\text{J}$

(2) $T = 974 \times 9.8 \times \dfrac{H_{kW}}{N} = 623.5$

$H = 13.1\text{kW}$

05

그림과 같은 아이볼트에 $F_1 = 6\text{kN}$, $F_2 = 8\text{kN}$, $F_3 = 15\text{kN}$이 작용할 때 다음을 구하시오. [4점]

(1) $\theta = 38.9°$일 때 T[kN]

(2) 호칭지름 10cm, 피치 3cm, 골지름 8cm일 때 최대인장응력[MPa]

정답분석

(1) $\sum F_x = F_1 + F_2 \sin 30° - T\cos 38.9° = 0$
$6 + 4 = T\cos 38.9°$
$T = 12.9\text{kN}$

(2) $\sum F_y = F = F_3 + T\sin 38.9° + F_2 \cos 30°$
$\quad = 15 + 12.85 \times \sin 38.9° + 8 \times \cos 30° = 30.0\text{kN}$
$\sigma_{\max} = \dfrac{4F}{\pi d^2} = \dfrac{4 \times 30.0 \times 10^3}{\pi \times 80^2} = 5.97\text{MPa}$

06

18kW의 동력을 550rpm으로 전달하는 축에 묻힘키를 사용하고자 한다. 축 지름은 60mm, 묻힘 키의 $b \times h$는 $18\text{mm} \times 11\text{mm}$, 키의 허용압축응력은 45MPa, 허용전단응력은 20MPa, 키 홈의 깊이는 키 높이의 $\dfrac{1}{2}$일 때 다음을 구하시오. [4점]

(1) 축의 전달토크 T[N·m]

(2) 안전한 키의 최소길이 l[mm]

정답분석

(1) $T = 974 \times 9.8 \times \dfrac{H_{kW}}{N} = 312.39[\text{N·m}]$

(2) $\tau = \dfrac{2T}{bld}$
$20 = \dfrac{2 \times 312.39 \times 10^3}{18 \times l \times 60} \quad l = 28.93\text{mm}$
$\sigma = \dfrac{4T}{hld}$
$45 = \dfrac{4 \times 312.39 \times 10^3}{11 \times l \times 60}$
$l = 42.07\text{mm}$
키의 최소 안전길이 $l = 42.07\text{mm}$

07

7.5kW, 1500rpm의 4사이클 단기통 디젤기관에서 각속도 변동률이 $\frac{1}{100}$이고 에너지변동계수는 1.3, 플라이휠의 내외경비는 0.6, 비중량은 76.832kN/m^3, 휠의 폭이 50mm일 때 다음을 구하시오. [4점]

(1) 질량관성모멘트 $J[\text{kgm} \cdot \text{m}^2]$

(2) 플라이휠의 바깥지름 $d_2[\text{mm}]$

정답분석

(1) $E = 4\pi T = 4 \times \pi \times 974 \times 9.8 \times \frac{7.5}{1500} = 599.7[\text{N} \cdot \text{m}]$

$\Delta E = qE = \delta\omega^2 J$

$1.3 \times 599.7 = \frac{1}{100} \times \left(\frac{2 \times \pi \times 1500}{60}\right)^2 \times J$

$J = 3.16 \text{kg}_m \cdot \text{m}^2$

(2) $J = \frac{\pi \gamma t R_2^4}{2g}(1 - x^4)$

$3.16 = \frac{\pi \times 76.832 \times 10^3 \times 0.05 \times R_2^4}{2 \times 9.8} \times (1 - 0.6^4)$

$R_2 = 0.27710 \text{m} = 277.1 \text{mm}$

$D_2 = 554.2 \text{mm}$

08

그림과 같은 구동모터가 500rpm으로 회전하고 있다. I축과 II축은 평벨트로 전동되며 폴리의 직경 $D_1 = D_2 = 300\text{mm}$, 축간거리 $C = 400\text{mm}$, 긴장측 장력 $T_t = 750\text{N}$, 이완측 장력 $T_s = 375\text{N}$이다. II축에서 III축으로는 스퍼기어로 동력을 전달하여 기계장치를 구동한다. 다음을 구하시오. (단, II축의 허용굽힘응력은 50MPa이고 III축의 허용전단응력은 40MPa, 피니언과 기어의 잇수는 24, 36이며 모듈은 4, 압력각은 20°이다) [6점]

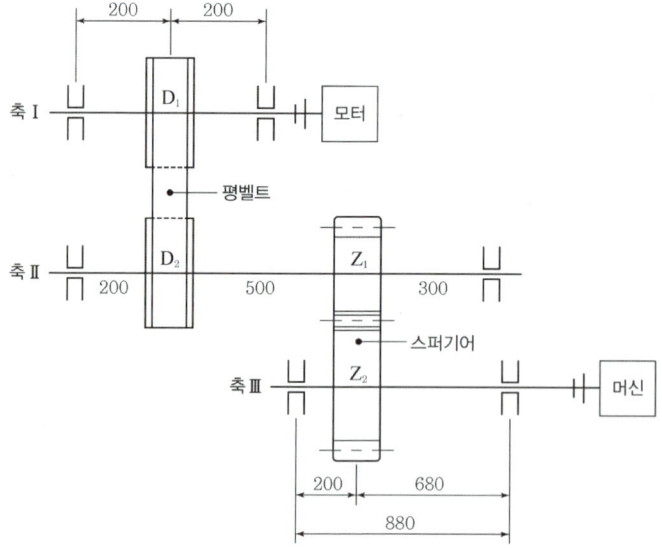

(1) II축의 지름을 최대주응력설을 적용시켜 [mm]로 구하시오.

(2) III축의 비틀림모멘트 $T[J]$와 굽힘모멘트 $M[J]$

(3) III축의 지름을 최대전단응력설을 적용시켜 [mm]로 구하시오.

(1) $H_{kW} = (T_t - T_s)\dfrac{\pi D_1 N_1}{60 \times 1000} = (750 - 375) \times \dfrac{\pi \times 300 \times 500}{60 \times 1000} \times 10^{-3} = 2.95\text{kW}$

$T_{\text{II}} = 974 \times 9.8 \times \dfrac{H_{kW}}{N_{\text{II}}} = 974 \times 9.8 \times \dfrac{2.95}{500} = 56.3\text{J}$

여기에서 II축에 걸리는 하중을 W라 하고 피니언에 작용하는 하중을 F_n이라 하면 다음과 같다.

II축에 걸리는 하중 = W, 피니언에 작용하는 하중 = F_n

$W = T_t + T_s = 750 + 375 = 1125\text{N}$

$H_{kW} = F \times V = F \times \dfrac{\pi m Z_1 N_{\text{II}}}{60 \times 1000}$

$F = \dfrac{2.95 \times 10^3 \times 60 \times 1000}{\pi \times 4 \times 24 \times 500} = 1173.8\text{N}$

$F_n = \dfrac{F}{\cos \alpha} = \dfrac{1173.8}{\cos 20°} = 1249.1\text{N}$

$M_{\text{II}} = \dfrac{1125 \times 200 + 1249.1 \times 700}{1000} \times 0.3 = 329.8\text{J}$

$M_e = \dfrac{1}{2}\left(M_{\text{II}} + \sqrt{M_{\text{II}}^2 + T_{\text{II}}^2}\right) = \dfrac{1}{2}\left(329.8 + \sqrt{329.8^2 + 56.3^2}\right) = 332.2\text{J}$

$\sigma_a = \dfrac{32 M_e}{\pi d^3}$

$50 = \dfrac{32 \times 332.2 \times 1000}{\pi \times d^3}$

$d = 40.75\text{mm}$

(2) $\varepsilon = \dfrac{N_{\text{III}}}{N_{\text{II}}} = \dfrac{Z_1}{Z_2}$

$N_{\text{III}} = 500 \times \dfrac{24}{36} = 333.3\text{rpm}$

$T_{\text{III}} = 974 \times 9.8 \times \dfrac{H_{kW}}{N_{\text{III}}} = 974 \times 9.8 \times \dfrac{2.95}{333.3} = 84.5\text{J}$

$M_{\text{III}} = \dfrac{1249.1 \times 680}{880} \times 0.2 = 193.1\text{J}$

(3) $T_e = \sqrt{M_{\text{III}}^2 + T_{\text{III}}^2} = \sqrt{193.1^2 + 84.5^2} = 210.7\text{J}$

$\tau = \dfrac{16 T_e}{\pi d^3}$

$40 = \dfrac{16 \times 210.7 \times 1000}{\pi \times d^3}$

$d = 29.9\text{mm}$

09 직경 60mm, 길이 1m의 축에 600N의 회전체가 0.3m와 0.7m 사이에 매달려 있다. 축의 자중을 무시할 때 다음을 구하시오. (단, 축의 종탄성계수 $E=210\text{GPa}$이다) [4점]

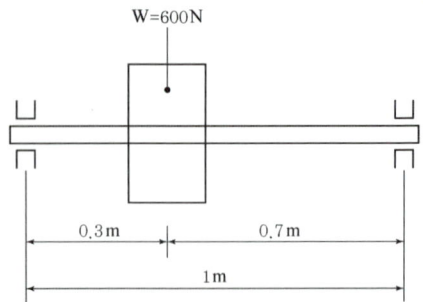

(1) 축의 처짐 $\delta[\mu m]$
(2) 축의 위험속도 $N_{cr}[\text{rpm}]$

정답분석

(1) $\delta = \dfrac{Wa^2b^2}{3EI\ell} = \dfrac{600 \times 0.3^2 \times 0.7^2 \times 64}{3 \times 210 \times 10^9 \times \pi \times 0.06^4 \times 1} = 0.000066\text{m} = 66\mu m$

(2) $N_{cr} = \dfrac{30}{\pi} \times \sqrt{\dfrac{g}{\delta}}$,

$N_{cr} = \dfrac{30}{\pi} \times \sqrt{\dfrac{9.8}{66 \times 10^{-6}}} = 3679.7 \cong 3680(rpm)$

10 15kW의 동력을 전달하는 스퍼기어의 축간거리가 250mm, 구동축 회전수 1500rpm이고 종동축 회전수는 500rpm이다. 다음을 구하시오. (단, 압력각은 20°이다) [6점]

(1) 피니언과 기어의 피치원지름 $D_1[\text{mm}]$, $D_2[\text{mm}]$
(2) 기어의 접선방향으로 작용하는 힘 $F[\text{N}]$
(3) 기어의 반지름 방향으로 작용하는 힘 $F_n[\text{N}]$

정답분석

(1) $\varepsilon = \dfrac{N_2}{N_1} = \dfrac{D_1}{D_2}$

$D_2 = \dfrac{D_1 N_1}{N_2} = \dfrac{1500}{500} D_1 = 3D_1$

$C = \dfrac{D_1 + D_2}{2} = \dfrac{4D_1}{2} = 2D_1$

$D_1 = \dfrac{250}{2} = 125\text{mm}$

$D_2 = 375\text{mm}$

(2) $H_{kW} = Fv = F \times \dfrac{\pi D_1 N_1}{60 \times 1000}$

$15 = F \times \dfrac{\pi \times 125 \times 1500}{60 \times 1000} \times 10^{-3}$

$F = 1527.9\text{N}$

(3) $\tan\alpha = \dfrac{F_n}{F}$,

$F_n = F \cdot \tan\alpha = 1527.9(N) \times \tan 20° = 556.11(N)$

11 강판의 두께 14mm, 리벳의 지름 22mm, 피치 54mm인 1줄 겹치기 리벳이음이 있다. 다음을 구하시오.
(단, 1피치당 13,500N의 하중이 작용하는 것으로 한다.) [5점]

(1) 강판의 인장응력 σ_t[MPa]

(2) 리벳의 전단응력 τ_r[MPa]

(3) 강판의 효율 η[%]

---

(1) $\sigma_t = \dfrac{P}{(p-d)t} = \dfrac{13500}{(54-22)\times 14} = 30.1 \mathrm{MPa}$

(2) $\tau_r = \dfrac{P}{\dfrac{\pi d^2}{4}} = \dfrac{4\times 13500}{\pi \times 22^2} = 35.5 \mathrm{MPa}$

(3) $\eta = 1 - \dfrac{d}{p} = \left(1 - \dfrac{22}{54}\right) \times 100 = 59.3\%$

2018년 기출문제

제1회

01 사각나사의 나사잭을 이용하여 하중물을 들어 올리려 한다. 나사잭의 $d = 50\text{mm}$, $d_1 = 45\text{mm}$, 리드 $l = 2.5\text{mm}$일 때 다음을 구하시오. (단, 마찰계수 $\mu = 0.12$이다.)

(1) 나사의 유효지름 d_2 [mm]

(2) 축하중 Q [kN] (단, 스패너의 길이 $L = 100\text{mm}$, 조이는 힘 $F = 25\text{N}$이다.)

(3) 나사잭의 효율 η [%]

정답분석

(1) $d_2 = \dfrac{d_1 + d}{2} = \dfrac{45 + 50}{2} = 47.5\text{mm}$

(2) $F \cdot L = Q \cdot \dfrac{\mu \pi d_e + p}{\pi d_e - \mu P} \times \dfrac{d_e}{2}$

$25 \times 100 = Q \times \dfrac{0.12 \times \pi \times 47.5 \times 2.5}{p \times 47.5 = 0/12 \times 2.5} \times \dfrac{47.5}{2}$

$Q = 768.18\text{N} = 0.768\text{kN}$

(3) $\eta = \dfrac{Q \cdot p}{2\pi \; T} = \dfrac{768.18 \times 2.5}{2\pi \times 25 \times 100} \times 100 = 12.23\%$

02 600rpm으로 회전하는 축을 지지하는 엔드저널 베어링의 베어링 하중이 12kN일 때 다음을 구하시오. (단, 허용압력속도계수는 $2.0\text{N/mm}^2 \cdot \text{m/sec}$이다.)

(1) 저널의 길이 l [mm]

(2) 저널의 지름 d [mm] (단, $l = 1.5d$이다.)

(3) 베어링압력 p [N/mm²]

 정답분석

(1) $p \cdot v = \dfrac{P}{d \cdot l} \times \dfrac{\pi \cdot d \cdot N}{60 \times 1000}$

$2.0 = \dfrac{12 \times 10^3 \times \pi \times 600}{l \times 60 \times 1000}$

$l = 188.5\text{mm}$

(2) $d = \dfrac{l}{1.5} = \dfrac{188.5}{1.5} = 125.67\text{mm}$

(3) $p = \dfrac{P}{d \cdot l} = \dfrac{12 \times 10^3}{125.67 \times 188.5} = 0.51\text{N/mm}^2$

03 치직각 모듈 4.0, 잇수 45, 공구압력각 20°, 치폭 36mm, 비틀림각 25°, 회전수 300rpm인 헬리컬 기어의 허용굽힘응력 180MPa일 때 다음을 구하시오. (단, 하중계수는 1.18이다.)

(1) 피치원 지름 D[mm], 상당평기어 잇수 Z_e

(2) 굽힘강도를 고려한 전달동력 H[kW] (단, 상당지형계수 Y_e는 아래 표를 이용한다.)

(3) 축하중 F_t[N]

잇수 Z 압력각 $a(°)$	43	50	60	75	100
14.5	0.352	0.357	0.365	0.369	0.374
20	0.411	0.422	0.433	0.443	0.454

(1) $D = \dfrac{m_s \cdot Z}{\cos\beta} = \dfrac{4.0 \times 45}{\cos 25°} = 198.4 \text{mm}$

$Z_e = \dfrac{Z}{\cos\beta^3} = \dfrac{4.5}{(\cos 25°)^3} = 60.5$

(2) $\dfrac{0.422 - 0.411}{50 - 43} = \dfrac{0.422 - Y_e}{50 - 45}$, $Y_e = 0.414$

$v = \dfrac{\pi \cdot D \cdot N}{60 \times 1000} = \dfrac{\pi \times 198.61 \times 300}{60 \times 1000} 3.12 \text{m/sec}$

$F = f_w \cdot f_v \cdot \sigma_b \cdot b \cdot m_n \cdot Y_e$

$= 1.18 \times \dfrac{3.05}{3.05 + 3.12} \times 180 \times 36 \times 4 \times 0.414 = 6259.4 \text{N}$

$H_{kW} = F \cdot v = 6259.4 \times 3.12 \times 10^{-3} = 19.6 \text{kW}$

(3) $F_t = F \cdot \tan\beta = 6259.4 \times \tan 25° = 2918.84 \text{N}$

04 속도비 3/5인 외접 원통마찰차의 구동차 회전수가 100rpm일 때 다음을 구하시오. (단, 축간거리는 600mm이다.)

(1) 원동차와 종동차의 직경 D_1[mm], D_2[mm]

(2) 회전속도 v[m/sec]

(1) $\varepsilon = \dfrac{N_2}{N_1} = \dfrac{D_1}{D_2}$, $D_2 = \dfrac{D_1}{\varepsilon}$

$C = \dfrac{D_1 + D_2}{2} = \dfrac{D_1}{2}\left(1 + \dfrac{1}{\varepsilon}\right)$

$600 = \dfrac{D_1}{2} \times \left(1 + \dfrac{5}{3}\right)$, $D_1 = 450 \text{mm}$, $D_2 = 750 \text{mm}$

(2) $v = \dfrac{\pi \cdot D_1 \cdot N_1}{60 \times 1000} = \dfrac{\pi \times 450 \times 100}{60 \times 1000} = 2.37 (\text{m/sec})$

05 원동풀리의 직경 200mm, 회전수 180rpm, 홈 각 38°인 V-Belt 전동장치가 있다. 원동축에서 830mm 떨어진 종동축은 60rpm으로 회전하고 있을 때 다음을 구하시오. (단, 벨트의 풀리 사이의 마찰계수는 0.32이다)

(1) 벨트의 길이 L[mm]

(2) 전달동력 H[kW] (단, 벨트의 유효장력은 6,500N이다.)

(3) 벨트의 가닥수 Z (단, 벨트 1가닥의 긴장측 장력 4,000N, 접촉각수정계수 0.78, 부하수정계수 0.7이다.)

정답분석

(1) $\varepsilon = \dfrac{N_2}{N_1} = \dfrac{D_1}{D_2}, \dfrac{60}{180} = \dfrac{200}{D_2}, D_2 = 600\,\text{mm}$

$L = 2C + \dfrac{\pi}{2}(D_1 + D_2) + \dfrac{(D_2 - D_1)^2}{4C}$

$= 2 \times 830 + \dfrac{\pi}{2} \times (200 + 600) + \dfrac{(600 - 200)^2}{4 \times 830} = 2694.8\,\text{mm}$

(2) $v = \dfrac{\pi \cdot D_1 \cdot N_1}{60 \times 1000} = \dfrac{\pi \times 200 \times 180}{60 \times 1000} = 1.9(\text{m/sec})$

$H_{kW1} = P_e \cdot v = 6500 \times 1.88 \times 10^{-3} = 12.31\,\text{kW}$

(3) $\mu' = \dfrac{\mu}{\mu \cos \alpha + \sin \alpha} = \dfrac{0.32}{0.32 \times \cos(\frac{38}{2}) + \sin(\frac{38}{2})} = 0.51$

$\theta = 180 - 2 \times \sin^{-1}\left(\dfrac{D_2 - D_1}{2C}\right) = 180 - 2 \times \sin^{-1}\left(\dfrac{600 - 200}{2 \times 830}\right) = 152.11°$

$\theta_{rad} = 152.11 \times \dfrac{\pi}{180} = 2.65\,\text{rad}$

$e^{\mu'\theta} = e^{(0.51 \times 2.65)} = 3.84$

$H_{kW} = T_t \cdot \dfrac{(e^{\mu'\theta} - 1)}{e^{\mu'\theta}} \cdot v = 4000 \times \dfrac{(3.84 - 1)}{3.84} \times 1.88 \times 10^{-3} = 5.58\,\text{kW}$

$Z = \dfrac{H_{kW1}}{H_{kW} \cdot k_1 \cdot k_2} = \dfrac{12.31}{5.58 \times 0.78 \times 0.7} = 4$

∴ 벨트의 가닥 수: 4개

06 24kW, 400rpm으로 회전하는 축에 묻힘키를 사용한다. 묻힘키의 허용전단응력이 250MPa일 때 다음을 구하시오. (단, 축과 묻힘키의 허용전단응력은 동일하다.)

(1) 축지름 d[mm]

(2) 묻힘키의 크기 $b \times h \times l$ (여기서, 폭 b과 높이 h는 동일하고, $l = 1.5d$로 한다. 그리고 mm 단위의 정수로 답하라.)

정답분석

(1) $T = 974000 \times 9.8 \times \dfrac{H_{kW}}{N} = \tau_a \cdot \dfrac{\pi d^3}{16}$

$974000 \times 9.8 \times \dfrac{24}{400} = 250 \times \dfrac{\pi d^3}{16}$

$d = 22.58\,\text{mm}$

(2) $l = 1.5d = 1.5 \times 22.58 = 34.02\,\text{mm}$

abuot: 35mm

$\tau_k = \dfrac{2T}{bld}$

$250 = \dfrac{2 \times 974000 \times 9.8 \times 24}{b \times 35 \times 222.68 \times 400}$

$b = h = 5.8\,\text{m}$

about: 6m

07 길이 1.5m, 직경 50mm의 축의 중앙에 풀리가 매달려 있다. 풀리의 비중은 8.8, 축의 종탄성계수는 205.6GPa일 때 다음을 구하시오. (단, 풀리의 외경은 600mm, 두께는 250mm이다.)

(1) 축의 자중만 고려시 처짐[μm] (단, 축의 비중은 풀리의 비중과 같다.)

(2) 축 중앙의 풀리만 고려 시 처짐[μm]

(3) 축의 양단 끝이 자유로이 지지되어 있을 때, 축의 위험속도 N_{cr}[rpm]

정답 분석

(1) $\omega = \gamma A = 8.8 \times 9800 \times \dfrac{\pi \times 0.05^2}{4} = 169.3 \text{N/m}$

$\delta = \dfrac{5\omega \cdot l^4}{384EI} = \dfrac{5 \times 169.33 \times 1.5^4}{384 \times 205.6 \times 10^9 \times \dfrac{\pi \times 0.05^4}{64}} = 0.0001793\text{m} = 179.3\mu\text{m}$

(2) $\delta = \dfrac{8.8 \times 9800 \times \dfrac{\pi \times 0.6^2}{4} \times 0.25 \times 1.5^3}{48 \times 205.6 \times 10^9 \times \dfrac{\pi \times 0.05^4}{64}} = 0.00679522\text{m} = 6{,}795.22\mu\text{m}$

(3) $N_1 = 654 \times \dfrac{d^2}{l^2} \sqrt{\dfrac{E}{W}}$

$= 654 \times \dfrac{0.05^2}{1.5^2} \times \sqrt{\dfrac{205.6 \times 10^5}{169.33 \times 10^{-2}}} = 2532.1 \text{rpm}$

$N_2 = 114.6 \times d^2 \sqrt{\dfrac{E \cdot I}{W \cdot (\dfrac{l}{2})^2 \cdot (\dfrac{1}{2})^2}}$

$= 114.6 \times 5^2 \times \sqrt{\dfrac{205.6 \times 10^5 \times 150}{(8.8 \times 9800 \times \dfrac{\pi \times 0.6^2}{4} \times 0.25) \times 75^2 \times 75^2}}$

$= 362.3 \text{rpm}$

$\dfrac{1}{N_{cr}^2} = \dfrac{1}{N_1^2} + \dfrac{1}{N_2^2} = \dfrac{1}{(2532.1)^2} + \dfrac{1}{(362.3)^2}$

$N_{cr} = 359.1 \text{rpm}$

08

단동식 밴드브레이크에서 드럼의 회전수 100rpm, 3.7kW의 동력을 제동하려고 한다. 레버의 길이는 800mm, 마찰계수 0.31m 밴드의 접촉각 223°일 때 다음을 구하시오.

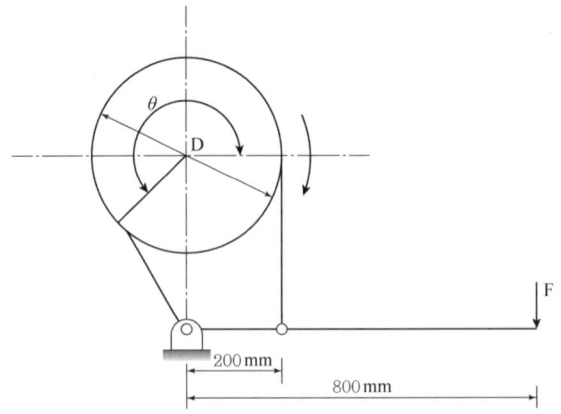

(1) 제동력 Q[N]

(2) 밴드의 긴장측 장력 T_t[N]

(3) 레버에 작용시키는 힘 F[N] (단, 드럼 직경 $D=400$mm이다.)

정답분석

(1) $T = 974000 \times 9.8 \times \dfrac{H_{kW}}{N} = Q \times \dfrac{D}{2}$

$974000 \times 9.8 \times \dfrac{3.7}{100} = Q \times \dfrac{400}{2}$

$Q = 1,765.9\text{N}$

(2) $v = \dfrac{\pi \cdot D_1 \cdot N_1}{60 \times 1000} = \dfrac{\pi \times 400 \times 100}{60 \times 1000} = 2.11(\text{m/sec})$

$T_t = Q \cdot \dfrac{e^{\mu\theta}}{e^{\mu\theta} - 1}$

$\theta_{\text{rad}} = 223 \times \dfrac{\pi}{180} = 3.9$

$e^{\mu\theta} = e^{(0.31 \times 3.9)} = 3.35$

$T_t = 1,765.9 \times \dfrac{3.35}{3.35 - 1} = 2,521\text{N}$

(3) $T_s = T_d - Q = 2,521 - 1,765.9 = 755.1$

$F \cdot l - T_s \cdot a = 0$

$F = \dfrac{a}{l} T_s = \dfrac{200}{800} \times 755.1 = 188.77\text{N}$

09

그림과 같은 1줄 겹치기 리벳이음에서 리벳의 허용전단응력은 50MPa, 강판의 허용인장응력 70MPa이고 리벳의 지름은 14mm, 강판의 두께 7mm일 때 다음을 구하시오.

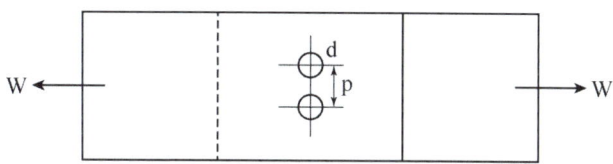

(1) 리벳의 전단저항 W (kN)

(2) 강판의 피치 p [mm]

(3) 강판의 효율 η_p [%]

정답분석

(1) $W = \tau_r \cdot \dfrac{\pi d^2}{4} = 50 \times \dfrac{\pi \times 14^2}{4} = 47700\text{N} = 7.7\text{kN}$

(2) $W = \sigma_t \cdot (p - d) \cdot t$

$7.7 \times 10^3 = 70 \times (p - 14) \times 7$

$p = 29.68\text{mm}$

(3) $\eta_p = 1 - \dfrac{d}{p} = \left(1 - \dfrac{14}{29.68}\right) \times 100 = 52.9\%$

10

150rpm으로 회전하는 깊은 홈 볼 베어링의 기본 동정격 하중이 45kN일 때 레이디얼 하중이 6kN, 8kN, 10kN, 12kN으로 주기적 반복 변동한다. 이때 다음을 구하시오. (단, 베어링 하중계수 $f_w = 1.3$이다.)

(1) 베어링의 평균유효하중 P_m [kN]

(2) 베어링의 수명시간 L_h [h]

정답분석

(1) $P_m = \dfrac{P_{\min} + 2P_{\max}}{3} = \dfrac{6 + (2 \times 12)}{3} = 10\text{kN}$

(2) $L_h = \left(\dfrac{C}{f_w \cdot P_m}\right)^r \times \dfrac{500 \times 33.3}{N} = \left(\dfrac{45}{1.3 \times 10}\right)^3 \times \dfrac{500 \times 33.3}{150} = 4604\text{h}$

11 코일스프링에서 최대하중 450N 작용시 60mm 길이가 줄어들었다. 코일스프링의 평균직경 D, 소선의 직경 d라 할 때 $D=8d$ 관계를 만족한다. 스프링 소선의 허용전단응력은 240MPa, 횡탄성계수 82GPa, 왈의 응력수정계수 $K=\dfrac{4C-1}{4C-4}+\dfrac{0.615}{C}$ 일 때 다음을 구하시오.

(1) 소선의 최소지름 d [mm]

(2) 스프링의 유료감김수[권]

(3) 스프링의 자유높이 H [mm] (단, 스프링은 완전히 밀착된 상태이고, 무효권수는 스프링 양 끝단에 각 1권씩 있는 것으로 한다.)

정답분석

(1) $C = \dfrac{D}{d} = 8$

$K = \dfrac{4C-1}{4C-4}\dfrac{0.612}{C} = 1.18$

$\tau_a = K \cdot \dfrac{16PR}{\pi d^3} = K \cdot \dfrac{16P(4d)}{\pi d^3}$

$240 = 1.18 \times \dfrac{16 \times 4 \times 450}{\pi \times d^2}$

$d = 6.71 \mathrm{mm}$

(2) $\delta = \dfrac{64nPR^3}{Gd^4} = \dfrac{64.7nP(4d)^3}{Gd^4}$

$60 = \dfrac{64 \times 4^3 \times n \times 450}{82 \times 10^3 \times 6.71}$

$n = 17.91 \fallingdotseq 18 rev$

(3) $N_t = n + (x_1 + x_2) = 18 + (1+1) = 20$

$H = H_s + \delta = (N_t - 1) \cdot d + x + \delta$

$= (20-1) \times 6.71 + 60 = 187.5 (\mathrm{mm})$

여기에서 x는 무시한다.

제 2 회

01 웜기어의 동력전달장치에서 감속비 $\frac{1}{20}$, 웜축의 회전수 1,500rpm, 웜의 모듈 6, 압력각 20°, 줄수 3, 피치원의 지름 56mm, 웜휠의 치폭 45mm, 유효이나비는 36mm이다. 다음을 구하시오. (단, 웜의 재질은 담금질강, 웜휠을 인청동을 사용한다. 이때 내마멸계수 $K = 548.8 \times 10^{-3} \text{N/mm}^2$, 웜휠의 굽힘응력 $\sigma_b = 166.6 \text{N/mm}^2$, 치형계수 $y = 0.125$, 웜의 리드각에 의한 계수 $\psi = 1.25(\beta = 10 \sim 25)$이다.)

(1) 웜기어의 속도 $V[\text{m/sec}]$

(2) 굽힘강도에 의한 전달하중 $F_1[\text{kN}]$

(3) 면압강도에 의한 전달하중 $F_2[\text{kN}]$

(4) 최대 전달동력 H_{kW}

정답분석

(1) $D_g = m \cdot Z_g = m \cdot \dfrac{Z_w}{\varepsilon} = 6 \times (3 \times 20) = 360\text{mm}$

$N_g = \varepsilon \cdot N_w = \dfrac{1500}{20} = 75\text{rpm}$

$V_g = \dfrac{\pi \times D_g \times N_g}{60 \times 1000} = \dfrac{\pi \times 360 \times 75}{60 \times 1000} = 1.41\text{m/sec}$

(2) $L = Z_w \cdot p_s = 3 \times \pi \times 6 = 56.55\text{mm}$

$\beta = \tan^{-1}\left(\dfrac{L}{\pi \cdot D_w}\right) = \tan^{-1}\left(\dfrac{56.55}{\pi \times 56}\right) = 17.82°, \; \phi = 1.25$

$p_n = p_s \cdot \cos\beta = \pi \times 6 \times \cos(17.82) = 17.95\text{mm}$

$F_1 = f_v \cdot \sigma_b \cdot p_n \cdot b \cdot y = \left(\dfrac{6.41}{6.1 + 1.41}\right) \times 166.6 \times 17.95 \times 45 \times 0.125$

$= 13,624.88\text{N} \cong 13.62\text{kN}$

(3) $F_2 = f_v \cdot \phi \cdot D_g \cdot b_e \cdot K = \left(\dfrac{6.1}{6.1 + 1.41}\right) \times 1.25 \times 360 \times 36 \times 578.8 \times 10^{-3}$

$= 7,201.11\text{N} \fallingdotseq 7.2\text{kN}$

(4) $H_{kW} = F_2 \cdot v_g = 7.2 \times 10^3 \times 1.41 \times 10^{-3} = 10.15\text{kW}$

02 그림과 같이 브래킷을 M20 볼트 3개로 고정시킬 때 1개의 볼트에 생기는 하중을 다음에 따라 구하시오.

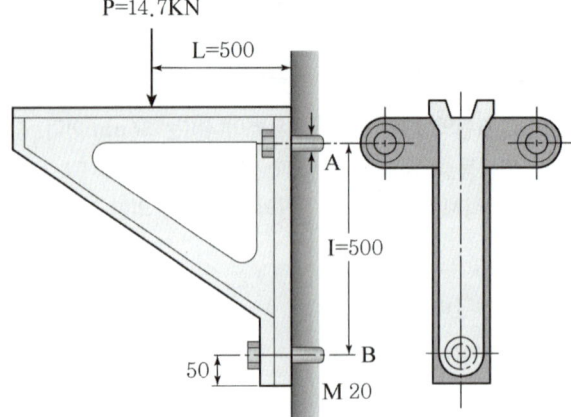

(1) 인장력 Q [N]
(2) 전단력 F [N]
(3) 볼트에 가해지는 최대하중 R [N]

정답분석

(1) $\Sigma M = 0$

$$P \cdot L = 2Q_A(l+a) + Q_B \cdot a, \quad Q_B = \frac{a}{l+a} \cdot Q_A$$

$$14.7 \times 10^3 \times 500 = Q_A\left(2 \times 550 + \frac{50}{550} \times 50\right)$$

$Q_A = 6,654.32\text{N}$

$Q_B = 604.94\text{N}$

(2) $F = \dfrac{P}{3} = \dfrac{14.7 \times 10^3}{3} = 4,900\text{N}$

(3) $R = \sqrt{Q_A^2 + F^2} = \sqrt{6,654.32^2 + 4,900^2} = 8,263.77\text{N}$

03 복렬 스러스트 볼 베어링의 접촉각 60°, 레이디얼 베어링 하중 2kN, 스러스트 베어링 하중 1.5kN, 500rpm으로 기본동정격 하중이 55.35kN고 하중계수가 1.5일 때 다음을 구하시오.

(1) 등가레이디얼 하중
(2) 베어링 수명시간

베어링 형식		내륜회 중하중	외륜회 중하중	단열		복렬				e
				Fa/VFr>e		Fa/VFr≤e		Fa/VFr>e		
		V		X	Y	X	Y	X	Y	
깊은 홈 볼 베어링	Fa/C0 =0.014 =0.028 =0.056 =0.084 =0.11 =0.17 =0.28 =0.42 =0.56	1	1.2	0.56	2.30 1.99 1.71 1.55 1.45 1.31 1.15 1.04 1.00	1	0	0.56	2.30 1.99 1.71 1.55 1.45 1.31 1.15 1.04 1.00	0.19 0.22 0.26 0.28 0.30 0.34 0.38 0.42 0.44
앵귤러 볼 베어링	α =20° α =25° α =30° α =35° α =40°	1	1.2	0.43 0.41 0.39 0.37 0.35	1.00 0.87 0.76 0.66 0.57	1	1.09 0.92 0.78 0.66 0.55	0.70 0.67 0.63 0.60 0.57	1.63 1.41 1.24 1.07 0.93	0.57 0.58 0.80 0.95 1.14
자동 조심 볼 베어링		1	1	0.4	0.4 × cotα	1	0.45 × cotα	0.65	0.65 × cotα	1.5 × tanα
매그니토 볼 베어링		1	1	0.5	2.5	—	—	—	—	0.2
자동 조심 롤러 베어링 원추 롤러 베어링 α≠0		1	1.2	0.4	0.4 × cotα	1	0.45 × cotα	0.67	0.67 × cotα	1.5 × tanα
스러스트 볼 베어링	α =45° α =60° α =70°	—	—	0.66 0.92 1.66	1	1.18 1.90 3.66	0.59 0.54 0.52	0.66 0.92 1.66	1	1.25 2.17 4.67
스러스트 롤러 베어링		—	—	tanα	1		1.5 × tanα	0.67	tanα	1.5 × tanα

정답분석

(1) $\dfrac{F_a}{V \cdot F_r} = \dfrac{1.5}{2} = 0.75 \leq 2.17$

$x = 1.90,\ y = 0.54,\ V$는 무시

$P_r = X \cdot VF_r + YF_a = 1.90 \times 2 + 0.54 \times 1.5 = 4.61\text{kN}$

(2) $L_h = 500 \left(\dfrac{C}{f_w \cdot p_r}\right) \cdot \dfrac{33.3}{N} = 500 \times \left(\dfrac{55.34}{1.5 \times 4.61}\right)^3 \times \dfrac{33.3}{500} = 17{,}068.1\text{hr}$

04 최고 사용압력이 150N/cm²인 증기를 안지름 3m의 보일러통에 저장하려고 한다. 리벳이음의 효율이 75%, 강판의 인장강도를 540MPa, 안전율 5, 부식여유 1.0mm일 때 강판의 두께 t[mm]는 얼마인가?

정답분석 $t = \dfrac{P \cdot d \cdot s}{2\sigma_{max} \cdot \eta} + C = \dfrac{150 \times 10^{-2} \times 3{,}000 \times 5}{2 \times 540 \times 0.75} + 1.0 = 28.8\text{mm}$

05

축지름 60mm인 축에 성크키 $b \times h \times l = 15 \times 10 \times 22$로 회전체가 고정되어 있다. 키에 생기는 면 압력 $q = 40\text{N/mm}^2$일 때 다음을 구하시오.

(1) 성크키의 회전력 $P[\text{N}]$

(2) 토크 $T[\text{J}]$

정답분석

(1) $q = \dfrac{P}{\dfrac{h}{2} \times l}$

$P = 40 \times \dfrac{10}{2} \times 22 = 4,400\text{N}$

(2) $T = P \times \dfrac{d}{2} = 4,400\text{N} \times \dfrac{0.06}{2} = 132\text{J}$

06

그림과 같은 밴드브레이크에서 두께 3mm인 밴드로 접촉각을 270로 하여 지름 300mm의 드럼을 제동한다. 밴드의 장력비 $e^{\mu\theta} = 6.6$이고 밴드의 허용인장응력은 50N/mm²이다. 다음을 구하시오. (단, 드럼과 밴드 사이의 마찰계수는 0.4이고 레버에 작용하는 조작력 $F = 150\text{N}$이다.)

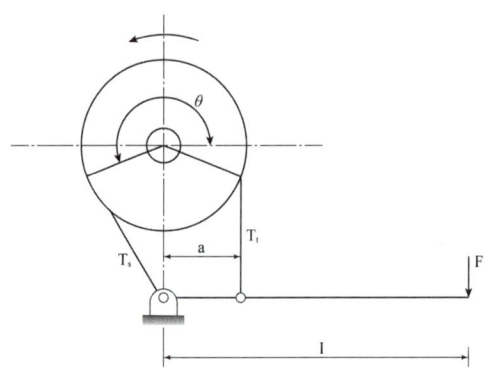

(1) 긴장측 장력 $T_t[\text{N}]$ ($l = 300\text{mm},\ a = 20\text{mm}$)

(2) 밴드의 폭 $b[\text{mm}]$

(3) 드럼 우회전시 제동동력 $H[\text{kW}]$ (단, 드럼은 150rpm으로 회전한다.)

정답분석

(1) $F \cdot l = T_t \cdot a$

$T_t = \dfrac{150 \times 300}{20} = 2,250\text{N}$

(2) $\sigma_t = \dfrac{T_t}{b \cdot t}$

$b = \dfrac{2,250}{50 \times 3} = 15\text{mm}$

(3) $F \cdot l = T_s \cdot a = f \dfrac{a}{(e^{\mu\theta} - 1)}$

$150 \times 300 = f \times \dfrac{20}{(6.6 - 1)}$, $f = 12,600\text{N}$

$H = \dfrac{f \cdot v}{1000} = \dfrac{12600 \times \pi \times 300 \times 150}{1000 \times 60 \times 1000} = 29.69\text{kW}$

07 15kW, 200rpm의 동력을 100cm의 풀리로 동일 회전수로 다른 축에 전달할 때 3호(6×19)인 와이어로프를 이용한다. 로프의 전단하중 $T_B = 4,000$N이고 안전율은 4이다. 다음을 구하시오. (단, 풀리의 홈 밑에는 가죽, 로프에는 약간의 기름이 있고 마찰계수는 0.2이다.)

(1) 와이어로프의 긴장측 장력 T_t[N]

(2) 와이어로프의 지름 d[mm] (표에서 선택)

(3) 안전하게 사용가능한지 판단하시오.

지름	꼬임 종별 보통도금 G종	지름	꼬임 종별 보통도금 G종	지름	꼬임 종별 보통도금 G종
4	8.1	18	164	(34)	—
5	12.7	20	203	35.5	639
6.3	20.1	22.4	254	(46)	—
8	32.4	(24)	(292)	37.5	731
9	41.1	25	317	(37)	—
10	50.7	(26)	(343)	40	811
11.2	63.6	28	397	42.5	915
(12)	(73)	30	456	45	1030
12.5	79.2	31.5	503	47.5	1140
14	99.3	(32)	(519)	50	1270
16	130	33.5	569		

정답분석

(1) $v = \dfrac{\pi \times 100 \times 200}{60 \times 100} = 10.47 \text{m/sec}$

$H_{kW} = \dfrac{T_t(e^{\mu\theta}-1)}{e^{\mu\theta}} \cdot v$

$e^{\mu\theta} = e^{(0.8 \times \pi)} = 1.87$

$15 = \dfrac{T_t(1.87-1) \times 10.47 \times 10^{-3}}{1.87}$

$T_t = 3,079$N

(2) $P_B = T_t \cdot S = 3,079.41 \times 4 = 12.32$kN

표에서 값을 선택하면, $d = 5$mm

(3) 와이어로프의 지름을 $d = 5$mm 로 적용하면, 파단하중은 12.7, 전단하중은 4,000N이므로 안전하다.

---

08 길이 4m, 지름 50mm의 연강제 중실축이 200rpm으로 축 끝에 1°의 비틀림각이 생기게 하려 한다. 다음을 구하시로. (단, 횡탄성계수 0.83×10^5 MPa이다.)

(1) 이때 동력 H[kW]

(2) 축의 비틀림 전단응력 τ[MPa]

정답분석

(1) $\theta = \dfrac{T \cdot l}{G \cdot I_P}$, $1° \times \dfrac{\pi}{180} = \dfrac{32 \times T \times 4000}{0.83 rimes 10^5 \times \pi \times 50^4}$

$T = 222216$N·mm

$T = 974,000 \times 9.8 \times \dfrac{H}{N}$

$222216 = 974000 \times 9.8 \times \dfrac{H}{200}$

$H = 4.67$kW

(2) $\tau = \dfrac{16 \cdot T}{\pi d^3} = \dfrac{16 \times 222216}{\pi \times 50^3} = 9$MPa

09 그림과 같은 필릿용접이음에서 허용전단응력이 50MPa일 때 하중 W[N]을 구하시오. (단, 용접사이즈 f는 14mm이다.)

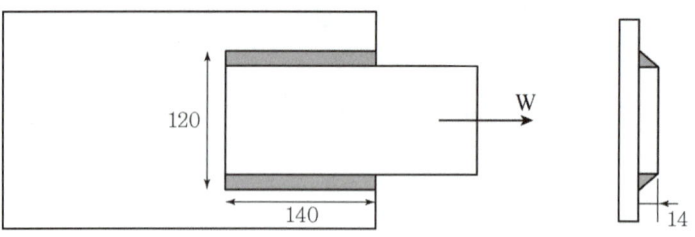

정답분석
$W = \tau \cdot (2t \cdot l) = 50 \times 2 \times 14 \times \cos 45° \times 140 = 138{,}592.93\text{N}$

10 겹판스프링에서 스팬이 1400mm, 강판의 나비 80mm, 두께 15mm, 판의 수 4개이고 밴드의 나비가 100mm일 경우 다음을 구하시오. (단, 스프링의 인장응력 $\sigma_t = 93\text{MPa}$, 마찰계수가 0.2, 스팬의 유효길이 $l_e = l - 0.6e$, 스프링의 종탄성계수 $E = 20.58 \times 10^4 \text{N/mm}^2$이다.)

(1) 겹판스프링에 가해지는 하중 P[N]

(2) 변형량 δ[mm]

(3) 고유진동수 f[Hz]

정답분석

(1) $\sigma_b = \dfrac{3P \cdot l_e}{2nbh^2}$

$93 = \dfrac{3 \times P \times (1400 - 0.6 \times 100)}{2 \times 4 \times 80 \times 15^2}$

$P = 3{,}331.3\text{N}$

(2) $\delta = \dfrac{3P \cdot l}{8Enbh^3}$

(3) $f = \dfrac{\omega}{2\pi} = \dfrac{1}{2\pi}\sqrt{\dfrac{g}{\delta}}$

11 그림과 같은 원통마찰차에서 지름 300mm, 회전수 50rpm으로 2kW를 전달한다. 축은 SM45C, 허용전단응력이 75MPa, 길이가 800mm이다. 다음을 구하시오. (단, 동적효과계수 $k_m = 2.1$, $k_s = 1.5$로 하고 마찰자의 허용전압은 10MPa, 마찰계수는 0.2로 외접상태에 있다.)

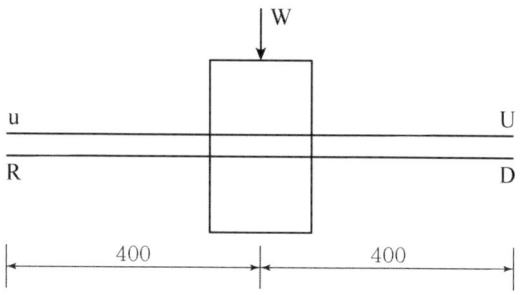

(1) 마찰차의 폭 b [m]
(2) 상당비틀림 모멘트를 고려한 축지름 d [mm] (축과 마찰차 무게는 무시한다.)

정답분석

(1) $v = \dfrac{\pi \cdot D \cdot N}{60 \times 1000} = \dfrac{\pi \times 300 \times 500}{60 \times 1000} = 7.85 \text{m/sec}$

$H_{kW} = \dfrac{\mu W \cdot v}{1020}$, $2 = \dfrac{0.8 \times W \times 7.85}{102 \times 9.8}$, $W = 1,273.38 \text{N}$

$b = \dfrac{W}{f} = \dfrac{1273.38}{10} = 127.34 \text{mm}$

(2) $T = 974000 \dfrac{H_{kW}}{N} = 974000 \times \dfrac{2}{500} \times 9.8 = 3,896 \text{N} \cdot \text{mm}$

$= \sqrt{(2.1 \times 254,676)^2 + (1.5 \times 3,896)^2} = 534,851.53 \text{N} \cdot \text{mm}$

$\tau_a = \dfrac{T_e}{Z_P} = \dfrac{16 \times T}{\pi \times d^3}$

$75 = \dfrac{16 \times 534,851.53}{\pi \times d^3}$

$d = 33.12 \text{mm}$

제 4 회

01 유효지름 27.73mm, 피치 3.5mm인 M30인 나사의 마찰계수는 0.15이다. 다음을 계산하시오.[4점]

(1) 나사의 효율[%]

(2) 나사의 자립조건을 만족하는지 효율로 확인하시오.

정답분석

(1) $\lambda = \tan^{-1}\left(\dfrac{p}{\pi d_2}\right) = \tan^{-1}\left(\dfrac{3.5}{\pi \times 27.73}\right) = 2.3°$

$\mu' = \dfrac{\mu}{\cos(\beta/2)} = \dfrac{0.15}{\cos(60/2)} = 0.1732$

$\rho' = \tan^{-1}\mu' = \tan^{-1}(0.1732) = 9.83°$

$\eta = \dfrac{\tan\lambda}{\tan(\lambda+\rho')} = \dfrac{\tan 22.3}{\tan(2.3+9.83)} \times 100 = 18.69\%$

(2) 최대효율이 $\rho = \lambda$ 일 때 자립조건($\rho \geq \lambda$)을 만족하는 경우,

$\eta = \dfrac{\tan\alpha}{\tan(2\lambda)} = \dfrac{\tan 2.3}{\tan(2\times 2.3)} \times 100 = 49.9\%$

나사의 효율이 $\eta < 50\%$이므로 효율은 자립조건을 만족한다.

02 300rpm으로 12kW를 전달시키는 묻힘키를 이용한 전동축이 있다. 키의 허용전단응력 $3.0N/mm^2$, 키의 허용압축응력 $9.0N/mm^2$일 때 다음을 구하시오. [4점] (단, 축은 강이며 허용전단응력은 키의 허용전단응력과 같으며 묻힘키의 폭과 높이는 20×13이다.)

(1) 축 지름[mm]

(2) 키의 길이[mm]

---

(1) $T = 974000 \times 9.8 \times \dfrac{H_{kW}}{N} = \tau \dfrac{\pi d^3}{16}$

$974000 \times 9.8 \times \dfrac{12}{300} = 3.0 \times \dfrac{\pi \times d^3}{16}$

$d = 86.54\,mm$

(2) $\tau_k = \dfrac{2T}{bld} = \dfrac{2\times 974000 \times H_{kW}}{bldN}$

$3.0 = \dfrac{4\times 974000 \times 9.8 \times 12}{13 \times l \times 86.54 \times 300}$

$l = 150.84\,mm$

이 중 긴 것을 키의 길이 $l = 150.84\,mm$ 로 선택한다.

03 그림과 같은 편심하중을 받는 필렛용접이음에서 편심하중 20kN, 각목 7mm일 때 용접부 A에 대하여 다음을 구하시오. [6점] (단, 용접부의 목두께 당 극단면 2차모멘트 $I_0 = 2.855 \times 10^6 \text{mm}^3$이다.)

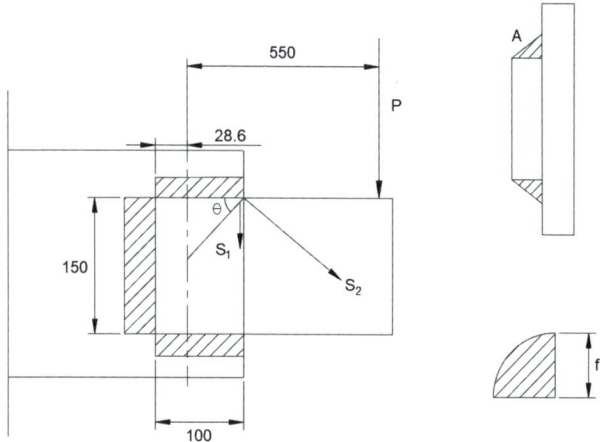

(1) 직접 전단응력 $S_1 [\text{N/mm}^2]$

(2) 비틀림 전단응력 $S_2 [\text{N/mm}^2]$

(3) 최대전단응력 $S [\text{N/mm}^2]$

정답분석

(1) $S_1 = \dfrac{P}{(2a+b) \times t} = \dfrac{20 \times 10^3}{(2 \times 100 \times 150) \times 7} = 8.16 \, rn \, N/mm^2$

(2) $S_2 = \dfrac{T \times r}{t I_0} = \dfrac{20000 \times 550 \times \sqrt{(75^2 + 71.4^2)}}{7 \times 2.885 \times 10^6} = 56.4 \, \text{N/mm}^2$

(3) $S = \sqrt{S_1^2 + S_2^2 + 2 S_1 S_2 \cos\theta}$

$\cos\theta = \dfrac{71.4}{\sqrt{75^2 + 71.4^2}} = 0.69$

$S = \sqrt{8.16^2 + 56.4^2 + 2 \times 8.16 \times 56.4 \times 0.69} = 62.31 \, \text{N/mm}^2$

04 No.6204로 20,000시간의 수명을 갖는 한계속도지수 6,000의 단열 레디얼 볼베어링이 있다. 다음을 계산하시오. [4점] (단, 하중계수 $f_w = 1.5$이고 기본 동정격하중 $C = 9.95 \text{kN}$이다.)

(1) 최대회전수 $N [\text{rpm}]$

(2) 최대 베어링하중 $P [\text{kN}]$

정답분석

(1) $N = \dfrac{6000}{4 \times 5} = 30 \, \text{rpm}$

(2) $L_h = 500 \times \left(\dfrac{C}{f_w P}\right)^r \times \dfrac{33.3}{N}$, $20000 = 500 \times \left(\dfrac{9.95}{1.5 \times P}\right)^3 \times \dfrac{33.3}{300}$

$P = 0.93 \text{kN}$

05

600rpm, 30kW를 전달하는 전동모터 축이 있다. 마찰면 5개인 다판 클러치를 이용하여 회전축에 동력을 전달하고자 한다. 다판 클러치의 바깥지름은 260mm, 안지름 180mm, 마찰계수 0.2, 허용 접촉 면압력 0.2N/mm²일 때 다음을 계산하시오. [6점]

(1) 회전토크 T[J]

(2) 축방향으로 밀어 붙이는 추력 W[kN]

(3) 면압력을 구하고 안전성을 판단하시오.

정답분석

(1) $T = 9.74 \times 9.8 \times \dfrac{H_{kW}}{N} = 974 \times 9.8 \times \dfrac{30}{600} = 477.3\text{J}$

(2) $T = \mu W \dfrac{(D_1 + D_2)}{4}$, $473 = 0.2 \times W \times \dfrac{(180 + 260)}{4}$

$W = 21.7\text{kN}$

(3) $q = \dfrac{W}{\dfrac{\pi(D_2^2 - D_1^2)}{4} \times z} = \dfrac{21.69 \times 10^3 \times 4}{\pi \times (260^2 - 180^2) \times 5} = 0.16\text{N}/\text{mm}^2 < 0.2\text{N}/\text{mm}^2$,

q값이 허용접촉면압력보다 작으므로 안전하다.

06

전위스퍼기어의 공구 압력각 14.5°, 모듈 3, $Z_1 = 12$, $Z_2 = 24$이다. 다음을 계산하시오. [6점]

(1) 전위계수 x_1, x_2 (소수점 5자리까지 계산하시오.)

(2) 전위량 X_1, X_2 (소수점 2자리까지 계산하시오.)

(3) 백래시가 0일 때 중심거리 C_f[mm]

a	Inv a	a	Inv a	a	Inv a	a	Inv a
10.00	0.0017941	12.00	0.0031171	14.00	0.0049819	16.00	0.0074917
.05	0.0018213	.05	0.0031567	.05	0.0050364	.05	0.0075647
.10	0.0018489	.10	0.0031966	.10	0.0050912	.10	0.0076372
.15	0.0018767	.15	0.0032369	.15	0.0051465	.15	0.0077101
.20	0.0019048	.20	0.0032775	.20	0.0052022	.20	0.0077835
.25	0.0019332	.25	0.0033185	.25	0.0052582	.25	0.0078574
.30	0.0019619	.30	0.0033598	.30	0.0053147	.30	0.0079318
.35	0.0019909	.35	0.0034014	.35	0.0053716	.35	0.0080067
.40	0.0020201	.40	0.0034434	.40	0.0054290	.40	0.0080820
.45	0.0020496	.45	0.0034858	.45	0.0054867	.45	0.0081578
.50	0.0020795	.50	0.0035285	.50	0.0055448	.50	0.0082342
.55	0.0021096	.55	0.0035716	.55	0.0056034	.55	0.0083110
.60	0.0021400	.60	0.0036150	.60	0.0056624	.60	0.0083883
.65	0.0021707	.65	0.0036588	.65	0.0057218	.65	0.0084661
.70	0.0022017	.70	0.0037029	.70	0.0057817	.70	0.0085444
.75	0.0022330	.75	0.0037474	.75	0.0058420	.75	0.0086232
.80	0.0022646	.80	0.0037923	.80	0.0059027	.80	0.0087025
.85	0.0022966	.85	0.0038375	.85	0.0059638	.85	0.0087823
.90	0.0023288	.90	0.0038831	.90	0.0060254	.90	0.0088626
.95	0.0023613	.95	0.0039291	.95	0.0060874	.95	0.0089434

19.00	0.0127151	21.00	0.0173449	23.00	0.0230491	25.00	0.0299754
.05	0.0128189	.05	0.0174738	.05	0.0232067	.05	0.0301655
.10	0.0129232	.10	0.0176034	.10	0.0233651	.10	0.0303566
.15	0.0130281	.15	0.0177337	.15	0.0235242	.15	0.0305485
.20	0.0131336	.20	0.0178646	.20	0.0236842	.20	0.0307413
.25	0.0132398	.25	0.0179963	.25	0.0238449	.25	0.0309350
.30	0.0133465	.30	0.0181286	.30	0.0240063	.30	0.0311295
.35	0.0134538	.35	0.0182616	.35	0.0241686	.35	0.0313250
.40	0.0135617	.40	0.0183953	.40	0.0243316	.40	0.0315213
.45	0.0136702	.45	0.0185296	.45	0.0244954	.45	0.0317185
.50	0.0137794	.50	0.0186647	.50	0.0246600	.50	0.0319166
.55	0.0138891	.55	0.0188004	.55	0.0248254	.55	0.0321156
.60	0.0139995	.60	0.0189369	.60	0.0249915	.60	0.0323154
.65	0.0141104	.65	0.0190740	.65	0.0251585	.65	0.0325162
.70	0.0142220	.70	0.0192119	.70	0.0253263	.70	0.0327179
.75	0.0143342	.75	0.0193504	.75	0.0254948	.75	0.0329205
.80	0.0144470	.80	0.0194897	.80	0.0256642	.80	0.0331240
.85	0.0145604	.85	0.0196297	.85	0.0258344	.85	0.0333283
.90	0.0146744	.90	0.0197703	.90	0.0260053	.90	0.0335336
.95	0.0147891	.95	0.0199117	.95	0.0261771	.95	0.0337399

정답분석

(1) $x_1 = 1 - \dfrac{Z_1}{2}\sin\alpha^2 = 1 - \dfrac{12}{2}\times(\sin 14.5)^2 = 0.62386$

$x_2 = 1 - \dfrac{Z_2}{2}\sin\alpha^2 = 1 - \dfrac{24}{2}\times(\sin 14.5)^2 = 0.24772$

(2) $X_1 = mx_1 = 3\times 0.62386 = 1.87\mathrm{mm}$

$X_2 = mx_2 = 3\times 0.24772 = 0.74\mathrm{mm}$

(3) $inv\,\alpha_b = 2\tan\alpha\cdot\dfrac{x_1 + x_2}{X_1 + X_2} + inv\,\alpha$

$= 2\times\tan 14.5\times\dfrac{0.62386 + 0.24772}{12 + 24} + 0.0055448 = 0.0180673$

표에서 물림각 $\alpha_b = 21.25°$이므로

$y = \dfrac{Z_1 + Z_2}{2}\cdot\left(\dfrac{\cos\alpha}{\cos\alpha_b} - 1\right) = \dfrac{12 + 24}{2}\times\left(\dfrac{\cos 14.5}{\cos 21.25} - 1\right) = 0.69767$,

$C_f = m\left(\dfrac{(Z_1 + Z_2)}{2} + y\right) = 3\times\left(\dfrac{(12 + 24)}{2} + 0.69767\right) = 56.07\mathrm{mm}$

07

350rpm, 3.6kW의 모터축에 설치되어 있는 벨트전동에서 풀리의 지름 450mm, 650mm, 축간거리 4000mm, 마찰계수 0.2인 가죽벨트의 폭 127mm, 허용인장응력 2.0N/mm²이다. 다음을 구하시오. [6점] (단, 벨트는 십자걸이이고 이음효율은 80%이다.)

(1) 접촉각 θ [deg]

(2) 긴장측장력 T_e [N]

(3) 벨트의 두께 t [mm]

정답 분석

(1) $\theta = 180 + 2\sin^{-1}\left(\dfrac{D_1 + D_2}{2C}\right) = 180 \times 2\sin^{-1} \times \left(\dfrac{450 + 650}{2 \times 4000}\right) = 195.8°$

(2) $\theta_{rad} = 195.81 \times \dfrac{\pi}{180} = 3.4$

$e^{\mu\theta} = e^{(0.2 \times 3.4)} = 1.97$

$v = \dfrac{\pi \cdot D_1 \cdot N_1}{60 \times 1000} = \dfrac{\pi \times 450 \times 350}{60 \times 1000} = 8.25 \text{m/sec}$

$H + kW = \dfrac{T_t(e^{\mu\theta} - 1)}{102\, e^{\mu\theta}} \cdot v$

$3.6 = \dfrac{T_t(1.97 - 1) \times 8.25}{102 \times 9.8 \times 1.97}$, $T_t = 944.4\text{N}$

(3) $\sigma_a = \dfrac{T_t}{bt\eta}$

$2.0 = \dfrac{944.4}{127 \times t \times 0.8}$

$t = 4.66 \text{mm}$

08

2열 롤러 체인에서 주동 스프라켓의 잇수 18, 회전수 600rpm이고 피치는 15.88mm이다. 다음을 구하시오.[6점] (단, 파단하중은 22.1kN이고 안전율은 15, 다열계수는 1.70이다.)

(1) 체인의 속도 V [m/sec]

(2) 체인의 허용장력 F [N]

(3) 속도변동률 ε [%]

정답 분석

(1) $V = \dfrac{pzN}{60 \times 1000} = \dfrac{15.88 \times 18 \times 600}{60 \times 1000} = 2.86 \text{m/sec}$

(2) $F = \dfrac{P \times m}{S} = 22.1 \times \dfrac{1.7}{15} = 2.5 kN$

(3) $\varepsilon = \left[1 - \cos\left(\dfrac{180}{z}\right)\right] = \left[1 - \cos\left(\dfrac{180}{18}\right)\right] \times 100 = 1.5\%$

09 그림과 같은 밴드브레이크에서 드럼직경 500mm, 풀리 직경 100mm이고 하중 $W=9.0\text{kN}$의 자유낙하를 방지하기 위하여 제동을 할 때 다음을 구하시오. [4점] (단, 마찰계수 $\mu=0.35$, 장력비 $e^{\mu\theta}=4.4$이다.)

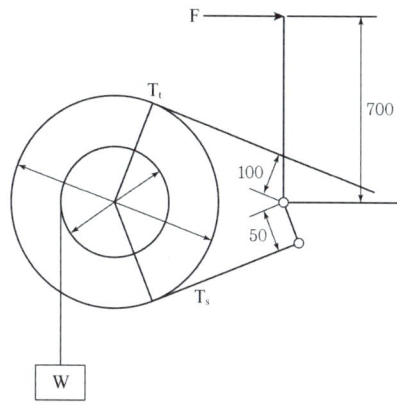

(1) 제동력 $Q[\text{kN}]$

(2) 조작력 $F[\text{N}]$

정답분석

(1) $T = Q\dfrac{D}{2} = W\dfrac{d}{2}$

$Q = 9.0 \times \dfrac{100}{500} = 1.8\text{kN}$

(2) $F \times 700 - t_t \times 100 + T_s \times 50 = 0$

$F \times 700 = Q\left(\dfrac{100e^{\mu\theta} - 50}{e^{\mu\theta} - 1}\right)$

$F \times 700 = 1.8 \times 10^3 \times \left(\dfrac{100 \times 4.4 - 50}{4.4 - 1}\right)$

$F = 303.9\text{N}$

10 스프링강제 코일 스프링을 하중 980N으로 압축한다. 소선의 지름 6mm, 스프링지수 6, 처짐 24.7mm로 할 때 다음을 구하시오. [4점] (단, 스프링의 전단탄성계수 80,000N/mm²이다.)

(1) 스프링의 유효권수 n

(2) 비틀림 응력 $\tau[\text{N/mm}^2]$

정답분석

(1) $D = C \times d = 6 \times 6 = 36\text{mm}$

$\delta = \dfrac{64nPR^3}{Gd^4}$

$24.7 = \dfrac{64 \times n \times 980 \times (36/2)^3}{80000 \times 6^4}$

$n = 7$

(2) $K = \dfrac{4C-1}{4C-4} + \dfrac{0.615}{C} = \dfrac{4 \times 6 - 1}{4 \times 6 - 4} + \dfrac{0.612}{6} = 1.25$

$\tau = K\dfrac{16PR}{\pi d^3} = 1.25 \times \dfrac{16 \times 980 \times 36}{2 \times \pi \times 6^3} = 520\text{N/mm}^2$

2017년 기출문제

제1회

01 축하중 60kN을 받는 나사잭에서 사각나사봉의 바깥지름 100mm, 골지름 80mm, 피치16mm이다. 나사면의 마찰계수와 스러스트 칼라의 마찰계수는 0.15로 같고 스러스트 칼라의 자리면의 평균지름은 60mm이다. 다음을 구하시오. [4점]

(1) 레버를 돌리는 토크 $T[\text{N}\cdot\text{m}]$

(2) 나사잭의 효율 $\eta[\%]$

(3) 하중물을 들어올리는 속도 $v=0.3\text{m/min}$일 때 소요동력 $L[\text{kW}]$

정답분석

(1) $T = Q\left(\dfrac{\mu\pi d_2 + p}{\pi d_2 - \mu p} \times \dfrac{d_2}{2} + \mu_c \cdot \dfrac{d_m}{2}\right)$

$= 60 \times \left(\dfrac{0.15 \times \pi \times \frac{100+80}{2} + 16}{p \times \frac{100+80}{2} - 0.15 \times 16} \times \dfrac{100+80}{2 \times 2} + 0.15 \times \dfrac{60}{2}\right) = 832.56\text{N/m}$

(2) $\eta = \dfrac{Q \cdot p}{2\pi T} = \dfrac{60 \times 16}{2 \times \pi \times 832.56} \times 100 = 18.35\%$

(3) $L = \dfrac{Q \cdot v}{102 \cdot \eta} = \dfrac{60 \times 10^3 \times 0.3}{102 \times 9.8 \times 0.1835 \times 60} = 1.64\text{kW}$

02 그림과 같이 코터이음에서 축에 작용하는 축하중을 45kN이라 할 때 다음을 구하시오. (단, 이음각부의 치수는 소켓의 바깥지름이 140mm, 소켓 내부의 로드의 지름이 70mm, 코터의 폭이 70mm, 코터의 두께가 20mm이다.) [4점]

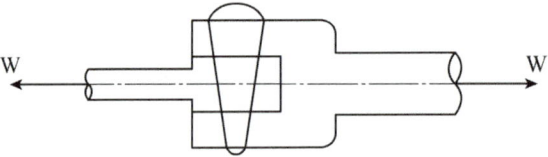

(1) 코터의 전단응력 $\tau_c[\text{N/mm}^2]$

(2) 코터와 소켓 접촉부 압축응력 $\sigma_c[\text{N/mm}^2]$

(3) 코터의 굽힘응력 $\sigma_b[\text{N/mm}^2]$

정답분석

(1) $\tau_c = \dfrac{W}{2b \cdot t} = \dfrac{45 \times 10^3}{2 \times 70 \times 20} = 16.07\text{N/mm}^2$

(2) $\sigma_c = \dfrac{W}{(D-d)\cdot t} = \dfrac{45 \times 10^3}{(140-70)\times 20} = 32.14\text{N/mm}^2$

(3) $\sigma_b = \dfrac{6 \cdot W \cdot D}{t \cdot b^2 \cdot 8} = \dfrac{6 \times 45 \times 10^3 \times 140}{8 \times 20 \times 70^2} = 48.21\text{N/mm}^2$

03 그림과 같은 겹치기 이음에서 리벳의 지름은 14mm, 판 두께는 7mm, 판의 허용 인장응력은 68.6N/mm²이고, 강판에 작용하는 하중은 13.45kN이다. 다음을 구하시오. [4점]

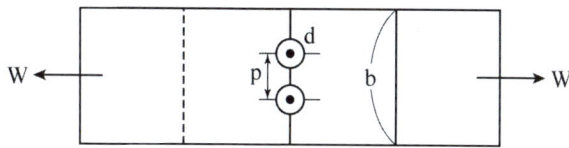

(1) 리벳의 전단응력 τ_r [N/mm²]

(2) 강판의 폭 b [mm]

(3) 강판의 압축응력 σ_c [N/mm²]

(1) $\tau_r = \dfrac{W}{\dfrac{\pi \cdot d^2}{4} \times n} = \dfrac{13.45 \times 10^3}{\dfrac{\pi \cdot 14^2}{4} \times 2} = 43.69 \text{N/mm}^2$

여기에서 n은 리벳의 개수를 의미한다.

(2) 강판의 허용인장응력을 σ_a라 하면,

$\sigma_a = \dfrac{W}{(b-2d) \cdot t}$, $68.6 = \dfrac{13.45 \times 10^3}{(b-2\times 14) \times 7}$

$b = 56.01 \text{mm}$

(3) $\sigma_c = \dfrac{W}{d \cdot t \cdot n} = \dfrac{13.45 \times 10^3}{14 \times 7 \times 2} = 68.62 \text{N/mm}^2$

04 N0.6210 단열 깊은 홈 볼 베어링에 레이디얼 하중 2940N, 스러스트 하중 980N이 작용하고 150rpm으로 회전한다. 다음을 구하시오. (단, 내륜 회전 베어링이고 $C_0 = 20678N$, $C = 26950N$이다.) [4점]

(1) 등가레이디얼 베어링 하중 P_r [N]

(2) 베어링 수명시간 L_h [h]

베어링 형식		내륜회중하중	외륜회중하중	단열		복열				e
				Fa / VFr > e		Fa / VFr ≤ e		Fa / VFr > e		
		V	V	X	Y	X	Y	X	Y	
깊은 홈 볼 베어링	Fa / C0 =0.014 =0.028 =0.056 =0.084 =0.11 =0.17 =0.28 =0.42 =0.56	1	1.2	0.56	2.30 1.99 1.71 1.55 1.45 1.31 1.15 1.04 1.00	1	0	0.56	2.30 1.99 1.71 1.55 1.45 1.31 1.15 1.04 1.00	0.19 0.22 0.26 0.28 0.30 0.34 0.38 0.42 0.44
앵귤러 볼 베어링	α =20○ =25○ =30○ =35○ =40○	1	1.2	0.43 0.41 0.39 0.37 0.35	1.00 0.87 0.76 0.66 0.57	1	1.09 0.92 0.78 0.66 0.55	0.70 0.67 0.63 0.60 0.57	1.63 1.41 1.24 1.07 0.93	0.57 0.58 0.80 0.95 1.14
자동 조심 볼 베어링		1	1	0.4	0.4 x cotα	1	0.45 x cotα	0.65	0.65 x cotα	1.5 x tanα
매그니토 볼 베어링		1	1	0.5	2.5	—	—	—	—	0.2
자동 조심 롤러 베어링 원추 롤러 베어링 α≠0		1	1.2	0.4	0.4 x cotα	1	0.45 x cotα	0.67	0.67 x cotα	1.5 x tanα
스러스트 볼 베어링	α =45○ ◆ =60○ ◆ =70○	—	—	0.66 0.92 1.66	1	1.18 1.90 3.66	0.59 0.54 0.52	0.66 0.92 1.66	1	1.25 2.17 4.67
스러스트 롤러 베어링		—	—	tanα	1	1.5 x tanα	0.67	tanα		1.5 x tanα

정답분석

(1) $V = 1$, $\dfrac{F_a}{C_0} = \dfrac{980}{20678} = 0.047$, $X = 0.56$

$\dfrac{1.71 - 1.99}{0.056 - 0.028} = \dfrac{1.71 - Y}{0.056 - 0.047}$, $Y = 1.8$

$P_r = X \cdot V \cdot F_r + Y \cdot F_a = 0.56 \times 1 \times 2940 + 1.8 \times 980 = 3410N$

(2) 여기에서 베어링은 볼베어링이므로 $r = 3$

$L_h = 500 \cdot \left(\dfrac{C}{P_r}\right)^r \cdot \dfrac{33.3}{N} = 500 \times \left(\dfrac{26950}{3410}\right)^3 \times \dfrac{33.3}{150} = 54775.12h$

05 접촉면의 평균지름이 380mm, 원추면의 경사각이 10°인 원추 클러치에서 800rpm, 14.7kW를 전달한다. 마찰계수가 0.3일 때 다음을 구하시오. [4점]

(1) 축토크 $T[\text{N}\cdot\text{m}]$

(2) 축방향으로 미는 힘 $W[\text{N}]$

정답분석

(1) $T = 974 \times 9.8 \times \dfrac{H_{kW}}{N} = 974 \times 9.8 \times \dfrac{14.7}{800} = 175.39\,\text{N/m}\cdot\text{J}$

(2) 원추클러치의 등가마찰계수(상당마찰계수)를 μ'이라 하면,

$T = \mu' \cdot W \cdot \dfrac{D}{2} = \dfrac{\mu}{\mu\cos\alpha + \sin\alpha} \cdot W \cdot \dfrac{D}{2}$

$175.39 \times 10^3 = \dfrac{0.3}{0.3 \times \cos 10° + \sin 10°} \times W \times \dfrac{380}{2}$

$W = 1443.4\,\text{N}$

---

06 홈붙이 마찰차에서 원동차의 평균지름 250mm, 회전수 750rpm, 종동차의 평균지름 500mm이다. 홈각도는 40°이고 허용접촉면압력은 29.4N/mm이다. 다음을 구하시오. (단, 마찰계수는 0.15이다.) [5점]

(1) 전달동력이 5kW일 때 전달하중 $P[\text{N}]$

(2) 홈마찰차를 밀어붙이는 힘 $W[\text{N}]$

(3) 홈의 깊이 $h = 0.30 \cdot \sqrt{\mu' \cdot W}$일 때 홈의 수($Z$)를 구하시오.

정답분석

(1) $H_{kW} = \dfrac{P \cdot v}{102} = \dfrac{P \times \pi \times D_1 \times N_1}{102 \times 60 \times 1000}$

$5 = \dfrac{P \times \pi \times 250 \times 750}{102 \times 60 \times 1000 \times 9.8}$, $P = 509.09\,\text{N}$

(2) $\mu' = \dfrac{\mu}{\mu\cos\alpha + \sin\alpha} = \dfrac{0.15}{0.15 \times \cos 20° + \sin 20°} = 0.31$

$P = \mu'W$, $W = \dfrac{509.09}{0.31} = 1642.23\,\text{N}$

(3) 홈의 경사면에 수직으로 작용하는 힘을 Q라 하면,

$h = 0.30 \cdot \sqrt{\mu'W} = 0.31\sqrt{P} = 0.30 \times \sqrt{509.09} \cong 6.78\,\text{mm}$

$Q = \dfrac{\mu' \cdot W}{\mu} = \dfrac{0.31 \times 1642.23}{0.15} = 3393.94\,\text{N}$

$q_a = \dfrac{Q}{2h \cdot Z}$, $29.4 = \dfrac{3393.94}{2 \times 6.78 \times Z}$, $Z = 8.51$

따라서 홈 수는 8.51큰 6개로 선정한다.

07

웜기어 전동장치에서 웜은 피치가 31.4mm, 회전수 800rpm, 4줄 나사, 피치원의 지름이 64mm, 압력각 14.5°일 때 다음을 구하시오. (단, 마찰계수 0.1에 전달동력은 22kW이다.) [5점]

(1) 웜의 리드각 β[deg]

(2) 웜의 회전력 F[N]

(3) 웜의 잇면의 수직력 F_n[N]

(1) 웜의 피치원 지름을 D_W라 하면

$$\beta = \tan^{-1}\left(\frac{L}{\pi D_W}\right) = \tan^{-1}\left(\frac{4 \times 3.14}{\pi \times 64}\right) = 31.99°$$

(2) $T = F \cdot \dfrac{D_W}{2}$, $974000 \times 9.8 \times \dfrac{2.2}{800} = F \times \dfrac{64}{2}$

$F = 8202.91\text{N}$

(3) 여기에서 α를 압력각, β를 리드각으로 하면,

$F = F_n(\cos\alpha \cdot \sin\beta + \mu \cdot \cos\beta)$

$F_n = \dfrac{8202.91}{\cos 14.5° \times \sin 31.99° + 0.1 \times \cos 31.99°} = 13{,}723.88\text{N}$

08

No.50 롤러체인에서 작은 스프로킷의 잇수가 18, 회전수 600rpm이고 큰 스프로킷의 잇수 60, 피치 15.88mm, 파단하중 21658N, 안전율 15일 때 다음을 구하시오. [5점]

(1) 허용 안정하중 F[N]

(2) 스프로킷의 회전속도 V[m/sec]

(3) 전달동력 H_{kW}[kW]

(1) 여기에서 파단하중을 P라 하면,

$F = \dfrac{P}{S} = \dfrac{21658}{15} = 1443.87\text{N}$

(2) $V = \dfrac{p \cdot Z_1 \cdot N_1}{60 \times 1000} = \dfrac{15.88 \times 18 \times 600}{60 \times 1000} = 2.86\text{m/sec}$

(3) $H_{kW} = \dfrac{F \cdot v}{102} = \dfrac{1443.87 \times 2.86}{102 \times 9.8} = 4128\text{W} = 4.13\text{kW}$

7.5kW, 1500rpm의 4사이클 단기통 디젤 기관에서 각속도 변동률이 $\frac{1}{100}$이고 에너지 변동계수는 1.3, 플라이휠의 내외경비 0.6, 비중량 76.832kN/m³, 휠의 폭 50mm일때 다음을 구하시오.

(1) 사이클당 발생하는 에너지 $E[\text{N}\cdot\text{m}]$
(2) 질량 관성모멘트 $J[\text{kg}_m\cdot\text{m}^2]$
(3) 플라이휠의 바깥지름 $D_2[\text{mm}]$

정답 분석

(1) $E = 4\pi \cdot T = rtimes\,\pi \times 974 \times 9.8 \times \frac{7.5}{1500} = 599.74\text{N/m}$

(2) $\triangle E = q \cdot E = \delta \cdot \omega^2 \cdot J$

$1.3 \times 599.74 = \frac{1}{100} \times \left(\frac{2\pi \times 1500}{60}\right)^2 \times J$

$J = 3.16 \text{kg}_m\cdot\text{m}^2$

(3) 플라이 휠의 바깥 반지름을 R_2라 하면,

$J = \frac{\pi \cdot \gamma \cdot t \cdot R_2^4}{2g}(1-x^4)$

$3.16 = \frac{\pi \times 76.832 \times 10^3 \times 0.05 \times R_2^4}{2 \times 9.8} \times (1-0.6^4)$

$R_2 = 0.27710\text{m} = 277.10\text{mm}$

$D_2 = 554.20\text{mm}$

 원통코일스프링에서 압축하중이 245N에서 441N까지 변동할 때 변형량이 16mm이다. 코일스프링의 허용전단응력이 343N/mm², 스프링지수 6.5, 횡탄성계수 80.36GPa일 때 다음을 구하시오.

(1) 소선의 직경 d[mm] (단, 왈의 응력수정계수 $K = 1.22$이다.)
(2) 유효권수 n
(3) 자유높이 H[mm] (단, 스프링이 굽혀질 염려가 있으므로 4mm의 여유를 고려한다.)

정답 분석

(1) $\tau_{\max} = K\frac{16PR}{\pi d^3} = K\frac{16P(C\frac{d}{2})}{\pi d^3} = K\frac{8PC}{\pi d^2}$

$343 = 1.22 \times \frac{8 \times 441 \times 6.5}{\pi \times d^2}$, $d = 5.1\text{mm}$

(2) 스프링의 처짐량을 δ라 하고 변동 압축하중에서 최대, 최소 값을 각각 $P_{\max}, P_{\min}$라 하면,

$\delta = \frac{64 \times n(P_{\max} - P_{\min}) \times R^3}{G \times d^4}$

$16 = \frac{64 \times n \times (441-245) \times (6.5 \times 5.1/2)^3}{80.36 \times 10^3 \times 5.1^4}$

$n = 16$

(3) $\delta_{\max} = \frac{64 \times n \times P_{\max}R^3}{G \times d^4} = \frac{64 \times 16 \times 441 \times (635 \times 5.1/2)^3}{80.36 \times 10^3 \times 5.1^4} = 37.82\text{mm}$

여기에서 자유높이를 H, 여유높이를 L이라고 하면,

$H = d \cdot n + \delta_{\max} + L = 5.1 \times 16 + 37.82 + 4 = 123.42\text{mm}$

11 출력 36kW, 회전수 1150rpm의 모터에 의하여 300rpm의 산업용기계를 운전하려고 한다. 축간 거리를 약 1.5m, 작은 풀리의 평균 지름이 300mm이다. 다음을 구하시오. (단, 마찰계수는 0.3, 부하수정계수 0.7, 접촉각수정계수 1.0, 벨트의 비중량은 0.01176kN/m²이고, 벨트의 안전상 허용장력은 842.8N이다.)

(1) 벨트의 속도 v [m/sec]

(2) 원동풀리의 접촉각 δ [deg]

(3) V-벨트의 가닥수 Z (단, V-벨트의 단면적은 4.67cm²이다.)

정답분석

(1) $v = \dfrac{\pi \times D_1 \times N_1}{60 \times 1000} = \dfrac{\pi \times 300 \times 1150}{60 \times 1000} = 18.1 \text{m/sec}$

(2) $D_2 = D_1 \cdot \dfrac{N_1}{N_2} = 300 \times \dfrac{1150}{300} = 1150 \text{mm}$

$\theta = 180° - 2\sin^{-1}\left(\dfrac{D_2 - D_1}{2C}\right)$

$\theta = 180° - 2\sin^{-1}\left(\dfrac{1150 - 300}{2 \times 1500}\right) = 147.08°$

(3) $\mu' = \dfrac{\mu}{\mu\cos\alpha + \sin\alpha} = \dfrac{0.3}{0.3 \times \cos 20° \times \sin 20°} = 0.48$

$e^{\mu'\theta} = e^{\left(0.48 \times 143.08 \times \frac{\pi}{180}\right)} = 3.43$

$T_s = \dfrac{\omega \cdot v^2}{g} = \dfrac{\gamma \cdot A \cdot v^2}{g} = \dfrac{0.01176 \times 10^6 \times 4.67 \times 10^{-4} \times 18.06^2}{9.8} = 182.78 \text{N}$

$H_i = \dfrac{(T_t - T_s) \cdot (e^{\mu'\theta} - 1)}{102 \cdot e^{\mu'\theta}}$

$= \dfrac{(842.8 - 182.78) \times (3.43 - 1) \times 18.06}{102 \times 3.43 \times 9.8} = 8.45 \text{kW}$

$Z = \dfrac{H_{kW}}{H_i \cdot K_1 \cdot K_2} = \dfrac{36}{8.45 \times 1 \times 0.7} = 6.1$

계산된 가닥수가 6.1이므로 이보다 큰 값으로 7가닥이어야 한다.

제 2 회

01 벤드두께 3mm, 허용인장응력 50MPa, 레버의 길이 $l=900\text{mm}$, $D_1=400\text{mm}$, $D_2=250\text{mm}$, $a=30\text{mm}$, $b=160\text{mm}$ 밴드 접촉부마찰계수 $\mu=0.3$, 권상동력 2.2kW, $N=90\text{rpm}$ 밴드접촉부 각도 $\theta=220°$ 이다. 다음을 구하시오. [5점]

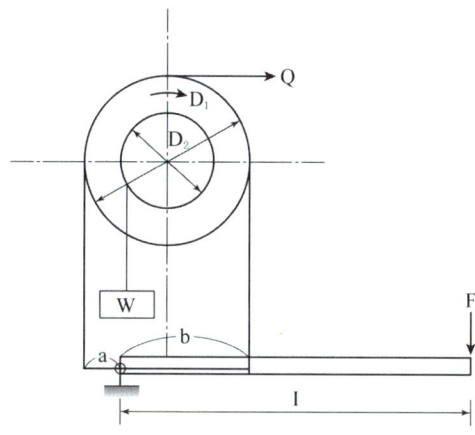

(1) 권상동력으로 권상 가능한 최대하중 $W[N]$
(2) 권상화물이 없을 때, 2.2kW의 동력으로 $N=90\text{rpm}$ 우회전 드럼으로 제동하고자 할 때 레버에 필요한 힘[N]
(3) (2)의 조건일 때 밴드의 최소 폭[mm]

(1) $H_{kW} = \dfrac{W \cdot v}{102} = \dfrac{W \cdot \pi \cdot D_2 \cdot N}{102 \times 60 \times 1000}$

$2.2 = \dfrac{W \times \pi \times 250 \times 90}{102 \times 60 \times 1000 \times 9.8}$, $W = 1866.7\text{N}$

(2) $H_{kW} = \dfrac{Q \cdot v}{102} = \dfrac{Q \cdot \pi \cdot D_1 \cdot N}{102 \times 60 \times 1000}$

$2.2 = \dfrac{Q \times \pi \times 400 \times 90}{102 \times 60 \times 1000 \times 9.8}$, $Q = 1166.7\text{N}$

$F \cdot l + T_t \cdot a - T_s \cdot b = 0$

$F \cdot l + \dfrac{Q}{e^{\mu\theta}-1}(e^{\mu\theta} \cdot a - b) = 0$

$e^{\mu\theta} = e^{\left(0.3 \times 220° \times \frac{\pi}{180}\right)} = 3.16$

$F \times 900 + \dfrac{1166.67}{(3.61-1)} \times (3.16 \times 30 - 160) = 0$

$F = 39.131\text{N}$

(3) $T_t = Q \dfrac{e^{\mu\theta}}{e^{\mu\theta}-1} = 1166.67 \times \dfrac{3.16}{3.16-1} = 1706.816\text{N}$

$\sigma_t = \dfrac{T_t}{bt}$, $50 = \dfrac{1706.8}{b \times 3}$

$b = 11.39\text{mm}$

02

코일스프링에서 최대하중 450N 작용시 60mm 길이가 줄어들었다. 코일스프링의 평균직경 D, 소선의 직경 d라 할 때 $D=8d$ 관계를 만족한다. 스프링 소선의 허용전단응력은 240MPa, 가로탄성 계수 82GPa, 왈의 응력수정계수 $K=\dfrac{4C-1}{4C-4}+\dfrac{0.615}{C}$ 일 때 다음을 구하시오. [5점]

(1) 소선의 최소지름 d [mm]

(2) 스프링의 유효감김수[권]

(3) 스프링의 자유높이는 (단, 최대하중적용, 스프링이 완전 밀착했다고 가정, 스프링 양 끝에 각 1권씩 무효감김이 있다.)

정답분석

(1) $C = \dfrac{D}{d} = 8$

$K = \dfrac{4C-1}{4C-4} + \dfrac{0.615}{C} = \dfrac{4 \times 8 - 1}{\times 8 - 4} + \dfrac{0.615}{8} = 1.18$

여기에서 K는 왈의 수정계수이다.

$\tau_a = K \dfrac{16WR}{\pi d^3} = K \dfrac{16W(4d)}{\pi d^3}$

$240 = 1.18 \times \dfrac{16 \times 4 \times 450}{\pi \times d^2}$

$d = 6.7 \text{mm}$

(2) $\delta = \dfrac{64nWR^3}{Gd^4} = \dfrac{64nW(4d)^3}{Gd^4}$

$60 = \dfrac{64 \times 4^3 \times n \times 450}{82 \times 10^3 \times 6.71}$

$n = 17.91$

따라서 유효감김수는 17.91보다 큰 18이어야 한다.

(3) 총 감김수를 N_t, 밀착높이를 H_a라고 하면,

$N_t = n + (x_1 + x_2) = 18 + 1 + 1 = 20$

$H_a = (N_t - 1) \cdot d + x$

또한 스프링이 완전 밀착한 상태이므로 x는 고려하지 않는다면,

$H_a = (20 - 1) \times 6.71 = 127.49 \text{mm}$

03

매분 350 회전하는 지름 $D=850\text{mm}$ 평마찰차 전동장치가 있다. 2300N의 힘으로 두 마찰차를 서로 밀어붙이면서 동력을 전달하고 있다. 마찰차의 접촉계수가 0.35일 때 다음을 구하시오. [4점]

(1) 마찰차의 회전토크 $T[\text{N}\cdot\text{m}]$

(2) 최대 전달동력 $H_{kW}[\text{kW}]$

정답분석

(1) $T = \mu W \cdot \dfrac{D}{2} = 0.35 \times 2300 \times \dfrac{0.82}{2} = 342.12 \text{N} \cdot \text{m}$

(2) $T = 974 \times \dfrac{H_{kW}}{N}$, $342.12 = 974 \times 9.8 \times \dfrac{H_{kW}}{350}$

$H_{kW} = 12.52 \text{kW}$

04 두께 9mm인 강판의 1줄 겹치기 리벳이음이 있다. 리벳지름이 14mm, 피치 40mm, 리벳의 허용 전단응력이 250MPa일 때 다음을 구하시오. [5점]

(1) 강판의 효율[%]

(2) 최대허용압축응력[N/mm²]

(3) 강판의 최대허용인장응력[N/mm²]

정답분석

(1) $\eta_s = 1 - \dfrac{d}{p} = \left(1 - \dfrac{14}{40}\right) \times 100 = 65\%$

(2) $\tau_a \cdot \dfrac{\pi d^2}{4} = dt \cdot \sigma_a,\ \sigma_a = \dfrac{\pi d \cdot \tau_a}{4t} = \dfrac{\pi \times 14 \times 250}{4 \times 9} = 305.43 \text{N/mm}^2$

(3) $\tau_a \cdot \dfrac{\pi d^2}{4} = \sigma_t \cdot (p - d) \cdot t$

$250 \times \dfrac{\pi \times 14^2}{4} = \sigma_t \times (40 - 14) \times 9$

$\sigma_t = 164.46 \text{N/mm}^2$

---

 05 18kW의 동력을 550rpm으로 전달하는 축지름 60mm에 대하여 묻힘키(폭×높이=18mm×11mm)가 조립되어 동력을 전달하고 있다. 키 재료의 허용압축응력은 45MPa, 허용전단응력은 20MPa, 키홈의 높이는 키 높이의 $\dfrac{1}{2}$이다. 다음을 구하시오. [4점]

(1) 축에 작용하는 토크[N·m]

(2) 안전한 키의 최소 길이[mm]

정답분석

(1) $T = 974 \cdot \dfrac{H_{kW}}{N} = 974 \times \dfrac{18}{550} \times 9.8 = 312.4 \text{N/m}$

(2) $\tau_a = \dfrac{2T}{bld}$

$20 = \dfrac{4 \times 312.4 \times 10^3}{48 \times l \times 60},\ l = 28.95 \text{mm}$

$\sigma_t = \dfrac{4T}{hld}$

$45 = \dfrac{4 \times 312.4 \times 10^3}{11 \times l \times 60},\ l = 42.07 \text{mm}$

06

아래 그림과 같은 표준스퍼기어 전동장치가 있다. 입력축은 45kW, 2000rpm의 동력과 회전수의 전동기로 구동되고 있으며 기어의 모듈 $m=2$, 입력축 기어의 잇수는 24개, 출력축 기어의 잇수는 38개, 기어의 압력각이 20일 때 다음을 구하시오. [4점]

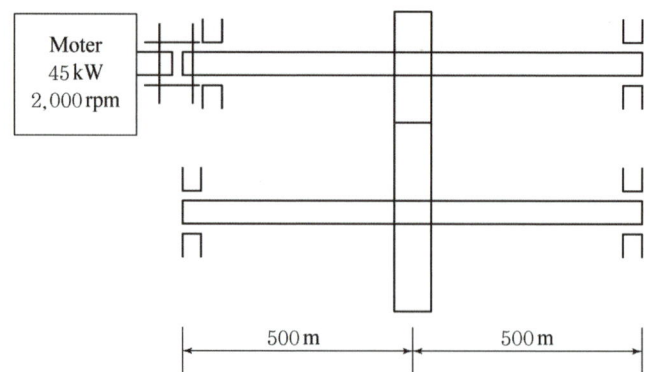

(1) 기어에서 허용굽힘강도를 고려한 기어의 최소폭 b [mm] (단, 입력축 기어의 모듈기준으로 치형계수 $Y = \pi y = 0.337$, 출력축 기어의 모듈기준으로 치형계수 $Y = \pi y = 0.384$, 입력축에서 허용굽힘강도는 180MPa, 출력축에서 허용굽힘강도는 120MPa, 속도계수 $f_v = \dfrac{3.05}{3.05+V'}$ V는 기어의 회전속도 [m/sec], 하중계수 $f_w = 0.8$이다.)

(2) 출력축에서 허용굽힘응력, 허용전단응력을 고려한 안전한 축의 최소지름 (단, 축 재료의 허용굽힘응력 70MPa, 허용전단응력 50MPa, 굽힘모멘트에 의한 동적효과계수 1.7, 비틀림 모멘트에 의한 동적효과계수 1.3이다.)

정답분석

(1) $V = \dfrac{\pi \cdot m \cdot Z_1 \cdot N_1}{60 \times 1000} = \dfrac{\pi \times 2 \times 24 \times 2000}{60 \times 1000} 5.03 \text{m/sec}$

$H_{kW} = \dfrac{F \cdot v}{102}$, $45 = \dfrac{F \times 5.03}{102 \times 9.8}$, $F = 8942.7\text{N}$

① 피니언

$F = f_w \cdot f_v \cdot \sigma_b \cdot b \cdot m \cdot Y = F_1$

$F = 8942.74 = 0.08 \times \left(\dfrac{3.05}{3.05+5.03}\right) \times 180 \times b \times 2 \times 0.337$

$b = 244 \text{mm}$

② 기어 $F = 8942.74 = 0.8\left(\dfrac{3.05}{3.055.03}\right) \times 120 \times b \times 2 \times 0.384 = F_2$

$b = 321.3 \text{mm}$

기에서 기어의 최소 폭은 더 큰 값 ($b = 321.3 \text{mm}$)을 선택한다.

(2) $\varepsilon = \dfrac{N_2}{N_1} = \dfrac{Z_1}{Z_2}$, $N_2 = \dfrac{2000 \times 24}{38} = 1263.2 \text{rpm}$

$T = 974 \cdot \dfrac{H_{kW}}{N_2} = 974 \times 9.8 \times \dfrac{45}{1263.16} = 340.05 \text{N/m}$

여기에서 기어 이에 수직으로 작용하는 힘을 F_n이라 하면,

$F_n = \dfrac{F}{\cos\alpha} = \dfrac{8942.7}{\cos 20°} = 9516.7\text{N}$

여기에서 축을 중앙에 집중하중이 작용하는 단순보로 치환하여 해석하면 최대 굽힘모멘트는 다음과 같다.

$M_{\max} = \dfrac{F_n \cdot l}{4} = \dfrac{9516.67 \times 1}{4} = 2379.2 \text{N/m}$

07

공구압력각이 14.5°, 작은 기어의 잇수 16개, 큰 기어의 잇수 28개, 2개의 기어가 서로 외접상태에 있는 전위기어를 제작하고자 한다. 모듈은 4이고 아래의 인벌류트 함수표를 참조하여 다음을 구하시오. [6점]

(1) 언더컷을 일으키지 않기 위한 두 기어의 이론 전위계수 x_1, x_2

(2) 치면놀이(백래시)=0일 때 두 기어의 중심거리는

(3) 기어의 총 이높이는 (단, 기어 조립부 간격은 $0.25 \times m$, m은 모듈이다.)

α	Inv α	α	Inv α	α	Inv α	α	Inv α
10.00	0.0017941	12.00	0.0031171	14.00	0.0049819	16.00	0.0074917
.05	0.0018213	.05	0.0031567	.05	0.0050364	.05	0.0075647
.10	0.0018489	.10	0.0031966	.10	0.0050912	.10	0.0076372
.15	0.0018767	.15	0.0032369	.15	0.0051465	.15	0.0077101
.20	0.0019048	.20	0.0032775	.20	0.0052022	.20	0.0077835
.25	0.0019332	.25	0.0033185	.25	0.0052582	.25	0.0078574
.30	0.0019619	.30	0.0033598	.30	0.0053147	.30	0.0079318
.35	0.0019909	.35	0.0034014	.35	0.0053716	.35	0.0080067
.40	0.0020201	.40	0.0034434	.40	0.0054290	.40	0.0080820
.45	0.0020496	.45	0.0034858	.45	0.0054867	.45	0.0081578
.50	0.0020795	.50	0.0035285	.50	0.0055448	.50	0.0082342
.55	0.0021096	.55	0.0035716	.55	0.0056034	.55	0.0083110
.60	0.0021400	.60	0.0036150	.60	0.0056624	.60	0.0083883
.65	0.0021707	.65	0.0036588	.65	0.0057218	.65	0.0084661
.70	0.0022017	.70	0.0037029	.70	0.0057817	.70	0.0085444
.75	0.0022330	.75	0.0037474	.75	0.0058420	.75	0.0086232
.80	0.0022646	.80	0.0037923	.80	0.0059027	.80	0.0087025
.85	0.0022966	.85	0.0038375	.85	0.0059638	.85	0.0087823
.90	0.0023288	.90	0.0038831	.90	0.0060254	.90	0.0088626
.95	0.0023613	.95	0.0039291	.95	0.0060874	.95	0.0089434
19.00	0.0127151	21.00	0.0173449	23.00	0.0230491	25.00	0.0299754
.05	0.0128189	.05	0.0174738	.05	0.0232067	.05	0.0301655
.10	0.0129232	.10	0.0176034	.10	0.0233651	.10	0.0303566
.15	0.0130281	.15	0.0177337	.15	0.0235242	.15	0.0305485
.20	0.0131336	.20	0.0178646	.20	0.0236842	.20	0.0307413
.25	0.0132398	.25	0.0179963	.25	0.0238449	.25	0.0309350
.30	0.0133465	.30	0.0181286	.30	0.0240063	.30	0.0311295
.35	0.0134538	.35	0.0182616	.35	0.0241686	.35	0.0313250
.40	0.0135617	.40	0.0183953	.40	0.0243316	.40	0.0315213
.45	0.0136702	.45	0.0185296	.45	0.0244954	.45	0.0317185
.50	0.0137794	.50	0.0186647	.50	0.0246600	.50	0.0319166
.55	0.0138891	.55	0.0188004	.55	0.0248254	.55	0.0321156
.60	0.0139995	.60	0.0189369	.60	0.0249915	.60	0.0323154
.65	0.0141104	.65	0.0190740	.65	0.0251585	.65	0.0325162
.70	0.0142220	.70	0.0192119	.70	0.0253263	.70	0.0327179
.75	0.0143342	.75	0.0193504	.75	0.0254948	.75	0.0329205
.80	0.0144470	.80	0.0194897	.80	0.0256642	.80	0.0331240
.85	0.0145604	.85	0.0196297	.85	0.0258344	.85	0.0333283
.90	0.0146744	.90	0.0197703	.90	0.0260053	.90	0.0335336
.95	0.0147891	.95	0.0199117	.95	0.0261771	.95	0.0337399

정답분석

(1) $x_1 = 1 - \dfrac{Z_1}{2} \cdot \sin \alpha^2 = 1 - \dfrac{16}{2} \times (\sin 14.5°)^2 = 0.4985$

$x_2 = 1 - \dfrac{Z_2}{2} \cdot \sin \alpha^2 = 1 - \dfrac{28}{2} \times (\sin 14.5°)^2 = 0.1223$

(2) $inv\, \alpha_b = 2\tan \alpha \cdot \dfrac{x_1 + x_2}{Z_1 + Z_2} + inv\, \alpha$

$= 2 \times \tan 14.5° \times \dfrac{0.49848 + 0.12234}{16 + 28} + 0.0055448 = 0.0128423$

$\alpha_b = 19.05°$

여기에서 중심거리증가계수를 y 라 하면,

$y = \dfrac{Z_1 + Z_2}{2} \cdot \left(\dfrac{\cos \alpha}{\cos \alpha_b} - 1\right) = \dfrac{16 + 28}{2} \times \left(\dfrac{\cos 14.5°}{\cos 19.05°} - 1\right) = 0.5333$

$C = \left(\dfrac{Z_1 + Z_2}{2}\right)m + y \cdot m = \left(\dfrac{16 + 28}{2}\right) \times 4 + 0.5333 \times 4 = 90.13\,\text{mm}$

(3) 기어의 최종 이 높이

$H = (2m + C_k) - (x_1 + x_2 - y) \cdot m$

여기에서 C_k는 기어의 조립간격이라 한다.

$H = (2 \times 4 + 0.25 \times 4) - (0.49848 + 0.12234 - 0.5333) \times 4 = 8.65\,\text{mm}$

08

베어링 간격이 1m인 축에 무게가 6867N인 풀리를 축 중앙에 매달았을 때 위험속도를 1800rpm으로 설계하려 한다. 다음을 구하시오. (단, 축의 자중은 무시하고 세로탄성계수는 206.01GPa이다.) [3점]

(1) 위험속도 1800rpm 설계하기 위한 풀리 장착 부위에서 축의 처짐량[mm]

(2) 위험속도 1800rpm 설계하기 위한 축의 지름[mm]

정답분석

(1) $N_{cr} = 300\sqrt{\dfrac{1}{\delta}}$, $1800 = 300 \times \sqrt{\dfrac{1}{\delta}}$

$\delta = 0.28\,\text{mm}$

(2) $\delta = \dfrac{W \cdot l^3}{48 E \cdot I} = \dfrac{64\, W \cdot l^3}{48 E \cdot \pi\, d^3}$

$0.28 = \dfrac{64 \times 6867 \times 1000^3}{48 \times 206.01 \times 10^3 \times \pi \times d^4}$

$d = 84.31\,\text{mm}$

09

20kN의 하중을 들어올리기 위한 나사잭이 있다. 30° 사다리꼴나사이며 유효지름 35mm, 골지름 30mm, 피치는 50mm, 1줄나사이다. 나사부 마찰계수 $\mu = 0.1$, 칼라부 마찰계수는 무시하며 나사 재질의 허용전단응력 50MPa이다. 다음을 구하시오. [5점]

(1) 나사의 작용하는 회전토크 $T[\text{N}\cdot\text{m}]$

(2) 나사에 작용하는 최대전단응력 $\tau_{\max}[\text{MPa}]$ (단, 나사 재질은 연성이어서 인장응력과 전단응력이 동시에 작용함에 따른 최대전단응력값이다.)

(3) 나사 재질의 전단강도에 따른 안전계수 S_f

정답분석

(1) $\mu' = \dfrac{\mu}{\cos(\beta/2)} = \dfrac{0.1}{\cos(30/2)} = 0.1035$

$T = Q\dfrac{\mu'\pi d^2 + p}{\pi d_2 - \mu'p} \cdot \dfrac{d_2}{2} = 20 \times \dfrac{0.1035 \times \pi \times 35 + 50}{\pi \times 35 - 0135 \times 50} \times \dfrac{35}{2} = 205.03\text{N}\cdot\text{m}$

(2) $\tau = \dfrac{T}{Z_p} = \dfrac{16Q}{\pi d_1^3} = \dfrac{16 \times (205.03 \times 10^3)}{\pi \times 30^3} = 38.67\text{MPa}$

$\sigma_t = \dfrac{Q}{A} = \dfrac{4Q}{\pi d_1^2} = \dfrac{4 \times (20 \times 10^3)}{\pi \times 30^2} = 28.29\text{MPa}$

$\tau_{\max} = \sqrt{\left(\dfrac{\sigma_t}{2}\right)^2 + \tau^2} = \sqrt{\left(\dfrac{28.29}{2}\right)^2 + 38.67^2} = 41.18\text{MPa}$

(3) $S_f = \dfrac{\tau_a}{\tau_{\max}} = \dfrac{50}{41.18} = 1.21$

10

피치 $p = 19.85\text{mm}$, 회전수 $N = 400\text{rpm}$으로 스프라켓 휠의 잇수 28개인 호칭번호 60인 롤러체인이 있다. 다음을 구하시오. [4점]

(1) 체인의 평균속도 $V[\text{m/sec}]$

(2) 스프라켓 휠의 피치원 지름 $D[\text{mm}]$

(3) 체인의 속도 변동률 $\varepsilon[\%]$ (단, 속도변동률 $\epsilon = \dfrac{V_{\max} - V_{\min}}{V_{\max}}$, $V_{\max}$: 체인의 최대속도, $V_{\min}$: 체인의 최소속도이다.)

정답분석

(1) $v = \dfrac{pZN}{60 \times 1000} = \dfrac{19.85 \times 28 \times 400}{60 \times 1000} = 3.71\text{m/sec}$

(2) $D = \dfrac{p}{\sin\left(\dfrac{180}{Z}\right)} = \dfrac{19.85}{\sin\left(\dfrac{180}{28}\right)} = 177.29\text{mm}$

(3) $\varepsilon = \dfrac{V_{\max} - V_{\min}}{V_{\max}} = \left(1 - \cos\dfrac{180}{z}\right) = \left\{1 - \cos\left(\dfrac{180}{28}\right)\right\} \times 100 = 0.63\%$

11 1500rpm, 8kW 동력을 발생하는 주동축과 800 rpm으로 감속하여 종동축에 전달하는 평벨트 전동장치가 있다. 종동축 풀리 지름은 510mm, 벨트 접촉부 마찰계수는 0.28, 주동축 벨트의 접촉각은 165°, 벨트 1m당 질량은 0.3kg, 평행걸기일 때 다음을 구하시오. [5점]

(1) 벨트의 회전속도 V[m/sec]

(2) 긴장측장력 T_t[N]

(3) 벨트 두께 5mm일 때 최소폭 b[mm] (단, 허용인장응력은 2MPa, 이음효율은 80%이다.)

정답분석

(1) $v = \dfrac{\pi \cdot D_2 \cdot N_2}{60 \times 1000} = \dfrac{\pi \times 510 \times 800}{60 \times 1000} = 21.36 \mathrm{m/sec}$

(2) $e^{\mu\theta} = e^{\left(0.28 \times 165 \times \frac{\pi}{180}\right)} = 2.24$

$T_s = 0.3 \times 21.36^2 = 136.87 \mathrm{N}$

$H_{kW} = \dfrac{(T_t - T_s) \cdot (e^{\mu\theta} - 1) \cdot v}{102 \cdot e^{\mu theta}}$

$8 = \dfrac{(T_t - 136.87) \cdot (2.24 - 1) \times 21.36}{102 \times 2.24 \times 9.8}$

$T_t = 813.17 \mathrm{N}$

(3) $\sigma_t = \dfrac{T_t}{bt\eta}$, $2 = \dfrac{813.17}{b \times 5 \times 0.8}$

$b = 101.65 \mathrm{mm}$

제 4 회

01 소선의 지름 3mm, 코일의 평균지름 15mm인 인장코일 스프링에서 축방향으로 200N의 하중이 작용한다. 이 스프링의 유효감김수를 40으로 할 때 다음을 구하시오. (단, 횡탄성계수 $G=80\text{GPa}$로 한다.)

(1) 코일스프링의 처짐량 δ[mm]

(2) 전단응력 τ을 계산하고 스프링이 파손되지 않기 위하여 적절한 스프링의 재료를 아래에서 선택 하시오. (단, 안전율은 2 이상이고, 선택가능한 스프링을 모두 선택한다.)

재료	기호	전단항복강도 τ_f[N/mm²]
스프링강선	SPS	705.6
경강선	HSW	896.7
피아노선	PWR	896.7
스테인레스 강선	STS	637

정답분석

(1) $\delta = \dfrac{64nPR^3}{Gd^4} = \dfrac{64 \times 40 \times 200 \times \left(\dfrac{15}{2}\right)^3}{80 \times 10^3 \times 3^4} = 33.3\,\text{mm}$

(2) $C = \dfrac{D}{d} = \dfrac{15}{3} = 5\text{m}$

$K = \dfrac{4C-1}{4C-4} + \dfrac{0.615}{C} = \dfrac{4 \times 5 - 1}{4 \times 5 - 4} + \dfrac{0.615}{5} = 1.31$

$\tau_{\max} = \tau_a = K\dfrac{16PR}{\pi d^3} = 1.31 \times \dfrac{16 \times 200 \times 7.5}{\pi \times 3^3} = 370.65\,\text{N/mm}^2$

여기에서 표를 참고하면,

$\tau_f = \tau_a \cdot S = 370.65 \times 2 = 741.3\,\text{N/mm}^2$

따라서 사용할 수 있는 스프링의 재질은 HSW, PWR로 본다.

02 유효지름 450mm 보스 길이 80mm인 풀리를 평행키($b \times h = 12\text{mm} \times 8\text{mm}$)를 이용하여 지름 45mm 축에 조립한다. 풀리 유효지름부에 원주방향으로 1.8kN의 회전력이 작용할 때 다음을 구하시오.

(1) 키의 전단응력 τ_k[N/mm²]

(2) 키의 압축응력 σ_c[N/mm²]

정답분석

(1) $\tau_k = \dfrac{2T}{bld} = \dfrac{2\left(P \times \dfrac{D}{2}\right)}{bld} = \dfrac{2 \times 1.8 \times 10^3 \times 450}{12 \times 80 \times 45 \times 2} = 18.75\,\text{N/mm}^2$

(2) $\sigma_c = \dfrac{4T}{bld} = \dfrac{4 \times 1.8 \times 10^3 \times 450}{8 \times 80 \times 45 \times 2} = 56.25\,\text{N/mm}^2$

03

잇수 6개인 스플라인으로 회전수 300rpm에 8kW의 동력을 전달한다. 스플라인에 조립되는 보스 부의 길이를 58mm로 제한할 때 다음을 구하시오. (단, 이 측면의 허용면압은 35MPa, 접촉효율은 75%이다.)

(1) 회전토크 T[J]

(2) 스플라인의 호칭지름 d_2[mm] (단, $h = 2\text{mm}$, $C = 0.15\text{mm}$이다.)

호칭지름	d_2	b	c	호칭지름	d_2	b	d
13	26	6	0.1	32	36	8	0.15
26	30	6	0.1	36	40	8	0.15
28	32	8	0.15	42	46	10	0.2

(1) $T = 974 \times 9.8 \dfrac{H_{kW}}{N} = 974 \times 9.8 \times \dfrac{8}{300} = 254.54\text{J}$

(2) $T = \eta \cdot q \cdot (h - 2c) \cdot l \cdot Z \cdot \dfrac{d_1 + d_2}{4}$

$254.54 \times 10^3 = 0.75 \times 35 \times (2 - 2 \times 0.15) \times 58 \times 6 \times \dfrac{d_1 + d_2}{4}$

$d_1 + d_2 = 65.56\text{mm}$

$d_1 = 32\text{mm}$

$d_2 = 36\text{mm}$

표에서 d_2를 기준으로 보면 36mm인 것은 호칭지름 32이다.

04

3ton의 무게를 가진 화물을 나사잭으로 들어올린다. 나사잭은 30° 사다리꼴이며 유효지름 17mm, 피치 2mm, 바깥지름 18mm, 골지름 16mm이다. 마찰계수가 0.15일 때 다음을 구하시오.

(1) 회전토크 T[J]

(2) 허용전단응력을 고려한 나사의 안전여부를 판단하시오. (단, 허용전단응력 $\tau_a = 84\text{MPa}$이다.)

(1) $\mu' = \dfrac{\mu}{\cos\left(\dfrac{\beta}{2}\right)} = \dfrac{0.15}{\cos\left(\dfrac{30}{2}\right)} = 0.1553$

$T = Q \cdot \dfrac{\mu \pi d_2 + p}{\mu d_2 - \mu p} \cdot \dfrac{d_2}{2}$

$= 3 \times 9.8 \times 10^3 \times \dfrac{0.1553 \times \pi \times 17 + 2}{\pi \times 17 - 0.1553 \times 2} \times \dfrac{17}{2}$

$48.45 \times 10^3 [\text{N} \cdot \text{mm}] = 48.5\text{J}$

(2) $\sigma = \dfrac{Q}{\dfrac{\pi}{4} d_1^2} = \dfrac{3 \times 10^3 \times 9.8}{\dfrac{\pi}{4} \times 16} = 146.2\text{N/mm}^2$

$\tau = \dfrac{T}{Z_p} = \dfrac{48.45 \times 10^3 (\text{N} - \text{mm})}{\dfrac{\pi}{16} \times 16^3 (\text{mm}^3)}$

$= 60.28 (\text{MPa})$

허용전단응력(84MPa)보다 작으므로 안전하다.

05 다음과 같은 블록 브레이크에서 a는 900mm, b는 200mm, c는 24mm이고 드럼의 직경은 200mm이다. 다음을 구하시오. (단, 드럼은 2.3kW의 동력을 360rpm이므로 전달하고 마찰계수는 0.25이다.)

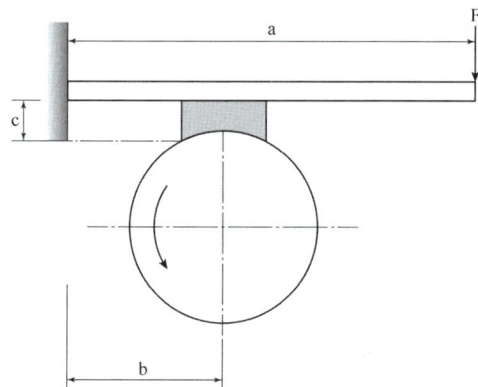

(1) 레버를 누르는 힘 F[N]
(2) 블록브레이크의 용량($\mu q V$)이 2MPa·m/sec일 때 블록의 최소마찰면적 A[mm²]

정답분석

(1) $F \cdot a - P \cdot b + \mu P \cdot C = 0$

$H_{kW} = \dfrac{Q \cdot V}{102} \cdot \dfrac{\mu p \cdot \pi \cdot D \cdot N}{102 \times 60 \times 1000}$

$2.3 = \dfrac{0.25 \times P \times \pi \times 200 \times 360}{102 \times 60 \times 1000 \times 9.8}$, $P = 2439$N

$F \times 900 - 2439 \times (200 - 0.25 \times 24) = 0$, $F = 525.8$N

(2) $\mu q \cdot v = \dfrac{H_{kW}}{A}$, $2 = \dfrac{2.3 \times 10^3}{A}$

$A = 1,150$mm²

06 5ton의 하중을 받는 엔드저널의지름 d와 길이 l을 구하시오. (단, 허용굽힘응력 $\sigma_b = 49.05$MPa이고 허용베어링 압력 $P_a = 3.92$MPa이다.)

정답분석

$\dfrac{l}{d} = \sqrt{\dfrac{\pi \sigma_b}{16 P_a}} = \sqrt{\dfrac{\pi \times 49.05}{16 \times 3.92}} = 1.57$, $l = 1.57d$

$P_a = \dfrac{P}{d \cdot l} = \dfrac{P}{1.57 d^2}$, $3.92 = \dfrac{5 \times 10^3 \times 9.8}{1.57 \times d^2}$, $d = 89.233$mm

$l = 1.57d = 1.57 \times 89.233 = 140.09$mm

07 공구압력각이 14.5°, 모듈이 3인 외접스퍼기어에서 $Z_1 = 18$, $Z_2 = 24$이다. 이 한쌍의 기어에 언더 컷이 일어나지 않도록 전위기어로 설계하고자 한다. 다음을 구하시오.

(1) 최소 이론 전위계수 x_1, x_2 (소수점 아래 5자리까지 계산하시오.)

(2) 치면높이(백래시)가 0이 되기 위한 물림압력각[°]

(3) 두 전위기어의 중심거리 C[mm]

α	Inv α	α	Inv α	α	Inv α	α	Inv α
10.00	0.0017941	12.00	0.0031171	14.00	0.0049819	16.00	0.0074917
.05	0.0018213	.05	0.0031567	.05	0.0050364	.05	0.0075647
.10	0.0018489	.10	0.0031966	.10	0.0050912	.10	0.0076372
.15	0.0018767	.15	0.0032369	.15	0.0051465	.15	0.0077101
.20	0.0019048	.20	0.0032775	.20	0.0052022	.20	0.0077835
.25	0.0019332	.25	0.0033185	.25	0.0052582	.25	0.0078574
.30	0.0019619	.30	0.0033598	.30	0.0053147	.30	0.0079318
.35	0.0019909	.35	0.0034014	.35	0.0053716	.35	0.0080067
.40	0.0020201	.40	0.0034434	.40	0.0054290	.40	0.0080820
.45	0.0020496	.45	0.0034858	.45	0.0054867	.45	0.0081578
.50	0.0020795	.50	0.0035285	.50	0.0055448	.50	0.0082342
.55	0.0021096	.55	0.0035716	.55	0.0056034	.55	0.0083110
.60	0.0021400	.60	0.0036150	.60	0.0056624	.60	0.0083883
.65	0.0021707	.65	0.0036588	.65	0.0057218	.65	0.0084661
.70	0.0022017	.70	0.0037029	.70	0.0057817	.70	0.0085444
.75	0.0022330	.75	0.0037474	.75	0.0058420	.75	0.0086232
.80	0.0022646	.80	0.0037923	.80	0.0059027	.80	0.0087025
.85	0.0022966	.85	0.0038375	.85	0.0059638	.85	0.0087823
.90	0.0023288	.90	0.0038831	.90	0.0060254	.90	0.0088626
.95	0.0023613	.95	0.0039291	.95	0.0060874	.95	0.0089434
19.00	0.0127151	21.00	0.0173449	23.00	0.0230491	25.00	0.0299754
.05	0.0128189	.05	0.0174738	.05	0.0232067	.05	0.0301655
.10	0.0129232	.10	0.0176034	.10	0.0233651	.10	0.0303566
.15	0.0130281	.15	0.0177337	.15	0.0235242	.15	0.0305485
.20	0.0131336	.20	0.0178646	.20	0.0236842	.20	0.0307413
.25	0.0132398	.25	0.0179963	.25	0.0238449	.25	0.0309350
.30	0.0133465	.30	0.0181286	.30	0.0240063	.30	0.0311295
.35	0.0134538	.35	0.0182616	.35	0.0241686	.35	0.0313250
.40	0.0135617	.40	0.0183953	.40	0.0243316	.40	0.0315213
.45	0.0136702	.45	0.0185296	.45	0.0244954	.45	0.0317185
.50	0.0137794	.50	0.0186647	.50	0.0246600	.50	0.0319166
.55	0.0138891	.55	0.0188004	.55	0.0248254	.55	0.0321156
.60	0.0139995	.60	0.0189369	.60	0.0249915	.60	0.0323154
.65	0.0141104	.65	0.0190740	.65	0.0251585	.65	0.0325162
.70	0.0142220	.70	0.0192119	.70	0.0253263	.70	0.0327179
.75	0.0143342	.75	0.0193504	.75	0.0254948	.75	0.0329205
.80	0.0144470	.80	0.0194897	.80	0.0256642	.80	0.0331240
.85	0.0145604	.85	0.0196297	.85	0.0258344	.85	0.0333283
.90	0.0146744	.90	0.0197703	.90	0.0260053	.90	0.0335336
.95	0.0147891	.95	0.0199117	.95	0.0261771	.95	0.0337399

(1) $x_1 = 1 - \dfrac{Z_1}{2} \times \sin^2\alpha = 1 - \dfrac{12}{2} \times (\sin 14.5°)^2 = 0.436$

$x_2 = 1 - \dfrac{Z_2}{2} \times \sin^2\alpha = 1 - \dfrac{24}{2} \times (\sin 14.5°)^2 = 0.248$

(2) $inv\,\alpha_b = 2\tan\alpha \times \left(\dfrac{x_1 + x_2}{Z_1 + Z_2}\right) + inv\,\alpha$

$= 2 \times \tan(14.5°) \times \left(\dfrac{0.436 + 0.248}{18 + 24}\right) + 0.0055448 = 0.0139624$

$\alpha_b = 19.55°$

(3) 중심거리 증가계수를 y 라 하면,

$y = \dfrac{Z_1 + Z_2}{2} \times \left(\dfrac{\cos\alpha}{\cos\alpha_b} - 1\right) = \dfrac{18 + 24}{2} \times \left(\dfrac{\cos 14.5°}{\cos 19.55°} - 1\right) = 0.575$

결국 중심거리 C는 다음과 같다.

$C = m \times \left(\dfrac{Z_1 + Z_2}{2} + y\right) = 3 \times \left(\dfrac{18 + 24}{2} + 0.575\right) = 64.72\,\mathrm{mm}$

08 바깥지름이 7cm인 중공축이 600N·m 굽힘모멘트와 1,500N·m 비틀림 모멘트를 동시에 받을 때 다음을 구하시오.

(1) 상당굽힘모멘트 M_e[J]

(2) 상당비틀림모멘트 T_e[J]

(3) 축의 허용응력을 고려하여 안전한 중공축의 안지름 d_1[mm] (단, $\tau_a = 128\mathrm{MPa}$, $\sigma_{ba} = 65\mathrm{MPa}$이다.)

(1) $M_e = \dfrac{1}{2}(M + \sqrt{M^2 + T^2}) = \dfrac{1}{2}(600 + \sqrt{600^2 + 1500^2}) = 1,107.8\,\mathrm{J}$

(2) $T_e = \sqrt{M^2 + T^2} = \sqrt{600^2 + 1500^2} = 1,615.6\,\mathrm{J}$

(3) $M_e = \sigma_b \cdot X = \sigma_b \cdot \dfrac{\pi d_2^3}{32}(1 - x^4)$

$1107.8 \times 10^3 = 65 \times \dfrac{\pi \times 70^3}{32} \times (1 - x^4)$, $x = 0.84$

$d_1 = x \cdot d_2 = 0.84 \times 70 = 58.68\,\mathrm{mm}$

$T_e = \tau_a \cdot Z_p = \tau_a \cdot \dfrac{\pi d_2^3}{16}(1 - x^4)$

$1615.6 \times 10^3 = 128 \times \dfrac{\pi \times 70^3}{16} \times (1 - x^4)$, $x = 0.95$

$d_1 = x \cdot d_2 = 0.95 \times 70 = 66.48\,\mathrm{mm}$

∴ 안전한 중공축의 안지름: 58.68mm

09 3.6kW의 동력을 전달하는 평벨트 전동장치에서 구동풀리의 지름은 140mm, 400rpm으로 회전한다. 축간거리가 1m인 곳에서 회전수가 $\frac{1}{4}$로 감속되어 작동할 때 다음을 구하시오. (단, 평행걸기이며 두께 7mm의 가죽벨트로 허용인장응력은 6.5MPa이고, 접촉부마찰계수는 0.25, 이음효율은 85%이다.)

(1) 긴장측 장력 T_t [N]

(2) 벨트의 최소폭 b [mm]

정답분석

(1) $v = \dfrac{\pi \cdot D \cdot N}{60 \times 1000} = \dfrac{\pi \times 140 \times 400}{60 \times 1000} = 2.93 \text{m/sec}$

$\theta = 180 - 2\sin^{-1}\left(\dfrac{D_2 - D_1}{2C}\right) = -180 - 2\sin^{-1}\left(\dfrac{140 \times 4 - 140}{2 \times 1000}\right) = 155.76°$

$\theta_{\text{rad}} = 155.76 \times \dfrac{\pi}{180} = 2.719 \text{rad}$

$e^{\mu tehta} = e^{(0.25 \times 2.719)} = 1.97$

$H_{kW} = T_t \cdot \dfrac{(e^{\mu\theta} - 1)}{e^{\mu\theta}} \cdot v$

$3.6 = T_t \times \dfrac{(1.97 - 1)}{1.97} \times 2.93 \times 10^{-3}$

$T_t = 2495 \text{N}$

(2) $\sigma_a = \dfrac{T_t}{bt\eta}$, $6.5 = \dfrac{2495}{b \times 7 \times 0.85}$

$b = 64.6 \text{mm}$

10 0.3m²/sec 의 유량이 흐르는 이음매가 없고, 두께가 얇은 강판에서 4MPa의 내압이 작용하고 있을 때 다음을 구하시오. (단, 관 재료의 인장강도는 80MPa이고 유속은 12m/sec이다.)

(1) 관의 안지름 d [mm]

(2) 허용인장강도를 고려한 관의 최소 바깥지름 d_0[mm] (단, 부식여유 $C = 6 \times (1 - \dfrac{P \cdot d}{66,000})$, 안전율 $S = 2$로 한다.)

정답분석

(1) $Q = A \cdot v = \dfrac{\pi d^2}{4} \times v$

$0.3 = \dfrac{\pi \times d^2}{4} \times 12$

$d = 178.4 \times 10^{-3} \text{m} = 178.4 \text{mm}$

(2) $t = \dfrac{1}{2} \times \dfrac{PdS}{\sigma_{t\max}} + C = \dfrac{1}{2} \times \dfrac{4 \times 178.41 \times 2}{80} + 6 \times \left(1 - \dfrac{4 \times 178.4}{66,000}\right) = 14.83 \text{mm}$

$d_0 = d + 2t = 178.4 + (2 \times 14.83) = 208.06 \text{mm}$

11. 5.5kW의 동력을 전달하는 외접 원추마찰차에서 두 축은 80의 각도로 교차한다. 원동차의 평균지름이 450mm이고 320rpm으로 회전하고 종동차는 원동차 회전수의 $\frac{3}{5}$으로 감속하여 운전한다. 마찰계수가 0.3이고 허용선압이 25N/mm일 때 다음을 구하시오.

(1) 마찰차의 평균속도 $V[\text{m/sec}]$
(2) 허용접촉부 압력을 고려한 마찰차의 최소 접촉길이 $b[\text{mm}]$
(3) 원동차의 축하중 $Q[\text{N}]$

---

(1) $v = \frac{\pi \cdot D_1 \cdot N_1}{60 \times 1000} = \frac{\pi \times 450 \times 320}{60 \times 1000} = 7.57 \text{m/sec}$

(2) $H_{kW} = \mu P \cdot v$

$5.5 \times 10^3 = 0.3 \times P \times 7.57, \ P = 2431.6\text{N}$

$f = \frac{P}{b}, \ b = \frac{2431.6}{25} = 97.264\text{mm}$

(3) 두 마찰차의 원추각을 γ라고 하면,

$\tan \gamma = \frac{\sin \Sigma}{\frac{1}{\varepsilon} + \cos \Sigma} = \frac{\sin 80°}{\frac{5}{3} + \cos 80°} = 0.54$

$\gamma = \tan^{-1}(0.54) = 28.21°$

$Q = P \cdot \sin \gamma = 2,431.6 \times \sin(28.21°) = 1,147\text{N}$

2025 최신개정판

해커스
일반기계기사
실기
한권완성 기본이론+기출문제
필답형

개정 2판 2쇄 발행 2025년 1월 23일
개정 2판 1쇄 발행 2024년 12월 12일

지은이	이선형
펴낸곳	㈜챔프스터디
펴낸이	챔프스터디 출판팀
주소	서울특별시 서초구 강남대로61길 23 ㈜챔프스터디
고객센터	02-537-5000
교재 관련 문의	publishing@hackers.com
동영상강의	pass.Hackers.com
ISBN	978-89-6965-521-9 (13550)
Serial Number	02-02-01

저작권자 ⓒ 2024, 이선형

이 책의 모든 내용, 이미지, 디자인, 편집 형태는 저작권법에 의해 보호받고 있습니다.
서면에 의한 저자와 출판사의 허락 없이 내용의 일부 혹은 전부를 인용, 발췌하거나 복제, 배포할 수 없습니다.

자격증 교육 1위
해커스자격증
pass.Hackers.com

· 기계기술사 이선형 선생님의 본 교재 인강 (교재 내 할인쿠폰 수록)
· 일반기계기사 무료 특강&이벤트, 최신 기출 문제 등 다양한 학습 콘텐츠

* 주간동아 선정 2022 올해의 교육브랜드 파워 온·오프라인 자격증 부문 1위